高职交通运输与土建类专业系列教材
高等职业教育新形态一体化教材

工程地质

Engineering Geology

杜晓波　朱曼丽　主　编
　　　　　杨　敏　副主编
张英才　张　冰　主　审

人民交通出版社股份有限公司
北　京

内 容 提 要

本书为高职交通运输与土建类专业系列教材之一,也为高等职业院校"双高计划"建设教材。书中主要包括:岩石与其工程地质性质认知、地质构造认知、地下水认知、土的工程性质与分类认知、不良地质作用认知、工程地质学实验等七个项目,让学生掌握每一阶段工程地质知识的应用过程。为了方便学生学习,每个项目都附有学习目标与重难点,以使学生更好地了解和掌握核心内容。

教材配有丰富的教学资源,包括PPT课件、动画、微课、知识点视频、施工视频及案例等,读者可扫描封面二维码,绑定课程后进行学习。

本书可作为高职高专城市轨道交通工程技术、道路桥梁工程技术、土木工程等专业教学用书,也可供工程建设勘察、设计、施工、监理、试验检测技术人员参考。

图书在版编目(CIP)数据

工程地质 / 杜晓波,朱曼丽主编. — 北京:人民交通出版社股份有限公司,2023.8
ISBN 978-7-114-18850-3

Ⅰ.①工… Ⅱ.①杜…②朱… Ⅲ.①工程地质—高等职业教育—教材 Ⅳ.①P642

中国国家版本馆 CIP 数据核字(2023)第 112445 号

Gongcheng Dizhi
书　　名:工程地质
著 作 者:杜晓波　朱曼丽
责任编辑:李　娜
责任校对:孙国靖　刘　璇
责任印制:张　凯
出版发行:人民交通出版社股份有限公司
地　　址:(100011)北京市朝阳区安定门外外馆斜街 3 号
网　　址:http://www.ccpcl.com.cn
销售电话:(010)59757973
总 经 销:人民交通出版社股份有限公司发行部
经　　销:各地新华书店
印　　刷:北京市密东印刷有限公司
开　　本:787×1092　1/16
印　　张:12.75
字　　数:307 千
版　　次:2023 年 8 月　第 1 版
印　　次:2023 年 8 月　第 1 次印刷
书　　号:ISBN 978-7-114-18850-3
定　　价:42.00 元

(有印刷、装订质量问题的图书,由本公司负责调换)

前言 | Introduction

  本书根据高职专科城市轨道交通工程技术专业人才培养方案的要求,结合"工程地质"课程标准进行编写,注重工程地质基础知识,同时与工程实践相结合,突出工程地质对工程施工的影响,为高职学生学习后续专业知识做好铺垫。

  全书按照项目、任务式体例进行编写,以项目引领、任务驱动的方式来激发学生对工程地质知识的学习兴趣,培养学生主动学习的能力,每个项目都明确了知识目标、技能目标、素质目标,方便学生进行学习,提高学习效果。

  本书由哈尔滨铁道职业技术学院杜晓波、朱曼丽担任主编,杨敏担任副主编,参与编写的人员还有哈尔滨铁道职业技术学院刘巧静、李月娇、姜浩文老师。全书由中铁三局集团有限公司教授级高级工程师张英才和哈尔滨铁道职业技术学院张冰教授担任主审。

  全书共包括七个项目,具体编写分工如下:哈尔滨铁道职业技术学院刘巧静编写项目一,李月娇编写项目二,杜晓波编写项目三的任务一、任务二、任务四和项目七,姜浩文编写项目三的任务三,朱曼丽编写项目四和项目五,杨敏编写项目六。全书由杜晓波负责统稿。

  本书在编写的过程中,得到了相关专家、学者的指导与帮助,在此表示感谢!

  由于编者水平有限,书中难免有疏漏和不足之处,敬请广大读者批评、指正,我们会进一步改进。

编 者
2023 年 1 月

目录 Contents

项目一　绪论 ··· 1
　　思考题 ·· 5

项目二　岩石与其工程地质性质认知 ··· 7
　　任务一　矿物 ·· 8
　　任务二　岩浆岩 ··· 12
　　任务三　沉积岩 ··· 18
　　任务四　变质岩 ··· 23
　　任务五　岩石及岩体的工程性质 ·· 27
　　思考题 ·· 32

项目三　地质构造认知 ·· 33
　　任务一　地质年代 ·· 34
　　任务二　地质构造 ·· 39
　　任务三　岩层产状要素及其测定 ·· 53
　　任务四　识读地质图 ··· 56
　　思考题 ·· 59

项目四　地下水认知 ··· 61
　　任务一　地下水概述 ··· 62
　　任务二　地下水的类型 ·· 72
　　任务三　地下水的运动 ·· 83
　　任务四　地下水对建筑工程的影响 ··· 90
　　思考题 ·· 96

项目五 土的工程性质与分类认知 ··· 99
任务一 土的生成与基本特征 ··· 100
任务二 土的组成与结构、构造 ··· 103
任务三 土的物理力学性质及其指标 ··· 111
任务四 土的工程分类 ··· 130
任务五 特殊土的工程性质 ··· 135
思考题 ··· 154

项目六 不良地质作用认知 ··· 157
任务一 认识风化作用 ··· 158
任务二 认识滑坡和崩塌 ··· 163
任务三 认识泥石流 ··· 174
任务四 认识岩溶 ··· 178
任务五 认识地震及其效应 ··· 182
思考题 ··· 188

项目七 工程地质学实验 ··· 189
任务一 主要造岩矿物的认识和鉴定 ··· 190
任务二 常见岩浆岩的认识和鉴定 ··· 192
任务三 常见沉积岩的认识和鉴定 ··· 194
任务四 常见变质岩的认识和鉴定 ··· 196

参考文献 ··· 198

项目一

绪论

1. 知识目标

(1) 了解地质学和工程地质学；
(2) 掌握工程地质学的主要任务和研究方法；
(3) 知道工程地质条件包括哪些；
(4) 掌握工程地质问题的分类。

2. 技能目标

(1) 会分析地质学和工程地质学的区别与联系；
(2) 学会工程地质学的研究方法。

3. 素质目标

(1) 培养学生分析问题的能力；
(2) 培养学生踏实吃苦精神；
(3) 提高学生的团队协作能力。

4. 学习重点

(1) 工程地质的研究意义；
(2) 工程地质问题。

5. 学习难点

(1) 工程地质的研究方法；
(2) 工程地质学的主要任务。

一 地质学与工程地质学

视频:绪论

地质学是一门关于地球的科学,其研究对象主要是固体地球的上层,主要包括以下几方面内容。

(1)研究组成地球的物质,相关分支学科有矿物学、岩石学、地球化学等。

(2)阐明地壳及地球的构造特征,即研究岩石或岩石组合的空间分布。相关的分支学科有构造地质学、区域地质学和地球物理学等。

动画:地球概述

(3)研究地球的历史和栖居在地质时期的生物及其演变。相关分支学科有古生物学、地史学和岩相古地理学等。

(4)地质学的研究方法和手段,如同位素地质学、数学地质学及遥感地质学等。

(5)研究、应用地质学,以解决资源探寻、环境地质分析和工程防灾问题。

从应用来说,地质学对人类社会担负着重大使命,主要包括以下两方面:一是以地质学理论和方法指导人们寻找各种矿产资源,这是矿床学、煤田地质学、石油地质学、铀矿地质学等学科研究的主要内容;二是运用地质学理论和方法研究地质环境,查明地质灾害发生的规律和防治对策,以确保工程建设能够安全、经济和正常运行。

广义上讲,工程地质学是研究地质环境及其保护和利用的科学;狭义上讲,工程地质学是研究人类工程活动与地质环境之间关系的一门科学。

二 工程地质学的主要任务和研究方法

工程地质学在工程建设和国防建设中的应用非常广泛,由于它在工程建设中占有重要地位,从而早在20世纪30年代就获得迅速发展成为一门独立的学科。中国工程地质学的发展始于新中国成立初期。经过60多年的努力,该学科不仅适应了国内建设的需要,而且开始走向世界,建立了具有中国特色的学科体系。纵观各种规模和类型的工程,其工程地质研究的基本任务,可以归结为以下三方面:

(1)区域稳定性研究与评价,是指由内力地质作用引起的断裂活动——地震对工程建设区域稳定性的影响。

(2)地基稳定性研究与评价,是指地基的牢固性、坚实性。

(3)环境影响评价,是指对人类工程活动对环境造成的影响进行评估。

具体来说,工程地质学的基本任务就是依据工程地质条件进行工程选址(选线)和场地评价。

工程地质学的具体任务如下:

(1)评价工程地质条件,阐明兴建、运行地上和地下建筑工程的有利和不利因素,选定建筑场地和适宜的建筑形式,保证规划、设计、施工、使用和维修顺利进行。

(2)从地质条件与工程建筑相互作用的角度出发,论证和预测有关地质问题发生的可能性、规模和发展趋势。

(3)提出改善、防治或利用有关工程地质条件的措施以及加固岩土体和防治地下水的方案。

(4)研究岩体、土体的分类和分区及其区域性特点。

(5)研究人类工程活动与地质环境之间的相互作用和影响。运用工程地质学进行工程规划、设计和解决各类工程建筑物的具体问题时,必须开展详细的工程地质勘察工作。工程地质勘察的目的是取得有关建筑场地工程地质条件的基本资料,并进行工程地质论证。

工程地质学的研究对象是复杂的地质体,所以其研究方法是地质分析法与力学分析法、工程类比法与试验法等的密切结合,即我们通常说的定性分析与定量分析相结合的综合研究方法。要查明建筑区域工程地质条件的形成和发展,以及它在工程建筑物作用下的发展变化,首先必须以地质学和自然历史的观点分析,研究周围其他自然因素和条件,并了解这些自然因素和条件在历史过程中对它的影响和制约程度,这样才有可能认识它形成的原因,预测其发展变化趋势。这就是地质分析法。它是工程地质学的基本研究方法,也是进一步定量分析、评价的基础。对工程建筑物的设计和运用要求来说,只有定性的论证是不够的,还应对一些工程地质问题进行定量预测和评价,即在阐明主要工程地质问题形成机制的基础上,建立模型进行计算和预测,如地基稳定性分析、地面沉降量计算、地震液化可能性计算等。当地质条件十分复杂时,还应根据条件类似地区已有的资料对研究区域的问题进行定量预测,即采用类比法进行评价。采用定量分析方法论证地质问题时,须采用试验测试方法,即通过室内或野外现场试验,取得所需要岩土的物理性质、水理性质及力学性质数据。对地质现象的发展速度进行长期观测也是常用的试验方法。综合应用上述定性分析与定量分析方法,才能取得可靠的结论,并对可能发生的工程地质问题制定出合理的防治对策。

三 工程地质条件和工程地质问题

为了保证地基稳定可靠,必须全面研究地基及其周围地质环境的有关工程条件,以及当建筑物建成后某些地质条件可能诱发的工程地质问题。

1. 工程地质条件

工程地质条件是指与人类活动有关的各种地质要素的综合,是一个综合概念,主要包括以下六方面。

1)地形地貌

地形地貌对建筑场地和线路的选择有直接影响。

(1)地形是地表起伏和地物的总称,地形起伏的大势一般称为地势。

(2)地貌是地球表面的各种面貌,由不同的地质条件造就,是各种内、外力作用的结果。

2)地层岩性

地层岩性是最基本的工程地质因素,包括地层的成因、时代、岩性、产状、成岩作用特点、变质程度、风化特征、软弱夹层和接触带及物理力学性质等。岩性的优劣关系到工程是否安全经济。

3)地质构造

地质构造也是工程地质工作研究的基本对象,包括褶皱、断层、裂隙构造的分布和特征。地质构造,特别是形成时代新、规模大的优势断裂,对地震等灾害具有控制作用,因而对建筑物的安全稳定、沉降变形等具有重要意义。

按照成因,裂隙又可以分为构造裂隙和非构造裂隙;根据两侧岩块的位移方向,断层又可分为正断层、逆断层和平推断层。

4)水文地质条件

水文地质条件是重要的工程地质因素,包括地下水的成因、埋藏、分布、动态和化学成分等,直接影响岩土的稳定性。

5)不良地质作用

不良地质作用是现代地表地质作用的反映,与建筑区地形、气候、岩性、构造、地下水和地表水作用密切相关。主要包括滑坡、崩塌、岩溶、泥石流、河流侵蚀、荒漠化与地陷等,对评价建筑物的稳定性和预测工程地质条件的变化意义重大。

6)天然建筑材料

天然建筑材料包括土料、砂砾石、石料等,应就地取材,因地制宜。

2. 工程地质问题

已有的工程地质条件在工程建筑和运行期间会产生一些新的变化和发展,对工程建筑安全造成影响的地质问题称为工程地质问题。由于工程地质条件复杂多变,不同类型的工程对工程地质条件的要求又不尽相同,所以工程地质问题是多种多样的。就土木工程而言,主要的工程地质问题包括地基稳定性问题、斜坡稳定性问题、洞室围岩稳定性问题以及区域稳定性问题,现分述如下。

1)地基稳定性问题

地基稳定性问题是工业与民用建筑工程常遇到的主要工程地质问题,它包括强度和变形两个方面,例如,上海"莲花河畔景苑"在建楼房因地基稳定性问题整体倒塌。此外,岩溶、土洞等不良地质作用和现象都会影响地基稳定。铁路、公路等工程建筑会遇到路基稳定性问题。

2)斜坡稳定性问题

自然界的天然斜坡是地表地质长期作用达到相对协调、平衡的产物,人类工程活动尤其是道路工程需开挖和填筑人工边坡(路堑、路堤、堤坝、基坑等),斜坡稳定对防止地质灾害发生及保证地基稳定十分重要。斜坡地层岩性和地质构造特征是影响其稳定性的物质基础,风化作用、地应力、地震、地表水和地下水等对斜坡软弱结构面的作用往往会破坏斜坡稳定,而地形地貌和气候条件是影响其稳定性的重要因素。

3)洞室围岩稳定性问题

地下洞室被包围于岩土体介质(围岩)中,如在洞室开挖和建设过程中破坏了地下岩体原始平衡条件,便会出现一系列不稳定现象,常见的有围岩塌方、地下水涌水等。一般在工程建设规划和选址时,要进行区域稳定性评价,研究地质体在地质历史中的受力状况和变形过程,做好山体稳定性评价,研究岩体结构特性,预测岩体变形破坏规律,进行岩体稳定性评价,以及考虑建筑物和岩体的相互作用,这是保证洞室围岩稳定必需的工作。

4)区域稳定性问题

自1976年唐山地震以来,地震、震陷和液化及活断层对工程稳定性的影响越来越引起土木工程界的注意。对大型水电工程、地下工程及建筑群密布的城市地区,区域稳定性问题是要首先进行论证的问题。

四 本课程的基本要求

(1) 系统学习和掌握工程地质基础知识和理论。

(2) 了解工程地质勘察的基本内容和工作方法,能正确提出勘察任务及要求,并运用勘察数据和资料进行设计与施工。

(3) 能够依据工程地质勘察成果进行一般的工程地质问题分析,并采取处理措施。

思 考 题

1. 工程地质问题包括哪几个方面?
2. 工程地质学的定义是什么?
3. 工程地质学的研究对象是什么?
4. 工程地质条件有哪些?
5. 工程地质学的研究内容包括哪些?
6. 工程地质学的分析方法有哪些?

项目二

岩石与其工程地质性质认知

1. 知识目标

(1) 理解岩石与矿物、岩体与岩体结构的概念；
(2) 掌握常见矿物的主要特征；
(3) 了解三类岩石的成因；
(4) 了解岩石的工程地质性质指标；
(5) 掌握影响岩石工程地质性质的主要因素；
(6) 理解岩体结构特征；
(7) 掌握不同结构类型岩体的工程地质性质。

2. 技能目标

学会岩石的工程地质性质，能够独立观察矿物与岩石及其性质。

3. 素质目标

(1) 培养学生针对岩石工程地质性质的实际应用能力；
(2) 培养学生踏实、细致、认真的工作态度和作风。

4. 学习重点

矿物、岩浆岩、沉积岩和变质岩的概念及岩石的工程地质性质。

5. 学习难点

岩石的工程地质性质，肉眼鉴定矿物和岩石。

任务一 矿 物

矿物是在各种地质作用下形成的具有相对固定化学成分和物理性质的均质物体,是组成岩石的基本单位。其中构成岩石的矿物统称为造岩矿物。岩石中占主要成分的矿物,为主要造岩矿物。如花岗岩的主要造岩矿物是长石、石英、云母等。

一种或多种矿物组成的集合体即岩石,是地壳发展过程中各种地质作用的产物。地壳是由各种岩石组成的,按其成因可以分为三大类:岩浆岩(火成岩)、沉积岩、变质岩。下面将介绍矿物的基本性质。

一 矿物的成分

在地质作用过程中形成的具有相对固定的化学成分、内部构造、外表形态和物理、化学性质的单质或化合物统称矿物。在自然界中绝大多数矿物是以固体状态存在的,固体矿物按内部构造的不同,分为晶质体和非晶质体。晶质体可形成规则的几何外形称为晶体。非晶质体常形成玻璃质和胶质体。

1. 单质矿物

由同种元素自相结合而成的矿物,叫单质矿物,如自然金、金刚石等。

2. 化合物矿物

由不同种类元素相结合而成的矿物,叫作化合物矿物。如方铅矿 PbS、磁铁矿 Fe_3O_4 等。化合物矿物按其化学成分又可分为简单化合物矿物、络合物矿物和复化合物矿物。

二 矿物的形态

矿物的形态是指矿物的外貌特征,主要从矿物单体的形态和矿物集合体的形态两个方面进行介绍。

1. 矿物单体的形态

矿物单体的形态是指矿物单个晶体的形态,主要包括晶体习性和晶面花纹。

矿物晶体最常见的外形称晶体习性。根据矿物晶体在空间三个方向发育程度不同,可将习性分为三类(图 2-1)。

(1)一向延长型:指晶体沿三维的某一个方向特别发育而另两个方向不太发育,矿物形态呈柱状、针状或纤维状。如石英、电气石、角闪石等呈柱状外形,如图 2-1a)所示;纤维状石膏呈针状、纤维状外形。

(2)二向延展型:指晶体沿两个方向特别发育,矿物形态呈板状、片状。如重晶石、石膏等呈板状外形,如图 2-1b)所示;云母、石墨呈片状外形。

(3)三向近等型:指晶体沿三维空间的三个方向发育程度大致相等,矿物形态呈粒状或立方体状,如橄榄石、黄铁矿、盐岩等,如图 2-1c)所示。

矿物晶体的晶面并不是严格平整光滑的平面,而是具有各种各样的凹凸不平的天然花纹,即晶面常有的一些细条纹或浅沟。若晶纹平行于晶体延长的方向叫纵纹,如电气石、辉锑矿晶面上的条纹,如图2-2a)所示;若晶纹垂直于晶体生长方向叫横纹,如石英晶面上的条纹,如图2-2b)所示。立方体的黄铁矿相邻晶面上条纹互相垂直,如图2-2c)所示。

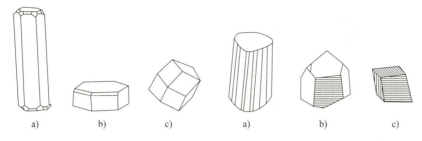

图2-1 矿物晶体习性　　　　图2-2 矿物晶体上的晶面花纹

2. 矿物集合体的形态

在自然界中,晶质矿物很少以单体出现,而非晶质矿物则根本没有规则的单体形态,所以常按集合体的形态来识别矿物。同时,由于集合体的形态往往反映了矿物的生成环境,因而对研究矿物的成因有很大意义。自然界中矿物的集合体形态很多,常见的有如下几种:

(1) 晶簇状:一种或多种矿物的晶体,其一端固定在共同的基底之上,另一端则自由发育成比较完好的晶形,显示它是在岩石的空洞内生成的,这种集合体的形态,称之为晶簇。如石英、方解石的晶簇(图2-3)。

图2-3 石英晶簇

(2) 粒状:是由各向均等发育的矿物晶粒所集合而成的。按粒度的大小可分为粗粒、中粒和细粒三种,当颗粒过于细小,以至肉眼无法分辨其界限时,一般称为致密块状,如块状磁铁矿;按颗粒集结的紧密与否又可分为三种,即集结紧密者称致密状,集结疏松者称疏松状,松散未被胶结者称散粒状。

(3) 鳞片状:是由细小的薄片状矿物集合而成。如辉钼矿、石墨。

(4) 纤维状和放射状:是由针状或柱状矿物集合而成。如果晶体彼此平行排列,称为纤维状,如蛇纹石、石棉;如果晶体大致围绕一个中心向四周散射者,则称为放射状,如纤维状石膏(图2-4)。

(5) 结核状:集合体呈球状、透镜状或瘤状者,称为结核状。它是晶质或者胶体围绕某一核心逐渐向外沉淀而成的,因而其横断面上常出现放射状或同心圆状,如沉积形成的黄铁矿和菱铁矿结核。颗粒像鱼子那样的结核状集合体,称之为鲕状,如鲕状赤铁矿。

图2-4 纤维状石膏

(6)钟乳状：溶液或胶体因失去水分逐渐凝聚形成，因此它往往具有同心层状(即皮壳状)构造，如钟乳状方解石、孔雀石等。钟乳状可再细分为肾状(如肾状赤铁矿)，葡萄状(如葡萄状孔雀石和硬锰矿)，皮壳状(如皮壳状孔雀石)。

(7)树枝状：它有时是由于矿物晶体沿一定方向连生而成的，如自然铜；有时是由于胶体沿岩石微小裂隙渗入凝聚而成的，如氧化锰。

(8)土状：集合体疏松如土，是由岩石或矿石风化而成的，如高岭石。

三 矿物的物理性质

由于矿物的化学成分不同，晶体构造不同，从而表现出不同的物理性质。其中有些必须借助仪器测定(如折光率、膨胀系数等)，有些凭借感官即能识别，后者是肉眼鉴定矿物的重要依据。

1. 颜色

颜色是矿物对可见光波的吸收作用所引起的。太阳光是由七种不同波长的色光所组成的，当矿物对它们均匀吸收时，因吸收的程度不同，矿物呈现出白、灰、黑色(全部吸收)；如果只吸收某些色光，就呈现另一部分色光的混合色。根据矿物颜色产生的原因，可将颜色分为自色、他色、假色三种。

(1)自色：它是矿物本身固有的颜色。自色取决于矿物的内部性质，特别是所含色素离子的类别。例如赤铁矿之所以呈砖红色，是因为它含Fe^{3+}，孔雀石之所以呈绿色，是因为它含Cu^{2+}。自色比较固定，因而具有鉴定意义。

(2)他色：是矿物混入了某些杂质所引起的，与矿物的本身性质无关。他色不固定，随杂质的不同而异。如纯净的石英晶体是无色透明的，但含碳的微粒时就呈烟灰色(即墨晶)，含锰就呈紫色(即紫水晶)，含氧化铁则呈玫瑰色(即玫瑰石英)。由于他色具有不固定的性质，所以对鉴定矿物没有很大的意义。

(3)假色：是由于矿物内部的裂隙或表面的氧化薄膜对光的折射、散射所引起的。其中由裂隙所引起的假色，称为晕色，如方解石解理面上常出现的虹彩；由氧化薄膜所引起的假色，称为锈色，如斑铜矿表面常出现斑驳的蓝色和紫色。

2. 条痕

矿物粉末的颜色称为条痕，通常将矿物在素瓷条痕板上擦划得之。条痕可清除假色，减弱他色而显示自色，所以较为固定，具有重要的鉴定意义。例如赤铁矿有红色、钢灰色、铁黑色等多种颜色，然而其条痕却总是樱红色。但条痕对鉴定浅色的透明矿物没有多大意义，因为这些矿物的条痕几乎都是白色或近于无色，难以区别。

3. 光泽

光泽：是指矿物表面反射光线的能力。一般分为以下几类：

(1)金属光泽：类似于金属磨光面上的反射光，如黄铁矿、黄铜矿。

(2)半金属光泽:比金属光泽较暗淡,如磁铁矿。
(3)玻璃光泽:如同普通玻璃表面所具有的光泽,如石英晶面、长石、方解石解理面。
(4)油脂光泽:一些矿物因反射面不光滑,反射光有散射现象,如油脂一样的光泽,如石英断口面。
(5)蜡状光泽:隐晶质或胶体矿物断面常呈弱的光泽,如石蜡表面光泽、燧石断口面光泽。
(6)土状光泽:矿物表面呈土状,暗淡无光,如高岭石等。

4. 透明度

透明度是指矿物容许可见光透过的程度。一般将矿物透明度分三级:透明矿物、半透明矿物、不透明矿物。

5. 解理

解理是指结晶矿物在受外力打击后,沿一定的方向规则地裂开,形成光滑平面的性质。裂开的光滑面称为解理面。按解理的发育程度可分为极完全解理、完全解理、中等解理和不完全解理等形式。

(1)极完全解理:解理面非常光滑,矿物很容易分裂形成薄片,不出现断口,如云母。
(2)完全解理:解理面光滑,矿物易分裂形成薄片或规则的小块,不易形成断口,如方解石等。
(3)中等解理:解理面不光滑,有时产生断口,如长石、角闪石。
(4)不完全解理:解理面不易发生,容易破碎产生断口,如磷灰石。

6. 断口

矿物受打击后沿任意方向裂开所成的凹凸不平的断面称为断口。断口与解理不同,可出现在矿物晶体、非晶质体、胶体矿物中。常见的有贝壳状断口、参差断口、土状断口、平坦状断口等形式。

(1)贝壳状断口:断口呈现具有同心圆纹的凹形曲面,形如贝壳壳面,石英、橄榄石等。
(2)参差断口:断口面粗糙不平、参差不齐,如黄铜矿、磷灰石等。
(3)土状断口:断口呈粉末状,见于土状矿物,如土状高岭石。
(4)平坦状断口:断口面平坦光滑,多见于致密块状矿物,如块状高岭石。

7. 硬度

硬度是指矿物抵抗外力刻划或研磨的能力。肉眼鉴定常常采用摩氏硬度计法(表2-1)。硬度为相对大小,非绝对大小。实验室常用手指甲(硬度2.5)、小刀或玻璃(硬度5.5)鉴别。

摩氏硬度计　　　　　　　　　　表2-1

硬度	矿物名称	硬度	矿物名称
1	滑石	6	长石
2	石膏	7	石英
3	方解石	8	黄玉
4	萤石	9	刚玉
5	磷灰石	10	金刚石

上述矿物物理性质,几乎是所有矿物都具有的。还有一些物理性质,如相对密度、磁性、导电性、弹性、发光性、放射性、延展性、脆性、带电性等,在矿物鉴定和工业利用上有重要意义。

任务二　岩　浆　岩

岩浆岩是岩浆在不同地质条件下冷凝固结而成的岩石,又称火成岩。岩浆岩占地球总质量的95%,在三大类岩石中,岩浆岩占有比较重要的地位。它们在成分上不同于岩浆,可挥发成分含量极少,主要由硅酸盐物质组成。岩浆可以在不同的地质环境下冷凝固化成岩。在地下深处活动,冷凝固化后可以形成侵入岩(深成岩);因火山活动,喷达地表后才冷凝固化,则形成火山熔岩(火山岩或喷出后);活动于上述两环境之间的岩浆,冷凝固化后则形成浅成岩和次火山岩。

一 岩浆岩分类

岩浆岩结构是指岩石中矿物的结晶程度、晶粒的大小、形状及它们之间的相互关系。岩浆岩的结构特征与岩浆岩的化学成分、物理化学状态及成岩环境密切相关,岩浆的温度、压力、黏度及冷凝的速度等都影响岩浆岩的结构。如深成岩是缓慢冷凝的,晶体发育时间较充裕,能形成自形程度高、晶形较好、晶粒粗大的矿物;相反,喷出岩冷凝速度快,来不及结晶,多为非晶质或隐晶质。

1. 按结晶程度分类

1)全晶质结构

岩石全部由结晶矿物组成,岩浆冷凝速度慢,有充分的时间形成结晶矿物,多见于深成岩,如花岗岩。

2)半晶质结构

同时存在结晶质和玻璃质的一种岩石结构,常见于喷出岩,如流纹岩。

3)玻璃质结构

岩石全部由非结晶玻璃质组成,是岩浆迅速上升到地表,温度骤然下降至岩浆的凝结温度以下,来不及结晶形成的,是喷出岩特有的结构,如黑曜岩、浮岩等。

2. 按矿物颗粒绝对大小分类

按矿物颗粒绝对大小,可把岩浆岩结构分成显晶质和隐晶质两种类型。

1)显晶质结构

岩石的矿物结晶颗粒相大,用肉眼或放大镜能够分辨。按颗粒的直径大小,可将显晶质结构分为:

(1)粗粒结构(颗粒直径>5mm)。

(2)中粒结构(颗粒直径为2～5mm)。

(3)细粒结构(颗粒直径为0.2～2mm)。

(4)微粒结构(颗粒直径<0.2mm)。

2）隐晶质结构

矿物颗粒细微，肉眼和一般放大镜观察不到，但在显微镜下可以观察矿物晶粒特征，是喷出岩和部分浅成岩的结构特点。

3. 按矿物晶粒相对大小分类

按矿物晶粒的相对大小，可将岩浆岩的结构划分为三类。

（1）等粒结构：岩石中的矿物颗粒大小大致相等。

（2）不等粒结构：岩石中的矿物颗粒大小不等，但粒径相差不大。

（3）斑状结构：岩石中两类矿物颗粒大小相差悬殊。大晶粒矿物分布在大量的细小颗粒中，大晶粒矿物称为斑晶，细小颗粒称为基质。基质为显晶质时，称为似斑状结构；基质为隐晶质或玻璃质时，称为斑状结构。似斑状结构为浅成岩和部分深成岩的结构，斑状结构是浅成岩和部分喷出岩的特有结构。岩浆岩化学成分若以氧化物表示，其主要成分是：SiO_2、Al_2O_3、MgO、FeO、Fe_2O_3、CaO、Na_2O、K_2O、H_2O 等。其中以 SiO_2 的含量为最大。岩浆中含有 SiO_2 的多少，不仅影响岩浆的性质，而且也影响有关岩浆岩的成分。

4. 按岩浆中 SiO_2 相对含量分类

根据岩浆中 SiO_2 的相对含量，可以把岩浆分为酸性岩浆（SiO_2 含量 >65%）、中性岩浆（SiO_2 含量 52%~65%）、基性岩浆（SiO_2 含量 45%~52%）和超基性岩浆（SiO_2 含量 <45%）四类。越是酸性的岩浆，黏性大、温度低，不易流动；越是基性的岩浆，黏性小、温度高，容易流动。当然，温度、压力和挥发组分对岩浆黏度也有影响，如温度越高，挥发成分越多，压力越小，则黏度越小；反之，则黏度越大。这些不同成分的岩浆冷凝后可分别形成酸性岩（花岗岩—流纹岩类）、中性岩（闪长岩—安山岩类）、基性岩（辉长岩—玄武岩类）和超基性岩（辉长岩—玄武岩类）。

岩浆岩中最常见的矿物有橄榄石、辉石、角闪石、云母、长石、石英等。这些矿物又称造岩矿物，这六种矿物组合构成了绝大多数的岩浆岩。

二 岩浆岩结构

所谓结构是指岩石中矿物颗粒本身的特点（结晶程度、晶粒大小、晶粒形状等）及颗粒之间的相互关系所反映出来的岩石构成的特征，常见的岩浆岩结构类型见表2-2。

常见的岩浆岩结构类型表　　　　　　　　　　　表2-2

划分依据	结构类型		特征
岩石结晶颗粒大小	全晶质岩石全部由矿物晶体所组成	显晶质结构 巨粒	平均粒径大于10mm
		粗粒	平均粒径为5~10mm
		中粒 矿物颗粒肉眼可以辨认	平均粒径为2~5mm
		细粒	平均粒径为0.2~2mm
		微粒	平均粒径小于0.2mm
	隐晶质结构		岩石中矿物晶粒很细，肉眼无法分辨，在显微镜下可以看出
	玻璃质结构 半晶质结构		岩石全部由不结晶的玻璃质所组成，如黑曜岩；岩石中断有矿物晶体，又有玻璃质物质，如流纹岩

续上表

划分依据	结构类型	特征
岩石结晶颗粒相对大小	等粒结构	岩石中同种矿物颗粒大致相等,又称花岗状结构
	不等粒结构	岩石中同种矿物颗粒大小不等
	斑状结构	岩石中所有颗粒或晶体分属于大小截然不同的两群,即在较细的物质(基质)间散布有较大的晶体(斑晶)的结构
岩石中矿物颗粒形状	自形晶结构	矿物晶形完整,具自己特有的晶形,在薄片中呈完整多边形
	半自形晶结构	矿物晶体发育不完整,有部分完整晶面,如花岗结构、辉绿结构、辉长结构等
	他形晶结构	矿物晶体无一完整的晶面,外形呈不规则状或充填在其他颗粒之间
晶体互相结合关系	交生结构	矿物颗粒彼此嵌布在一起,如条纹结构、蠕虫结构、嵌晶结构等
	反应结构	早期结晶的矿物与残余岩浆反应而形成的一些结构

三 岩浆岩构造

所谓构造是指组成岩石的矿物集合体的形状、大小、排列和空间分布等所反映出来的岩石构成的特征,常见的岩浆岩构造详见表2-3。

常见岩浆岩构造类型   表2-3

构造名称	基本特征	岩石举例
块状构造	组成岩石的矿物颗粒无一定排列次序,矿物分布及岩石的颜色和结构都是均一的	花岗岩、闪长岩
斑杂状构造	岩石的不同组成部分在结构和矿物成分上的差别,使整个岩石呈不均一状,多为暗色斑晶分布在浅色岩石中	斑杂辉石、玢岩
球状构造	矿物围绕一定的中心,呈同心层状分布,每层矿物成分不同,且每层矿物晶体呈放射状分布	球状花岗岩、球状辉长岩
带状构造	由于岩石的矿物成分不同,形成颜色深浅相间的不同条形构造	条带状辉长岩
原生片麻状构造	有些矿物呈定向排列,和片麻状构造相似,是半凝固的侵入体受到较强烈的机械力作用的结果	侵入岩,多见于侵入岩边缘
晶洞和晶腺构造	深成岩中出现的孔洞,称为晶洞构造,如孔洞壁生成着排列很好的晶体,称晶腺构造	花岗岩
气孔状构造	喷出地表的熔岩,因气体逸出,在岩石中形成大小不一的近于圆形或椭圆形的空洞	浮岩
杏仁状构造	具气孔状构造的岩石,气孔中为次生物质(如石英、方解石等)充填	玄武岩
流纹状构造	某些黏度较大的岩浆在流动过程中,由不同颜色的条纹和拉长的气孔呈定向排列等所形成的构造	流纹岩
枕状构造	是水下熔岩的特征构造,枕状体为椭球形及长柱状,顶面上凸,底面较平,块体大小由几十厘米至几米不等,外部为玻璃壳,内部结晶程度较好,有的具同心层构造及放射状裂纹	细碧岩、枕状安山岩

续上表

构造名称	基本特征	岩石举例
石泡构造	几层同心层状的空心球互相套在一起,球间为近似球形的空腔,且常被次生石英充填,而将每层球分割开	石泡霏细岩
珍珠构造	玻璃质冷凝收缩时形成一系列圆形和椭圆形的不规则裂隙,形状如珍珠	珍珠岩
流面流线构造	岩浆岩中片状、板状矿物,以及扁平的析离体、捕虏体的平行排列,形成流面。长柱状矿物和析离体的延长方向平行排列,形成流线	安山岩

四 岩浆岩的产状

岩浆岩的产状是指岩浆岩体在地壳中产出的形态、大小、与围岩的关系。

1. 侵入岩的产状

一般分岩基、岩株、岩床、岩盆、岩盖、岩墙、岩脉(图2-5)。

(1)岩基:岩体面积大于1000km^2,且与围岩呈不整合接触,平面上多呈长圆形的深成侵入体。

(2)岩株:平面上近圆形或不规则形状,剖面上与围岩接触很陡,呈树干状延伸,面积小于100km^2。

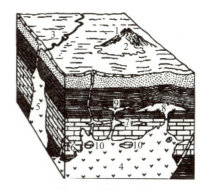

图2-5 岩浆岩的产状
1-火山锥;2-熔岩流;3-熔岩被;4-岩基;5-岩株;
6-岩墙;7-岩床;8-岩盆;9-岩盖;10-捕虏体

(3)岩床:是一种板状岩体,厚几米至数百米,一般平行层理或片理产出。

(4)岩盆:似盆状,巨大而有底的侵入体,与围岩呈整合接触关系。

(5)岩盖:是一种平凸或双凹透镜体,顶面向上拱起呈穹窿状。

(6)岩墙和岩脉:沿岩石裂隙充填贯入,形状规则,呈板状近直立者称岩墙。形态不规则,厚度变化大,并有膨胀、收缩、分叉等现象,称岩脉。

2. 喷出岩的产状

(1)中心式喷发型喷出岩产状:岩浆沿着一定的圆柱状通道喷出地表。黏性大的熔浆堆积成火山锥。其顶部常下陷成漏斗状洼地,称火山口。喷出黏度较小的熔浆则形成岩流,呈长条状分布的称舌状岩流;呈穹窿状的称岩钟;呈针状的称岩针;像瀑布的称岩溶瀑布。

(2)裂隙喷发型的喷出岩产状为熔岩被。

(3)次火山岩的产状有层状、脉状、钟状、管状和透镜状等。

五 主要岩浆岩特征

1. 花岗岩

花岗岩主要矿物为石英、正长石和斜长石,次要矿物为黑云母、角闪石等。颜色多为肉红、灰白色。全晶质粒状结构,是酸性深成岩,产状多为岩基和岩株,是分布最广的深成岩。花岗岩可作良好的建筑地基及天然建筑材料。

2. 正长岩

正长岩属于中性深成岩,主要矿物为正长石、黑云母、辉石等。颜色为浅灰或肉红色。全晶粒状结构,块状构造,多为小型侵入体。

3. 闪长岩

闪长岩属于中性深成岩,主要矿物为角闪石和斜长石,次要矿物有辉石、黑云母、正长石和石英。颜色多为灰或灰绿色。全晶质中、细粒结构,块状构造。常以岩株、岩床等小型侵入体产出。闪长岩分布广泛,多与辉长岩或花岗岩共生,也可呈岩墙产出,可作为各种建筑物的地基和建筑材料。

4. 辉长岩

辉长岩属于基性深成岩,主要矿物是辉石和斜长石,次要矿物为角闪石和橄榄石。颜色为灰黑至墨绿色。具有中粒全晶结构,块状构造多为小型侵入体,常以岩盆、岩株、岩床等产出。

5. 橄榄岩

橄榄岩属超基性深成岩,主要矿物为橄榄石和辉石,颜色是橄榄绿色,岩体中矿物全为橄榄岩时,称为纯橄榄岩。全晶质中、粗粒结构,块状构造。橄榄岩中的橄榄石易风化转为蛇石和绿泥石,所以新鲜橄榄岩很少见。

6. 花岗斑岩

花岗斑岩为酸性浅成岩,矿物成分与花岗岩相同,具有板状或似斑状结构,块状构造。斑晶体积大于基质,斑晶和基质均主要由钾长石、酸性斜长石、石英组成。产状多为岩株等小型岩体或为大岩体边缘。

7. 正长斑岩

正长斑岩属于中性浅成侵入岩,主要矿物与正长岩相同,有正长石、黑云母、辉石等。颜色多为浅灰或肉红色。斑状结构,斑晶多为正长石,有时为斜长石,基质为微晶或隐晶质结构,块状构造。

8. 闪长玢岩

闪长玢岩属于中性浅成侵入岩,矿物成分同深成闪长岩,即主要矿物为角闪石和斜长石,次要矿物为辉石、方解石、黑云母、正长石和石英。颜色为灰绿色至灰褐色。斑状结构,斑晶多为灰白色斜长石,少量为角闪石,基质为细粒至隐晶质,块状构造。多为岩脉状产出。

9. 辉绿岩

辉绿岩属于基性浅成侵入岩,主要矿物为灰石和斜长石,两者含量相近,颜色为暗绿色和黑色。具有典型的辉绿结构,其特征是由柱状或针状斜长石晶体构成中空的格架,粒状微晶辉石等暗色矿石填充其中。块状构造,多以岩床、岩墙等小型侵入体产出。辉绿岩蚀变后易产生绿泥石等次生矿石,使岩石强度降低。

10. 脉岩类

脉岩类是呈脉状或岩墙状产出的浅成侵入岩,经常以脉状充填于岩体裂隙中。据脉岩的矿物成分和结构特征可分为伟晶岩、细晶岩和煌斑岩。

(1) 伟晶岩：常见的伟晶花岗岩，矿物成分与花岗岩相似，但深色矿物含量较少。矿物晶体粗大，多在2cm以上，个别可达几米以上。具有伟晶、块状构造，常以脉体和透镜体产于母岩及其围岩中，常形成长石、石英、云母、宝石及稀有元素矿床。

(2) 细晶岩：主要矿物为正长石、斜长石和石英等浅色矿物，含量达90%以上，少量深色矿物有黑云母、角闪石和辉石。为均匀的细晶结构，块状构造。

(3) 煌斑岩：SiO_2含量约40%，属超基性侵入岩，主要矿物为黑云母、角闪石、辉石等，间有长石。常为黑色或黑褐色，为全晶质，具有斑状结构，当斑晶几乎全部由自形程度较高的暗色矿物组成时，称煌斑结构，是煌斑岩的特有结构。

11. 流纹岩

流纹岩属酸性喷出岩类，矿物成分与花岗岩相似。颜色常为灰白、粉红、浅紫色。斑状结构或隐晶结构，斑晶为钾长石、石英，基质为隐晶质或玻璃质。块状构造，具有明显的流纹和气孔构造。

12. 粗面岩

粗面岩属于中性喷出岩。矿物成分同正长岩，颜色为浅红或灰白。斑状结构或隐晶结构，基质致密多孔，粗面岩为块状构造，有时含有气孔状构造。

13. 安山岩

安山岩属中性喷出岩。矿物成分同闪长岩，颜色为灰、灰棕、灰绿等绿色。斑状结构，斑晶多为斜长石，基质为隐晶质或玻璃质。块状构造，有时含有气孔、杏仁状构造。

14. 玄武岩

玄武岩属基性喷出岩。矿物成分同辉长岩，颜色为灰绿、绿灰或暗紫色。多为隐晶和斑状结构，斑晶为斜长石、辉石和橄榄石。块状构造，常有气孔、杏仁状构造。玄武岩分布很广，如二叠系峨眉山玄武岩广泛分布在我国西南各省。

15. 火山碎屑岩

火山碎屑岩是由火山喷发的火山碎屑物质，在火山附近的堆积物，经胶结或熔结而成的岩石，常见的有凝灰岩和火山角砾岩。

(1) 凝灰岩：是分布最广的火山碎屑岩，粒径小于2m的火山碎屑占90%以上。颜色多为灰白、灰绿、灰紫、褐黑色。凝灰岩的碎屑呈角砾状，一般胶熔不紧，宏观上有不规则的层状构造。易风化成蒙脱石黏土。

(2) 火山角砾岩：碎屑粒径多在2~100mm，呈角砾状，经压密胶结成岩石。火山角砾岩分布较少，只见于火山锥中。

六 岩浆岩的肉眼鉴定及命名

这里介绍的只是肉眼鉴定和一般命名方法。应当指出，肉眼或借助简单工具（放大镜、小刀和三角板等）只能对岩石做宏观的鉴定和给以粗略的名称。而精确的鉴定和命名则需经过显微镜下的研究、化学分析和一些特殊方法才能得出。但对采矿工作者来说，通常是凭肉眼去鉴别岩石。因此，掌握肉眼鉴定岩石的方法并确定岩石名称，就显得十分必要了。

1. 岩浆岩的肉眼鉴定

岩浆岩的特征表现在颜色、矿物成分、结构和构造等方面,并借以观察和区别各种岩石,其观察步骤如下:

(1) 观察岩石的颜色。岩浆岩的颜色在很大程度上反映了它们的化学成分和矿物成分。一般情况下,岩石的 SiO_2 含量高,浅色矿物多,暗色矿物少;SiO_2 含量低,浅色矿物减少,暗色矿物相对增多。因而组成岩石矿物的颜色就构成了岩石的颜色,所以,颜色可以作为肉眼鉴定岩浆岩的特征之一。一般超基性岩呈黑色—绿黑色—暗绿色;基性岩呈灰黑色—灰绿色;中性岩呈灰色—灰白色;酸性岩呈肉红色—淡红色—白色。

(2) 观察矿物成分。认识矿物时,可先借助颜色,若岩石颜色深,可先看深色矿物,如橄榄石、辉石、角闪石、黑云母等;若岩石颜色浅时,可先看浅色矿物,如石英、长石等。在鉴定时,经常是先观察岩石中有无石英及其数量,其次是观察有无长石及属于正长石还是斜长石,再就是看有无橄榄石存在。这些矿物都是判别不同类别岩石的指示矿物。此外,尚须注意黑云母,它经常与酸性岩有关。在野外观察时,还应注意矿物的次生变化,如黑云母容易变为绿泥石或蛭石;长石容易变为高岭石等,这对已风化岩石的鉴别,非常重要。

(3) 观察岩石的结构构造。岩石的结构构造是决定该类岩石属于喷出岩、浅成岩或深成岩的依据之一。一般喷出岩具隐晶质结构、玻璃质结构、斑状结构、流纹构造、气孔或杏仁构造。浅成岩具细粒状、隐晶状、斑状结构、块状构造。深成岩具等粒结构、块状构造。通过上述几方面特征,即可区别不同类型的岩石。

2. 岩浆岩的一般命名方法

随着岩石学的不断发展,岩石分类标志及命名要素逐渐增多,岩石的名称亦随之复杂。但总的来说,岩石的名称大体包括基本名称和附加名称两部分。基本名称是岩石名称必不可少的部分,它是由岩石中的主要矿物所决定的。反映着岩石的最基本特征,是岩石分类的基本单元,如"花岗岩""闪长岩"等。附加名称是说明岩石不同特征的形容词,一般位于岩石基本名称之前,通常包括岩石的颜色、结构、构造及次要矿物等。

命名时,需首先结合岩石产状,分出是侵入岩还是喷出岩,然后用肉眼观察其主要矿物、成分及含量,决定其大类,定出岩石的基本名称,再根据次要矿物成分及含量,进一步确定出附加名称。如某种岩浆岩,根据其产状定为侵入岩,又知主要矿物为辉石、基性斜长石;次要矿物为少量橄榄石,因此,可初步定名为橄榄辉长岩。

任务三 沉 积 岩

沉积岩是在地表环境下,由风化作用、生物作用、火山作用形成的产物,经搬运、沉积和成岩作用形成的岩石。沉积岩占地壳总量的5%,但就地表分布而言,则占75%。

一 沉积岩分类

沉积岩的材料主要来源于各种先成岩石的碎屑、溶解物质及再生矿物,归根结底来源于原生的火成岩,因此沉积岩的化学成分与火成岩基本相似(表2-4),即皆以 SiO_2、Al_2O_3 等为主。

沉积岩的矿物成分有160多种,但最常见的不过一二十种,其中包括:

(1)碎屑矿物:石英、钾长石、钠长石、白云母等(母岩风化后继承下来的较稳定的矿物,属于继承矿物)。

(2)黏土矿物:高岭石、铝土等(母岩化学风化后形成的矿物,属新生矿物)。

(3)化学和生物成因矿物:方解石、白云石、铁锰氧化物(各种铁矿等)、石膏、磷酸盐矿物、有机质等(从溶液或胶体溶液中沉淀出来的或经生物作用形成的矿物)。

沉积岩在矿物成分上不同于火成岩的主要特征表现在:在火成岩中最常见的暗色矿物(橄榄石、辉石、角闪石、黑云母等)和钙长石等,因极易化学分解,所以在沉积岩中极少见;还有些是在沉积岩和火成岩中都出现的矿物(石英、钾长石、钠长石、白云母、磁铁矿等),但石英和白云母等在沉积岩中明显增多,因为这两种矿物最不易化学分解,所以在沉积岩中便相对富集;另有些矿物(黏土矿物、方解石、白云石、石膏、有机质等)是一般只有在沉积岩中才有的矿物,这样的矿物都是在地表条件下形成的稳定矿物。沉积岩和火成岩平均化学成分对比见表2-4。

沉积岩和火成岩平均化学成分对比(%)　　　　　表2-4

氧化物	岩浆岩(火成岩)	沉积岩
SiO_2	57.95	59.14
Al_2O_3	13.39	15.34
Fe_2O_3	3.47	3.08
FeO	2.08	3.8
MgO	2.65	3.49
CaO	5.89	5.08
Na_2O	1.13	3.84
K_2O	2.86	3.13
TiO_2	0.57	1.05
MnO	—	0.124
P_2O_5	0.13	0.299
CO_2	5.38	0.101
H_2O	3.23	1.15
总和	98.37	99.624

沉积岩按成因及组成成分,可以分为三类,即碎屑岩类、黏土岩类、化学岩和生物化学岩类(表2-5)。另外,还有一些在特殊条件下形成的沉积岩,暂称之为特殊沉积岩类。

沉积岩分类　　　　　表2-5

岩类		物质来源	沉积作用	结构特征	岩石分类名称
碎屑岩类	沉积碎屑岩类	母岩机械破坏碎屑	机械沉积作用为主	沉积碎屑结构	1. 砾岩及角砾岩($d>2mm$) 2. 砂岩($d=0.05\sim2mm$) 3. 粉砂岩($d=0.005\sim0.05mm$)
	火山碎屑岩类	火山喷发碎屑		火山碎屑结构	1. 集块岩($d>100mm$) 2. 火山角砾岩($d=2\sim100mm$) 3. 凝灰岩($d=0.005\sim2mm$)

续上表

岩类	物质来源	沉积作用	结构特征	岩石分类名称
黏土岩类（泥质灰岩）	母岩化学分解过程中形成的新生矿物——黏土矿物	机械沉积作用和胶体沉积作用	泥质结构	1. 黏土岩（$d<0.005$mm） 2. 泥岩（$d<0.005$mm） 3. 页岩（$d<0.005$mm）
化学岩和生物化学岩类	母岩化学分解过程中形成的可溶物质和胶体物质，生物作用产生	化学沉积作用和生物沉积作用为主	结晶结构生物结构	1. 铝、铁、锰质岩 2. 硅、磷质岩 3. 碳酸岩 4. 盐类岩 5. 可燃有机岩

二 沉积岩结构

沉积岩的结构是指沉积岩组成物质的形状、大小和结晶程度。它又可分为碎屑结构、泥质结构、化学结构和生物结构，这些结构是把沉积岩划分为碎屑岩类、黏土岩类、化学和生物化学岩类的重要依据，详见表 2-6。

常见沉积岩结构　　　　表 2-6

结构类型			主要特征
碎屑结构	砾状或角砾状		粒径 >2mm
	砂状		粒径为 0.05~2mm
	粉砂		粒径为 0.005~0.05mm
泥质结构	砂（粉砂）泥质		含粉砂或砂质，手捻搓有粉砂（或砂）感
	泥质		粒径 <0.005mm，岩石质地均匀细腻
	鲕状或豆状、砾状或角砾状		黏土矿物集合体呈鱼子状（直径 <2mm）或豆状（直径 >2mm）
化学结构和生物结构	晶粒结构	粗粒	晶粒直径 >2mm
		中粒	晶粒直径为 0.5~2mm
		细粒	晶粒直径为 0.1~0.5mm
		微粒	晶粒直径为 0.01~0.1mm
		隐晶质	晶粒 <0.01mm
	残余结构		如白云岩化灰岩，具有石灰岩结构残余
	生物结构		未经搬运的生物遗体或原生生物活动遗迹组成的岩石结构，如礁灰岩介壳灰岩、藻白云岩、硅藻土等
岩结构	内碎屑结构		沉积盆地内部，弱固结岩石经岸流、波浪等机械作用破坏或剥蚀能产生的碎屑在盆地内再沉积而成的岩石
	生物碎屑结构		如生物碎屑灰岩
	鲕状结构		粒径 <2mm
	豆状结构		粒径 >2mm
	砾状角砾状或竹叶状		—
	团粒或团块状		—
	含陆源碎屑结构		混入来自沉积盆地以外的陆源碎屑的化学或生物化学岩，如砂质石灰岩

三 沉积岩构造

沉积岩在沉积过程中,或在沉积岩形成后的各种作用影响下,其各种物质成分特有的空间分布和排列方式,称为沉积岩的构造。它不仅构成沉积岩的重要宏观特征,而且还可据以恢复沉积岩的形成环境。

岩层是沉积地层的基本单位,它是物质成分、结构、内部构造和颜色等特征上与相邻层不同的沉积层。岩层可以是一个单层,也可以是一个组层。层理是指岩层中物质的成分、颗粒大小、形状和颜色在垂直方向发生变化时产生的纹理,每一个单元层理构造代表一个沉积动态的改变。

岩层与岩层之间的分界面称为层面,层面的形成标志着沉积作用的短暂停顿或间断,层面上往往分布有少量的黏土矿物或白云母等碎片,因而岩体容易沿层面劈开,构成了岩体在强度上的弱面。上下两个层面之间的一层,是组成地层的基本单元。它是在一定的范围内,生成条件基本一致的情况下形成的。它可以帮助人们确定岩石的沉积环境,划分地层层序,进行不同地层的层位对比。研究地层和层理构造具有重要意义。上下层面间的距离为层的厚度。据单层厚度通常把层厚划分为四种:巨厚层(层厚>1.0m)、厚层(0.5m<层厚≤1.0m)、中厚层(0.1m<层厚≤0.5m)、薄层(层厚≤0.1m)。夹在厚层中间的薄层称为夹层。若岩层一侧逐渐变薄而消失称为层的尖灭。若岩层两侧都尖灭则称为透镜体。

由于沉积环境和条件不同,层理构造有以下不同的形态和特征,详见表2-7。

(1)水平层理:是在稳定的或流速很小的水流中沉积形成的,层理面平直,且与层面平行。

(2)波状层理:是在流体波动条件下沉积而成的,层理的波状起伏大致与层面平行。

(3)单斜层理:由单向流体形成的一系列与层面斜交的细层构造。细层构造向同一方向倾斜,并彼此平行,多见于河床和滨海三角洲沉积物中。

(4)交错层理:由于流体运动方向频繁变化沉积而成,多组不同方向斜层理相互交错重叠。

常见沉积岩构造类型　　表2-7

类别	主要类别	主要特征	形成环境
层理构造	层理	层理与层面互相平行	潟湖相、深水湖、海相等介质平静的环境中流动性大的浅水
	斜层理	层理与层面单向斜交	
	交错层理	两种层理与层面斜交	水流运动方向变化频繁的滨海湖沉积和风成浅水波浪带
	波状层理	层理波状起伏,总的方向平行于层面,由波浪作用引起	
	变形层理	沉积过程中,由于滑陷滚动,沉积物原有层理发生挠曲、倒转破碎,变形如包卷层理、枕状构造等	
层面构造	波痕	表面波状起伏,可指示风向、水流向、鉴别层位关系	风、水流、波浪作用下砂粒移动形成
	干(泥)裂	黏土岩的网格状干缩裂缝,深度不一,尖端向下	沉积物露出水面,收缩开裂形成
	印痕	泥质、粉质沉积表面,由雨水冰雹造成的形状不规则凹坑	沉积物曾露出水面的滨湖(海)相沉积
	印模	印痕底面复印下来的凸模	沉积物顶面受到冲刷或受到流水携带物刻划

续上表

类别	主要类别	主要特征	形成环境
碳酸盐类岩石构造	结核	成岩过程的自生析离体	溶液的某些成分积聚
	缝合线	碳酸盐类岩石中,在垂直层面的切面上的锯齿状裂纹	岩石在受压条件下,产生不均匀溶解而成
	示底鸟眼	石灰岩中,平行层面排列的似鸟眼状孔隙,充填有石膏或方解石	多产于潮上带或潮向带

四 主要沉积岩特征

1. 碎屑岩类

碎屑岩类具有碎屑结构,是由碎屑和胶结物组成。

(1)砾岩和角砾岩:粒径大于 2m 的碎屑含量占 50% 以上,经压密胶结形成岩石。若多数砾石磨圆度好,称为砾岩;若多数砾石呈棱角状,称为角砾岩。砾岩和角砾岩多为厚层,其层理不发育。

(2)砂岩:从沉积岩分类可知,砂岩按砂状结构的粒径大小,可以分为粗砂岩、中砂岩、细砂岩、粉砂岩四种。可根据胶结物和矿物成分的不同给各种砂岩定名,如硅质细砂岩、铁质中砂岩、长石砂岩、石英砂岩、硅质石英砂岩等。

2. 黏土岩类

泥状结构,由小于 0.005mm 的黏土颗粒构成。黏土岩类分布广,数量大,约占沉积岩格 60%。常见黏土岩有两类,其中具有页理的黏土岩称为页岩,页岩单层厚度小于 1cm。呈块状的黏土岩为泥岩,泥土岩易风化,吸水及脱水后变形显著,常给工程建筑造成事故。

3. 化学岩和生物化学岩

化学岩和生物化学岩是先期岩石分解后溶于溶液中的物质被搬运到盆地后,再经过化学或生物化学作用沉淀而成的岩石,也有部分岩石是由生物骨骸或甲壳沉积形成的。常见的岩石有以下四种:

1)石灰岩

方解石矿物占 90%~100%,有时含有少量白云、粉砂粒、黏土等。纯石灰岩为浅灰白色,含有杂质时颜色有灰红、灰褐、灰黑等色。性脆,遇稀盐酸时起泡剧烈。在形成过程中,由于风浪振动,有时形成特殊结构,如鲕状、竹叶状、团块状等结构。还有由生物碎屑组成的生物碎屑灰。

2)白云岩

主要矿物为白云石,含少量方解石和其他矿物。颜色多为灰白色,遇稀盐酸不易起泡,滴镁试剂由紫变蓝,岩石露头表面常具刀砍状溶蚀沟纹。

3)泥灰岩

石灰岩中常含少量细粒岩屑和黏土矿物,当黏土含量达到 25%~50% 时,则称为泥灰岩,颜色有灰、黄、褐、浅红色。加酸后侵蚀面上常留下泥质条带和泥膜。

4）硅质岩

由化学或生物化学作用形成的以二氧化硅为主要成分的沉积岩。岩石致密,坚硬性脆,颜色多为灰黑色,主要成分是蛋白石、玉髓和石英。隐晶结构,多以结核层存在于碳酸盐岩石和黏土岩层中。

五 沉积岩的肉眼鉴定及命名

由于沉积岩是经沉积作用形成的,所以沉积岩都具有层状构造的特征,这是沉积岩的共性,也是它们最主要的特征,在鉴定时,应充分注意。但是,事物都有它的特殊性,在考虑共性的同时,还需抓住它们自身的特点,以便区别不同类型的沉积岩。

（1）在鉴定碎屑岩时,除观察颜色、碎屑成分及含量外,尚须特别注意观察碎屑的形状和大小,以及胶结物的成分。

（2）在鉴定泥质岩时,则需仔细观察它们的构造特征,即看有无页理等。

（3）在鉴定化学岩时,除观察其物质成分外,还需判别其结构、构造,并辅以简单的化学试验,如用冷稀盐酸滴试,检验其是否起泡。

根据对上述特征的观察分析后,即可给不同沉积岩以恰当的命名。沉积岩的一般命名方法,仍以主要矿物为准,定出基本名称,然后再结合岩石的颜色、层理规模、结构及次要矿物的含量等,定出附加名称,如灰白色中粒钙质长石石英砂岩、深灰色中厚层鲕状灰岩等。

任务四 变 质 岩

由于地壳内部物理和化学条件的变化,岩石在固态的情况下发生构造、结构或矿物成分和化学成分的变化,这个过程被称为变质作用。变质作用形成的新岩石叫变质岩。如大理岩是由石灰岩变质而成的。由火成岩形成的变质岩称正变质岩;由沉积岩形成的变质岩称副变质岩。变质岩的特点,一方面受原岩的控制,而具有一定的继承性;一方面由于变质作用的类型和程度不同,在矿物成分、结构和构造上具有一定的特征性。

一 变质岩分类

组成变质岩的矿物,大致可以分为两部分。一部分是与岩浆岩和沉积岩共有的矿物,主要有石英、长石（正长石、微斜长石和斜长石）、云母、角闪石、辉石、方解石和白云石等。另一部分是变质岩所特有的矿物,主要有石榴子石、红柱石、蓝晶石、阳起石、硅灰石、透辉石、透闪石、矽线石、十字石、蛇纹石、滑石和绿泥石等,这些特征矿物常是鉴别变质岩的标志。

二 变质岩结构

变质岩几乎都具结晶结构,但由于变质作用的程度不同,又可分为变余结构、变晶结构,详见表2-8。

常见沉积岩结构 表2-8

结构类型		成因	特征
变余结构	变余砾状	重结晶作用,原岩为沉积岩变质	重结晶作用不完全,原岩的矿物成分和结构被部分保留下来
	变余砂状		
	变余泥状		
	变余斑状	重结晶作用,原岩为岩浆岩	
	变余粒状		
变晶结构	变晶结构	重结晶作用	全晶质,晶形一般为他形或半自形,按变质矿物颗粒的形状和相互关系分为等粒(花岗)变晶结构、斑状变晶结构、鳞片变晶结构、纤维变晶结构、包含变晶结构、筛状变晶结构和残缕结构等
碎裂结构	碎裂	动力作用	矿物颗粒发生碎裂,仅在颗粒接触处被错碎成碎粒(也称碎边)
	碎斑(压碎胶结)		在粉碎的矿物颗粒(碎基)中,残留有部分较大的矿物碎粒,似斑晶碎斑
	糜棱		矿物颗粒几乎全部破碎成微粒状(细粒至隐晶质)
交代结构	交代假象	交代作用	原有矿物溶解消失,并产生新矿物,使原岩的成分、结构构造产生变化而形成的新结构。发育在气热变质、接触交代变质和混合岩中
	交代蚕食及残留		
	交代穿孔及蠕虫状		
	交代条纹		
	交代斑状		

三 主要变质岩特征

1. 板岩

多为变余泥状结构或隐晶结构,板状构造,颜色多为深灰、黑色、土黄色等,主要矿物为黏土及云母、绿泥石等矿物,为浅变质岩。

2. 千枚岩

变余结构及显微鳞片状变晶结构,千枚状构造,通常为灰色、绿色、棕红色及黑色等,主要矿物有绢云母、黏土矿物及新生的石英、绿泥石、角闪石等矿物,为浅变质岩。

3. 片岩

显晶质变晶结构,片状构造。颜色比较杂,取决于主要矿物的组合。矿物成分有云母、滑石、绿泥石、石英、角闪石、方解石等,属变质较深的变质岩,如云母片岩、角闪石片岩、绿泥石片岩等。

4. 片麻岩

中、粗粒状变晶结构,片麻状构造,颜色较复杂,浅色矿物多为粒状的石英、长石,深色物多为片状、针状的黑云母、角闪石等。深色、浅色矿物各自形成条带状相间排列,属深变质岩,岩石定名取决于矿物成分,如花岗片麻岩、闪长片麻岩等。

5. 混合岩类

多为晶粒粗大的变晶结构,多条带状眼球状构造,混合岩是地下深处重熔高温带的岩石,经大量热液、岩浆及其携带物质的高温重熔、交代、混合等复杂的混合岩化作用后形成的,是变质岩和岩浆岩之间的过渡岩类。

6. 大理岩

粒状变晶结构,块状构造,是由石灰岩、白云岩经区域变质重结晶而成。碳酸盐矿物占50%以上,主要为方解石或白云石。纯大理岩为白色,称为汉白玉,是常用的装饰和雕刻石料。

7. 石英岩

粒状变晶结构,块状构造。纯石英岩为白色,含杂质时有灰白色、褐色等,矿物成分中石英含量大于85%。石英岩硬度高,有油脂光泽,是由石英砂岩或其他硅质岩经重结晶作用而成。

8. 蛇纹岩

隐晶质结构,块状构造,颜色多为暗绿色或黑绿色,风化面为黄绿色或灰白色,主要矿物为蛇纹石,含少量石棉、滑石、磁铁矿等矿物,是由富含镁质的超基性岩经接触交代变质作用而成。

9. 构造角砾岩

角砾状压碎结构,块状构造,是断层错动带中的岩石在动力变质中被挤碾成角砾状碎块,经胶结而成的岩石。胶结物是细粒岩屑或是溶液中的沉积物。

10. 糜棱岩

是粉末状岩屑胶结而成的糜棱结构,块状构造,矿物成分与原岩相同,含新生的变质矿物,如绢云母、绿泥石、滑石等。糜棱岩是高动压力断层错动带中的产物。

四 变质岩构造

1. 片理构造

指岩石中矿物定向排列所显示的构造,是变质岩中最常见、最带有特征性的构造。矿物平行排列所成的面称片理面,它可以是平直的面,也可以是波状的曲面。片理面可以平行于原岩的层面,也可以二者斜交。岩石极易沿着片理面劈开。根据矿物的组合和重结晶程度,片理构造又可分为以下几类:

1) 片麻构造

岩石主要由较粗的粒状矿物(如长石、石英)组成,但又有一定数量的柱状、片状矿物(如角闪石、黑云母、白云母)在粒状矿物中定向排列和不均匀分布,形成断续条带状构造。如果是暗色柱状、片状矿物分布于浅色粒状矿物中,则黑白相间的片麻构造更加明显。各种片麻岩具此构造。

2) 片状构造

相当于狭义的片理构造。岩石主要由粒度较粗的柱状或片状矿物(如云母、绿泥石、滑石、石墨等)组成,它们平行排列,形成连续的片理构造,片理面常微有波状起伏。如各种片岩具此构造。

3) 千枚构造

由细小片状矿物定向排列所成的构造,它和片状构造相似,但晶粒微细,不容易肉眼辨别矿物成分,片理面上常具丝绢光泽。如各种千枚岩具此构造。

4）板状构造

指岩石中由微小晶体定向排列所成的板状劈理构造。板理面平整而光滑,并微有丝绢光泽,沿着劈理可形成均匀薄板。这种板状构造有的是代表原来岩石的板状层理;有的是原来岩石在应力作用下形成的板劈理,它可能和原来层理一致,也可能与之斜交。板状构造是板岩所特有的构造。

5）条带状构造

变质岩中由浅色粒状矿物(如长石、石英、方解石等)和暗色片状、柱状或粒状矿物(如角闪石、黑云母、磁铁矿等)定向交替排列所成的构造。它们以一定的宽度呈互层状出现,形成颜色不同的条带。有的条带构造是由原来岩石的层理构造残留而成;但更多的是暗色呈片理构造的部分被浅色岩浆物质顺片理贯入而成,混合岩常具此种构造。

2. 块状构造

岩石中矿物颗粒无定向排列所表现的均一构造。如有一部分大理岩、石英岩等具此构造。

3. 变余构造

又称残留构造,为变质作用后保留下来的原岩构造。特别是在浅变质岩中可以见到变余层理构造、变余气孔构造、变余杏仁构造、变余波痕构造等,这些构造是恢复原岩和产状的重要标志。

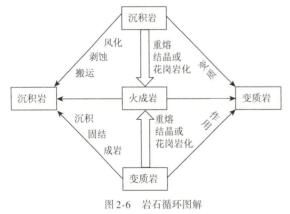

图 2-6 岩石循环图解

三大类岩石都是在特定的地质条件下形成的,但是它们在成因上又是紧密联系的。追溯到遥远的年代,那时候岩浆活动十分强烈,地壳中首先出现的岩石是由岩浆凝固而成的。但是,自从地壳上出现了大气圈和水圈以来,各种外力因素开始对地表岩石一方面进行破坏,一方面又进行建造,出现了沉积岩。然而,任何岩石都不能回避自然界的改造,因此在一定条件下又出现了变质岩。图 2-6 基本上表明了三大类岩石的相互转化关系。

五 变质岩的肉眼鉴定和命名

肉眼鉴定变质岩主要根据构造和矿物成分。在矿物成分中,应特别注意那些为变质岩所特有的矿物,如石榴子石、十字石、红柱石、硅灰石及变斑晶矿物等。

根据变质岩所具有的构造,可将这一大类岩石划分为两类:一类是具有片理构造的岩石,其中包括片麻岩、片岩、千枚岩和板岩;另一类是不具片理构造的块状岩石,主要包括石英岩、大理岩和矽卡岩。

鉴定具片理构造的岩石时,首先根据片理构造的类型,很容易将上述岩石分开,然后根据变质矿物和变斑晶矿物进一步给所要鉴定的岩石定名,如片岩中有石榴子石呈变斑晶出现时,则可定名为石榴子石片岩;若滑石、绿泥石出现较多时,则称为绿泥石或滑石片岩。

对块状岩石,则结合其结构和成分特征来鉴别,如石榴子石占多数的矽卡岩,则称为石榴子石矽卡岩；如含较多硅灰石的大理岩则可称为硅灰石大理岩。

任务五　岩石及岩体的工程性质

一　岩石强度分类

岩石和土都是矿物的集合体，是自然界地质作用的产物，并在地质作用下相互转化。土在一定温度和压力下，经过压密、脱水、胶结及重结晶等成岩作用形成岩石；岩石经风化作用，又可变成土。岩石与土之间，既存在多方面的共性和密切联系，又有明显的不同。一般来说，岩石的力学性能、抗水性及完整性等都比土好得多。也有些岩石与土很难区别，如某些固结程度较差的黏土岩、泥灰岩、凝灰岩等，颗粒间的连接弱、强度低、抗变形性能差，其工程地质性质与土接近，可作为岩石与土的过渡类型。但总的来说，岩石的建筑条件比土体要优越得多，许多土体中出现的问题，对岩石来说则显得十分微弱。岩石与土之间存在着许多差别。岩石按强度分类见表2-9。

岩石按强度分类表　　　　　　　　　　　　　　表2-9

岩石类别		饱和单轴极限抗压强度 R_b(MPa)	代表性岩石
硬质岩	极硬岩	$R_b > 60$	(1)花岗岩、闪长岩、玄武岩等岩浆岩； (2)硅质、钙胶结的砾岩及砂岩、石灰岩、白云岩等沉积岩； (3)片麻岩、石英岩、大理岩、板岩、片岩等变质岩
硬质岩	硬质岩	$30 < R_b \leq 60$	
软质岩	软质岩	$5 < R_b \leq 60$	(1)凝灰岩等喷出岩； (2)泥砾岩、泥质砂岩、泥质页岩、炭质页岩、泥灰岩、泥岩、煤等沉积岩； (3)云母片岩或千枚岩等变质岩
软质岩	极软岩	$R_b \leq 5$	

注：1. 试块直径 5~10cm，试块高度与直径相等。
　　2. 当地基为软质岩时，在确保不浸水的条件下，可用天然湿度的单轴极限抗压强度。

二　岩石的主要性质及指标值

岩石的基本性质是岩石内部组成矿物成分、结构、构造的综合反映，研究岩石的基本性质对研究工程体的稳定性是有重要意义的，其研究内容包括岩石的物理性质和力学性质。其中，物理性质是自然状态下所表现出的特征，而力学性质则是反映在外力作用下所表现出的相应特征，不同的岩石其物理力学性质是不同的，即使是同一种性质的岩石，由于其形成过程及赋存环境等多种外界因素的不同，其所表现出的性质也有差别。

岩石的物理性质研究主要包括以下几方面的内容。

1. 岩石的密度

岩石的密度是指单位体积岩石的质量。又可分为颗粒密度和块体密度。

岩石的颗粒密度 ρ_s 是指岩石固体骨架部分的质量与其对应的实体体积之比。它不包括岩石空隙,其大小取决于组成岩石的矿物密度及其相对含量。

$$\rho_s = \frac{m_s}{V_s} \tag{2-1}$$

式中：m_s——岩石固体部分的质量；

V_s——岩石固体部分的体积。

常见岩石的天然密度见表 2-10。

常见岩石的天然密度　　　　　　　表 2-10

岩石名称	天然密度（g/cm³）	岩石名称	天然密度（g/cm³）
花岗岩	2.3～2.8	坚固的页岩	2.80 左右
正长岩	2.5～3.0	砂质页岩	2.60 左右
闪长岩	2.52～2.96	砂质钙质页岩	2.50 左右
辉长岩	2.55～2.98	页岩	2.30 左右
辉绿岩	2.53～2.97	硅质灰岩	2.81～2.90
硅长斑岩	2.20～2.74	白云质灰岩	2.80 左右
玢岩	2.40～2.86	坚硬致密灰岩	2.70 左右
粗面岩	2.30～2.77	致密灰岩	2.50 左右
玄武岩	2.60～3.10	泥质灰岩	2.30 左右
安山岩	2.70～3.10	新鲜花岗片麻岩	2.90～3.30
蛇纹岩	2.60 左右	强风化花岗片麻岩	2.30～2.50
火山凝灰岩	1.60～1.95	角闪片麻岩	2.76～3.05
凝灰岩	0.75～1.40	混合片麻岩	2.40～2.63
凝灰角砾岩	2.20～2.90	特别坚硬的石英岩	3.00～3.30
含岩浆岩卵石的砾岩	2.90 左右	坚固细粒石英岩	2.80 左右
钙质胶结砾岩	2.30 左右	片状石英岩	2.80～2.90
黏土质胶结砾岩	2.20 左右	风化的片状石英岩	2.70 左右
胶结不好的砾岩	1.90 左右	坚硬白云岩	2.90 左右
石英砂岩	2.61～2.70	白云岩	2.10～2.70
硅质胶结砂岩	2.50 左右	大理岩	2.70 左右
泥质胶结砂岩	2.20 左右	板岩	2.6

2. 岩石的相对密度

岩石的相对密度是指单位体积岩石固体部分的重量与同体积水 4℃ 的重量之比,即

$$G = \frac{W_s}{V_s \gamma_w} \tag{2-2}$$

式中：W_s——体积为 V_s 的岩石固体部分的重量；

γ_w——单位体积水（4℃）的重量。

岩石的相对密度取决于组成岩石的矿物相对密度及其在岩石中的相对含量。常见岩石的相对密度详见表 2-11。

一般岩石的相对密度　　　表 2-11

岩石名称	相对密度	岩石名称	相对密度
花岗石	2.5～2.84	页岩	2.63～2.73
流纹岩	2.65 左右	泥质灰岩	2.7～2.8
凝灰岩	2.55 左右	石灰岩	2.48～2.76
闪长岩	2.6～3.1	白云岩	2.78 左右
斑岩	2.3～2.8	贝壳灰岩	2.70 左右
玢岩	2.6～2.9	板岩	2.7～2.84
辉长岩	2.7～3.2	大理岩	2.7～2.87
辉绿岩	2.6～3.1	石英片岩	2.6～2.8
玄武岩	2.5～3.3	绿泥石片岩	2.8～2.9
橄榄岩	2.9～3.4	黏土质麻岩	2.4～2.6
蛇纹岩	2.4～2.8	角闪片麻岩	3.07 左右
响岩	2.4～2.7	花岗片麻岩	2.63 左右
砂岩	1.8～2.75	石英岩	2.63～2.84

3. 岩石的孔隙率

岩石的孔隙性影响着岩石的强度和透水性。各种岩石的孔隙性用孔隙率指标表示。岩石的孔隙率 n 是指岩石中孔隙体积与岩石总体积之比，以百分率表示。

$$n = \frac{V_v}{V} \times 100\% \tag{2-3}$$

4. 岩石的水理性质

岩石的水理性质是指岩石在水的作用下所表现的性质，主要有吸水性、软化性、耐冻性和可溶性等。

1）岩石的吸水性

岩石的吸水性是指岩石在一定试验条件下的吸水性能。它取决于岩石的空隙数量、大小、开闭程度和分布情况。表征岩石吸水性的指标有吸水率、饱水率和饱水系数。

岩石的吸水率 w_a 是指岩石试件在 1 个大气压和室温条件下自由吸入水的质量 m_{w1} 与试件

干质量 m_s 之比,用百分率表示,即:

$$w_a = \frac{m_{w1}}{m_s} \times 100\% \tag{2-4}$$

岩石的饱和吸水率 w_p 是指岩石试件在高压(一般为15MPa)或真空条件下吸入水的质量 m_{w2} 与岩石试样干质量之比,用百分数表示,即:

$$w_a = \frac{m_{w1}}{m_s} \times 100\% \tag{2-5}$$

各种岩石的一般吸水范围见表2-12,常见岩石的吸水性指标见表2-13。

各种岩石一般吸水范围 表2-12

岩石名称	吸水率(%)	岩石名称	吸水率(%)	岩石名称	吸水率(%)
花岗岩	0.10~0.70	霏细岩	0.10~1.21	混合片麻岩	0.64~3.15
花岗闪长岩	0.30~0.38	角砾岩	1.00~5.00	石英片岩	0.10~0.20
正长岩	0.47~1.94	砂岩	0.20~7.0	角闪片岩	0.10~0.20
辉绿岩	0.80~5.00	石灰岩	0.10~4.45	云母片岩	0.10~0.20
玄武岩	0.30左右	泥质灰岩	2.14~8.16	板岩	0.10~0.30
玢岩	0.07~0.65	花岗片麻岩	0.10~0.70	大理岩	0.10~0.80
闪长玢岩	1.0~2.0	角闪片麻岩	0.10~3.11	石英岩	0.10~1.45
伟晶岩	0.20~0.40				

常见岩石的吸水性指标 表2-13

岩石名称	吸水率(%)	饱水率(%)	饱水系数	岩石名称	吸水率(%)	饱水率(%)	饱水系数
花岗岩	0.46	0.84	0.55	云母片岩	0.13	1.31	0.1
石英闪长岩	0.32	0.54	0.59	砂岩	7.01	11.99	0.58
玄武岩	0.27	0.39	0.69	石灰岩	0.09	0.25	0.36
基性斑岩	0.35	0.42	0.83	白云质灰岩	0.74	0.92	0.8

2)岩石的软化性

岩石遇水之后其强度往往会降低,我们将岩石浸水后其强度降低的性质称为岩石软化性。岩石的软化性取决于它的矿物组成及空隙性。当岩石中含有较多的亲水性矿物以及大开空隙较多时,其软化性较强。各种岩石的软化系数见表2-14。

各种岩石的软化系数 表2-14

| 岩石名称 | 抗压强度(MPa) | | 软化系数 | 岩石名称 | 抗压强度(MPa) | | 软化系数 |
	湿试样	干试样			湿试样	干试样	
粗粒花岗岩	208	239	0.87	黏土页岩	11	24	0.46
细粒花岗岩	241	265	0.91	泥灰岩	21	46	0.46
花岗斑岩	230	250	0.92	软质变质岩			0.4~0.68
闪长岩	80.0~100.0	90~130.0	0.7~0.8	变质片麻岩			0.7~0.84

续上表

岩石名称	抗压强度(MPa) 湿试样	抗压强度(MPa) 干试样	软化系数	岩石名称	抗压强度(MPa) 湿试样	抗压强度(MPa) 干试样	软化系数
安山岩	218.1	256.3	0.85	岩浆岩			0.16~0.5
玄武岩	186.5	266.1	0.7	侏罗系石英长石砂岩			0.68
砂岩	102.8	109.3	0.93	轻风化白垩系砂岩			0.5
石灰岩	76.5	115.1	0.66	中等风化白垩系砂岩			0.4
石英砂岩	122	133.1	0.92	中奥陶系砂岩			0.54
黏土质砂岩	36	54	0.67	新第三系红砂岩			0.33

注:岩石的软化系数为饱和状态下与风干状态下岩石的极限抗压强度之比。

3) 岩石的耐冻性

坚硬岩石的耐冻性是它对冰冻破坏作用的抵抗能力。破坏的程度取决于水可进入开型孔隙的体积、性质和分布情况。饱水系数可以作为判定岩石耐性的间接指标(表2-15)。

用饱水系数判定岩石的耐冻性　　　　表2-15

岩石种类	耐冻岩石	不耐冻岩石
一般岩石的理论值	$K_w<0.9$	$K_w \geqslant 0.9$
粒状结晶孔隙均匀的岩石	$K_w<0.8$	$K_w \geqslant 0.8$
孔隙不均匀或呈层状分布有黏土物质充填的岩石	$K_w<0.7$	$K_w \geqslant 0.7$

注:K_w为饱水系数。

4) 岩石的可溶性

岩石的可溶性即岩石在水溶液中被溶解的性能。可溶性岩石必须在水溶液具有适当成分及适当的运动条件下才能被溶解;水溶液中的成分必须是对该岩石的某些成分不饱和时才能有溶蚀该岩石的能力。例如,碳酸钙不饱和的地下水才能溶解石灰岩;硫酸钙不饱和的地下水才能溶解石膏等。石膏在水中的溶解度详见表2-16。

石膏在水中的溶解度　　　　表2-16

温度(℃)	在水中的溶解度(g/L)		
	石膏	天然硬石膏	可溶性硬石膏
0	1.76	4	—
10	1.92	—	—
20	2.04	3	9
30	2.1	—	—
42	2.12	2.12	—
50	2.01	2.01	4
107	1.5	—	1.5

思 考 题

1. 矿物和岩石有什么区别？
2. 什么是岩体？说明岩体和岩石的区别。
3. 如何用最简单的方法区分石灰岩和石英岩？
4. 请分别写出三大岩类中三种代表岩石的名称。
5. 简述沉积岩的形成过程。
6. 影响岩石工程性质的因素有哪些？

项目三

地质构造认知

1. 知识目标

(1) 掌握不同地质构造的表现形式及对工程建设的影响；
(2) 学习工程地质图的识图方法。

2. 技能目标

(1) 能够判别褶皱、断层、节理等地质构造；
(2) 能够识读工程地质图。

3. 素质目标

(1) 培养学生吃苦耐劳的精神；
(2) 培养学生团队协作的能力。

4. 学习重点

(1) 褶皱、断层、节理等地质构造；
(2) 工程地质图的识读。

5. 学习难点

地质年代。

任务一 地质年代

地质年代系指地质体形成或地质事件发生的时代。它有两层含义:地质体形成或地质事件发生的先后顺序及地质体形成或事件发生距今有多少年(地质事件的发生、延续和结束的时间)。前者称为相对年代,后者称为绝对年代。在描述地质体或地质事件的年代时,两者都是不可缺少的。

一 相对地质年代的确定

相对地质年代主要依据地层层序律、生物层序律和切割律或穿插关系来确定。

1. 地层层序律

地层是在一定地质时期内所形成的层状岩石(含沉积物)。层状岩石泛称为岩层。在岩层未发生逆掩断层和倒转的情况下,先形成的岩层在下,后形成的岩层在上,上覆岩层比下伏岩层为新。这就是地层层序律或称叠置原理。地层层序律为我们正确恢复地质历史,确定岩层间的相互关系提供了客观物质基础。但是,一个地区在整个地质历史中,不可能永远处在沉积状态,而是在一个时期内,该地区地壳可能下降,接受沉积,另一时期,则该地区地壳可能又上升,遭受剥蚀,因此每个地区所保存的地层,总不可能是完整的,常缺失某些地质年代的地层。由于在同一地质时代、环境相似的情况下所形成的地层,在岩石成分、结构、构造、岩性组合等方面具有一定的相似性,因此,它是确定地层相对年代的基本方法(图3-1)。

a) 地层水平　　　　b) 地层倾斜

图3-1　地层相对年代的确定(地层层序正常时)
注:图中1、2、3、4表示地层从老到新。

如果地层因构造运动而倾斜,则顺倾斜方向的地层新,反倾斜方向的地层老(图3-2)。

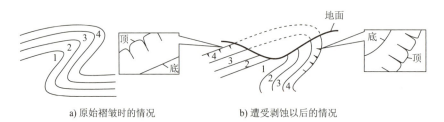

a) 原始褶皱时的情况　　　　b) 遭受剥蚀以后的情况

图3-2　地层相对年代的确定(地层层序倒转时)
注:图中1、2、3、4表示地层从老到新。

有时,因发生构造运动,地层层序倒转,即上下关系颠倒。此时必须利用沉积岩的沉积构造(泥裂、波痕、雨痕、交错层等),来判断岩层的顶底面,恢复其原始层序,以确定其相对的新老关系(图3-2)。

2. 生物层序律

埋藏在岩层中的古代生物遗体或遗迹称为化石。动物的骨骼、甲壳、足迹、蛋、粪以及植物的根、茎、叶或其痕迹均可成为化石。一般保存为化石的生物实体,都已不同程度地受到地质作用改造,如被某种矿物质(如碳酸钙、二氧化碳、黄铁矿等)充填或交代而石化,或生物遗体中所含不稳定成分挥发逸去,仅留下碳质薄膜等。尽管如此,生物遗体的结构可以保持不变。

生物的演变是从简单到复杂、从低级到高级不断发展的。因此,一般说来,年代越老的地层中所含生物越原始、越简单、越低级;年代越新的地层中所含生物越进步、越复杂、越高级。另一方面,不同时期的地层中含有不同类型的化石及其组合,而在相同时期且在相同地理环境下所形成的地层,只要原先的海洋或陆地相通,都含有相同的化石及其组合,这就是生物层序律。

综合地层层序律与生物层序律的规律并加以运用,就成为系统地划分和对比不同地方的地层,恢复地层形成顺序的基本方法,从而为研究生物的演化阶段和全过程奠定了基础。图3-3表示了根据岩性、化石和地层层序等特征,划分和对比甲、乙、丙三地区的地层情况,以及在地层划分和对比的基础上,通过恢复该三地区完整的地层形成顺序而建立综合地层柱状图。

有些生物对环境变化的适应能力很强,虽经过漫长的地质历史,它们的特征没有明显变化。如舌形贝从5亿多年前即已在海洋中出现,至今仍然存在。因而这种化石对于确定地层年代意义不大。对研究地质年代有决定意义的化石,应该具有在地质历史中演化快、延续时间短、特征显著、数量多、分布广等特点,这种化石称为标准化石。如南京蜓为我国二叠纪的标准化石。在南方,若发现某一地层中有南京蜓化石,则可确定该地层属于二叠系。

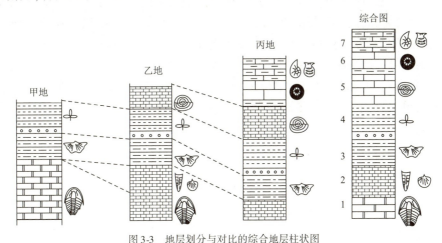

图3-3 地层划分与对比的综合地层柱状图
注:柱状图右侧标出的符号代表不同的化石及其组合,不同层位有不同的化石组合。

3. 切割律或穿插关系

就侵入岩与围岩的关系说来,总是侵入者年代新,被侵入者年代老,这就是切割律。这一原理还可以用来确定有交切关系或包裹关系的任何两地质体或地质界面的新老关系(图3-4)。即切割者新,被切割者老;包裹者新,被包裹者老。如侵入岩中捕房体的形成年代比侵入体老;砾岩中砾石形成的年代比砾岩的年代老。

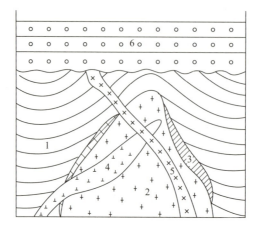

图 3-4　运用切割律确定各种岩石形成顺序示意图
1-石灰岩,形成最早;2-花岗岩,形成晚于石灰岩;3-矽卡岩,形成时代同花岗岩;
4-闪长岩,形成晚于花岗岩;5-辉绿岩,形成晚于闪长岩;6-砾岩,形成最晚

二 地质年代表

1. 地质年代表的建立

按年代先后把地质历史进行系统性编年,列出"地质年代表"(表3-1)。它的内容包括各个地质年代单位、名称、代号和同位素年龄值等。它反映了地壳中无机界(矿物、岩石)与有机界(动、植物)演化的顺序、过程和阶段。地质年代表的建立,是根据对世界各地的地层进行系统划分对比的结果。地质年代表中具有不同级别的地质年代单位。最大一级的地质年代单位为"宙",次一级单位为"代",第三级单位为"纪",第四级单位为"世"。与地质年代单位相对应的年代地层单位为:宇、界、系、统,它们是在各级地质年代单位内形成的地层。现将两者的级别和对应关系表示如下:

地质年代单位	时间地层单位
宙	宇
代	界
纪	系
世	统

由地质年代表可见,各个代、纪的延续时间是不一样的,年代越老者延续时间越长,年代越新者延续时间越短。造成这一情况的一个原因是年代越新者保留下来的地质记录越全、划分得越细致,另一原因是在地质年代单位划分时考虑到生物进化的阶段性。各年代单位时间跨度较短的乃是与生物的进化速度逐步加快有关,这也是地质环境演化速度逐步加快的反映。

地质年代表　　　　　　　　　　　　　　表 3-1

地质时代、地层单位				同位素年龄		生物演化阶段	
宙(宇)	代(界)	纪(系)	世(统)	时间间距	距今年龄	动物	植物
显生宙	新生代	第四纪	全新世	200万~300万	1.2万	人类出现	被子植物繁盛
			更新世		248(164)万		
		晚第三纪	上新世	282万	530万	哺乳动物繁盛	
			中新世	1800万	2330万		
		早第三纪	渐新世	1320万	3650万		
			始新世	1650万	5300万		
			古新世	1200万	6500万		
	中生代	白垩纪	晚白垩世	7000万	1.35(1.4)亿	爬行动物繁盛	裸子植物繁盛
			早白垩世				
		侏罗纪	晚侏罗世	7300万	2.08亿		
			中侏罗世				
			早侏罗世				
		三叠纪	晚三叠世	4200万	2.5亿	无脊椎动物继续演化发展	
			中三叠世				
			早三叠世				
	古生代	晚古生代 二叠纪	晚二叠世	4000万	2.9亿	两栖动物繁盛	蕨类植物繁盛
			早二叠世				
		石炭纪	晚石炭世	7200万	3.62(3.55)亿		
			中石炭世				
			早石炭世				
		泥盆纪	晚泥盆世	4700万	4.09亿	鱼类繁盛	裸蕨植物繁盛
			中泥盆世				
			早泥盆世				
		早古生代 志留纪	晚志留世	3000万	4.39亿	海生无脊椎动物繁盛	藻类及菌类繁盛
			中志留世				
			早志留世				
		奥陶纪	晚奥陶世	7100万	5.1亿		
			中奥陶世				
			早奥陶世				
		寒武纪	晚寒武世	6000万	5.7(6.0)亿	硬壳动物繁盛	
			中寒武世				
			早寒武世				
元古宙	元古代	新元古代		2.3亿	8亿	裸露动物繁盛	真核生物出现
				2亿	10亿		
		中元古代		4亿	14亿		(绿藻)
				4亿	18亿		
		古元古代		7亿	25亿		原核生出现
太古宙	太古代	新太古代		5亿	30亿	生命现象开始出现	
		古太古代		8亿	38亿		
冥古宙				8亿	46亿		

显生宙中各级单位的划分及其名称和代号都是国际统一的。纪以下一般分为早、中、晚三个世;只有二叠纪与白垩纪分为早世和晚世;第三纪分为五个世,并各有专门名称。

此外,前寒武纪地层由于形成时间早,研究工作难度较大,划分对比较粗略,故长期未能将其统一起来。

2. 地质年代名称的来源与含义

了解地质年代表中各地质时代名称的来源和含义,对深刻理解地质年代表的性质是有益的。

太古宙:最古老的地质年代,仅有原始的菌藻生物。

元古宙:为古老的地质年代,生物仅有菌藻类。

震旦纪:"震旦"是我国的古称,该纪地层在我国极为发育,而且发育早,研究细,这一名称目前仅在国内通用,其他国家还有不同的名称。

显生宙:是开始出现大量较高等动物以来的阶段,包括古生代、中生代和新生代。

古生代:意为"古老生物"的时代。它标志着生物已开始大量发育,主要为原始海生无脊椎动物,原始的鱼类和两栖类、蕨类等孢子植物。

寒武纪:"寒武"是英国威尔士的拉丁文名称,在这里首先研究了这一地质时代的地层。

奥陶纪:最早在威尔士研究了该时代的地层,威尔士有一个古代民族叫"奥陶"。

志留纪:最早研究该时代的地层出露于威尔士边境,这里生活过一个不列颠部族叫"志留"。

泥盆纪:最早研究该时代的地层出露于英格兰的泥盆郡。

中生代:意为"中期生物"的时代,以陆上爬行动物繁盛为特征,在这以前主要为水生动物。

侏罗纪:在法国和瑞士交界的侏罗山脉首先研究了这一时代的地层。

白垩纪:英吉利海峡北岸,这一时代的地层中产出白色细粒的碳酸钙;拉丁文称之为Creta,意为白垩。

新生代:意为"近代生物"的时代。哺乳动物和被子植物非常繁盛。

第三纪和第四纪:两名来源于最早对全部地层自下而上分为四套,其中最上面的两套分别称为第三系和第四系,代表年轻的和最新的地层,现仍沿用之。

地质年代表中代(界)、纪(系)的代号取自其英文名称的第一个字母或第一个加上后面的某一个字母,仅寒武纪用 ϵ、白垩纪用 K,比较特殊。这是为了与石炭纪的 C 相区别。此外,世的代号是在该世所属纪的代号右下角注以 1、2、3 或 1、2 分别代表三分为早世、中世、晚世或二分为早世、晚世等,如中石炭世以 C_2 表示。

三 第四纪地质

第四纪是新生代最晚的一个纪,下限一般为 200 万年。第四纪分为更新世和全新世,更新世又可分为早、中、晚三个世,它们的划分及绝对年代详见表 3-2。

第四系地质年代表　　　　　表 3-2

地质年代			绝对年代($\times 10^4$ 年)	
纪	世		距今时间	时间间隔
第四纪 Q	全新世 Q_4		1	1
	更新世	晚更新世 Q_3	10	9
		中更新世 Q_2	73	63
		早更新世 Q_1	200	127

第四纪沉积物和其他地质历史时期的沉积物不同,具有以下特征。

1. 结构松散

陆地上的第四纪沉积物除少数在特殊条件下为固结完全的坚硬状态之外，一般呈松散或半固结状态。

2. 富含生物化石

在松散的第四纪沉积物中，生物化石较为丰富，特别在海相地层中，微生物遗体化石分布广泛。

3. 地层对比较为困难

第四纪陆相堆积物由于受内、外力地质作用、地形、地貌、岩石性质、气候、水文因素影响，形成不同类型的堆积物，因而无论是地层性质、厚度以及空间分布上都变化较大。另一方面，第四纪堆积物在形成的同时遭受外部营力破坏严重，很难保存原始状态，所以很难进行地层对比。

4. 人类活动迹象明显

第四纪是人类出现与发展的时代，人类化石与文化遗址成为第四纪地层的重要标志之一，也是研究第四纪地质的重要内容。

任务二 地 质 构 造

地质构造是指地壳中的岩层地壳运动的作用发生变形与变位而遗留下来的形态。地质构造因此可依其生成时间分为原生构造与次生构造。次生构造是构造地质学研究的主要对象。

次生构造是岩石在成岩以后，由于构造变动和非构造变动形成的各种变形、变位现象。构造变动形成的次生构造，如褶皱、断层、节理、劈理、构造岩以及隆起、坳陷等；非构造变动形成的次生构造，如滑塌构造和冰川擦痕等。

一 褶皱构造

褶皱构造是地壳中常见的构造形态，是岩石或岩层受力而发生的弯曲变形，在层状岩石中表现得最为明显（图3-5）。形成褶皱的面（又称变形面或褶皱面）绝大多数是层理面，也可以是变质岩中的劈理面、片理面、片麻理面以及某些火成岩中的原生流面，甚至是节理面或断层面等。褶皱既可以是原始水平岩层面的弯曲，也可以是已褶皱的层状岩石的再弯曲，它是岩石塑性变形的表现。

图3-5 褶皱构造立体图　　　　动画：褶皱构造

褶皱的规模变化很大，对其研究不仅仅是为了阐明一个地区地质构造的形成规律的发展提供依据，更为了解决某些矿产的分布、赋存、开采以及水文地质、工程地质等方面的实际问题。

1. 褶皱及褶皱要素

褶皱是岩层的弯曲,单个弯曲成为褶曲。为了正确描述和研究各种形态的褶皱,首先需要认识褶曲的各个组成部分及具有几何意义的点、线、面要素,即褶曲的几何要素(图3-6)。

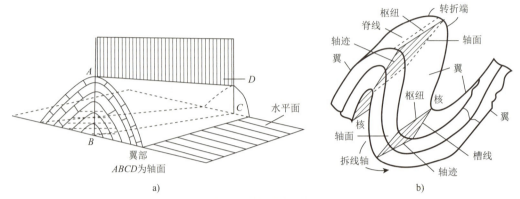

图3-6 褶曲要素示意图

(1)核部:褶皱中心部位的地层。背斜核最老,向斜核最新。
(2)翼部:核部两侧的岩层,背斜与向斜相连时,翼部是共用的。
(3)枢纽:同一褶皱层面上最大弯曲点的连线。可以是水平或倾斜的直线,也可以是曲线。
(4)轴面:连接褶曲各层面上的枢纽构成的面。可以是平面,也可以是曲面。
(5)脊线:同一背形褶皱面上最高点的连线,脊线上最高点称脊。
(6)槽线:同一向形褶皱面上最低点的连线,槽线上最低点称槽。

2. 褶皱的形态分类

褶皱有两种基本形态,即背斜和向斜(图3-7)。背斜是两翼地层以核部为中心向两侧倾斜,形态上是地层向上弯曲,核部出露的地层时代相对较老,翼部出露的地层时代相对较新;向斜是两翼地层向核部倾斜,形态上是地层向下弯曲,核部出露的地层时代相对较新,翼部出露的地层年代相对较老。

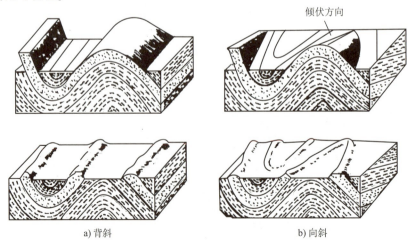

图3-7 遭受剥蚀的背斜和向斜

3. 褶皱形态的认识和研究

对褶皱形态的认识和研究主要是靠野外直接观察和分析其在地质图上的表现来进行；其次可以利用物探、钻探资料或利用航片、卫片的图像资料进行解译来分析。

4. 褶皱的形成时代

研究褶皱形成时代，一般通过分析区域性角度不整合来确定。如果不整合面以下的地层均褶皱，而其上的地层未褶皱，则不整合面以下的褶皱形成于不整合面下伏的最新地层形成之后和上覆最老地层形成之前。

如果一个地区不整合面上、下地层均发生褶皱，但其褶皱的形态各不相同，则表明该地区至少发生过两次褶皱运动。从图 3-8 中可以看出，该地区有两个角度不整合面于三套发生不同形态的褶皱地层之间，说明该地区发生过三次褶皱运动，第一次为元古代 (Pt) 地层形成之后，震旦纪 (Z) 地层形成之前；第二次为奥陶纪 (O) 地层形成之后，侏罗纪 (J) 地层形成之前；第三次为侏罗纪之后。

图 3-8 两个不整合面上、下的三套地层都已褶皱

5. 褶皱的工程地质评价

岩层褶皱后原有的空间位置和形态都已发生改变，但其连续性未受到破坏，构造运动是导致褶皱存在的直接原因。褶皱构造对找矿工程及水利建设有着相当重要的意义。根据褶皱两翼对称重复的规律，在褶皱的一侧发现沉积型矿层时，可预测在另一侧也可能有相应的矿层存在。除此以外，背斜部位的岩层常常较为破碎，如果水库位于此就易于漏水，工程建设须避开这种构造部位。

从工程所处的地质构造条件来看，可能是一个大的褶皱构造，但从工程所遇到的具体构造问题来说，往往是大型褶皱构造的一部分。褶皱构造的工程地质评价主要是倾斜岩层的产状与路线或隧道轴线走向的关系问题。一般来说，倾斜岩层对建筑物的地基没有特殊不良的影响，但对深路堑、挖方高边坡及隧道工程等，则需要根据具体情况作具体的分析。

对深路堑和高边坡来说，路线垂直岩层走向，或路线与岩层走向平行但岩层倾向与边坡倾向相反时，对路基边坡的稳定性是有利的；路线走向与岩层的走向平行，边坡与岩层的倾向一致时，特别在松软岩石分布地区，坡面容易发生剥蚀并产生严重碎落坍塌，对路基边坡及路基排水系统会造成经常性的危害；路线与岩层走向平行，岩层倾向与路基边一致，而边坡的坡角大于岩层的倾角，特别在石灰岩、砂岩与黏土质页岩互层，且有地下水作用时，容易引起斜坡岩层发生大规模的顺层滑动，破坏路基稳定。

褶皱核部岩层由于受水平挤压作用，产生许多裂隙，直接影响到岩体的完整性和强度。褶皱的核部是岩层强烈变形的部位，变形强烈时，沿褶皱核部常有断层发生，造成岩石破碎或形成构造角砾岩带。地下水多聚积在向斜核部，背斜核部的裂隙也往往是地下水富集和流动的通道，必须注意岩层的坍落、漏水及涌水问题，在石灰岩地区还往往使岩溶较为发育。由于岩层构造变形和地下水的影响，所以公路、隧道工程或桥梁工程在褶皱核部容易遇到工程地质问题。

褶皱的翼部不同于核部,在褶皱翼部布置建筑工程时,如果开挖边坡的走向近于平行岩层走向,且边坡倾向与岩层倾向一致,边坡坡角大于岩层倾角,则容易造成顺层滑动现象。在褶皱两翼形成倾斜岩层容易造成顺层滑动,特别是当岩层倾向与临空面坡向一致,且岩层倾角小于坡角,或当岩层中有软弱夹层,如有云母片岩、滑石片岩等软弱岩层存在时应慎重对待。对隧道等深埋地下的工程,从褶皱的翼部通过一般是比较有利的;因为隧道通过均一岩层有利于稳定,而背斜顶部岩层受张力作用可能塌落,向斜核部则是储水较丰富的地段,但如果中间有松软岩层或软弱构造面时,则在顺倾向一侧的洞壁,有时会出现明显的偏压现象,甚至会导致支撑破坏,发生局部坍塌。

褶皱构造的规模、形态、形成条件和形成过程各不相同,而工程所在地往往仅是褶皱构造的局部部位。对比和了解褶皱构造的整体乃至区域特征,对选址、选线及防止突发性事故是十分重要的。

二 节理

岩石受力产生的破裂称断裂。岩石在破裂变形阶段产生的构造统称断裂构造。它使岩石的连续性和完整性遭到破坏,并可使断裂面两侧岩块沿破裂面发生位移。凡破裂面两侧的岩石沿破裂面没有发生明显的相对位移,或仅有微量位移的断裂构造称为节理;若破裂面两侧的岩石沿破裂面发生了较大和明显的相对位移,则称为断层。

在自然界中,几乎所有的岩石,普遍而广泛的发育有形态各异、长短不一的节理,它是一种小型断裂,在岩石中往往成群出现。

节理按其表露的明显程度不同,可分为张开的、闭合的和隐蔽的三种。张开的节理常呈明显的可见裂隙,由于两壁张开,节理两侧的岩石在垂直裂隙的方向上有微量的位移。节理能大量地吸收地表径流,是地下水和矿液的良好通道和储集场所。闭合节理的两壁压得很紧,中间没有空隙,但用肉眼可以清楚地看出有裂隙存在;隐蔽节理为一种毛发状裂纹,肉眼不易觉察,只有当岩石受到打击时,才能看到岩石沿隐蔽节理方向裂开。

节理经常与褶皱、断层等相伴出现,或作为它们的派生构造而发育在其某些部位上。节理的几何分类实质上是一种形态分类,它是指节理与其所在的岩层或与其他构造之间的几何关系。其分类的具体标志是,节理走向与所在岩层的走向的关系或与所在褶皱枢纽方向的关系。据此,可将节理分为走向节理、倾向节理、斜向节理、顺层节理(图3-9)或纵节理、横节理、斜节理(图3-10)等。

上述分类,在某些情况下,如对于枢纽没有倾伏的圆弧状褶皱来说,走向节理相当于纵节理、倾向节理相当于横节理。若枢纽是倾伏的,则二者不完全吻合甚至相反,如褶皱枢纽倾伏处,横节理相当于走向节理,纵节理相当于倾向节理。

1. 成因分类

1)原生节理

指在物质沉积和成岩过程中所产生的节理,如沉积岩中的泥裂和玄武岩的柱状节理等。

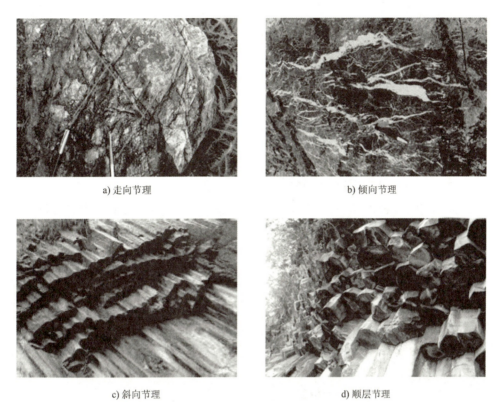

图 3-9 根据节理走向与岩层走向的关系分类

图 3-10 根据节理走向与所在褶皱枢纽方向的关系分类

2）次生节理

指成岩后所形成的节理，包括非构造节理和构造节理。非构造节理是指岩石在外动力地质作用下（风化、山崩、地滑、岩溶塌陷、冰川活动以及人工爆破等）所产生的节理。这类节理在空间分布上，常局限于地表浅部岩石中，节理不规则，延长也不远，多数为裂开的张节理，对地下水的活动及工程建设有较大的影响。

2. 力学分类

节理都是在一定的岩石应力条件下产生的，直接形成节理的力只有两种：一是张应力形成的节理，称张节理；另一是剪应力形成的节理，称剪节理。它们的形态特征如下：

1) 张节理

(1) 裂面粗糙不平,发育在砾岩或粗砂岩中的张节理,常绕砾石或粗砂粒表面而过,一般不穿切砾石。

(2) 节理产状不稳定,在平面上常婉曲延伸或呈锯齿状延伸。

(3) 节理沿走向延伸不远即消失,但在其旁侧又可出现同一方向的另一条张节理,形成平面上的侧列现象。

(4) 张节理两壁张开,有肉眼可见的节理壁距,有时上部壁距较大,呈楔形,向下逐渐消失,由于两壁张开,是地下水的良好通道或储存场所,也可能被岩脉或矿脉充填。

(5) 节理发育比较稀疏,即节理间距较大,频度较低。

(6) 张节理的尾端常呈树枝状分叉或具杏仁状结环,其分叉方向无规律,其结环形状不规则。

2) 剪节理

(1) 节理面平直而且光滑,发育在砾岩中的剪节理面常穿过砾石,形似刀切。

(2) 节理的产状较为稳定,平面上呈直线延伸。

(3) 沿节理走向和倾向常延伸较远,有时在节理旁侧形成比较规则的羽列现象。

(4) 剪节理两壁紧闭,壁距甚小,有时肉眼只能见到一条缝隙。

(5) 节理发育比较密集,即节理间距较小,频度较高。

(6) 节理两侧岩石沿节理面常有微小的位移,致使节理两侧岩石出现错开现象,并能在节理面上留下擦痕。

(7) 剪节理的尾端变化可分为折尾、菱形结环、菱形分叉三种形式。

上述张节理与剪节理的各种形态特征是在野外识别二者的主要标志。但应说明,有些标志是通过二者比较而来的,如节理面的光滑与粗糙,节理间距的大小等都只具有相对意义。

3. 节理对工程的影响

节理是一种发育广泛的裂隙。节理将岩石切割成块体,对岩体的强度和稳定性有很大影响。节理间距越小,岩石破碎程度越高,岩体承载力明显降低;岩体中发育的节理是地下水的通道,增强了其透水性,同时又加速了岩石的风化速度,使岩石强度降低;节理的存在影响对路基爆破施工的效果,对路堑边坡的开挖有影响;若有一组节理倾向公路,无论岩体的产状如何,都容易造成路堑边坡崩塌、落石。

岩体中的裂隙,在工程上除了有利于开挖外,对岩体的强度和稳定性均有不利的影响。它破坏了岩体的整体性,促进岩体风化速度,增强岩体的透水性,因而使岩体的强度和稳定性降低。当裂隙主要发育方向与路线走向平行,倾向与边坡一致时,不论岩体的产状如何,路堑边坡都容易发生崩塌等不稳定现象。在路基施工中,如果岩体存在裂隙,还会影响爆破作业的效果。所以,当裂隙有可能成为影响工程设计的重要因素时,应当对裂隙进行深入的调查研究,详细论证裂隙对岩体工程建筑条件的影响,采取相应措施,以保证建筑物的稳定和正常使用。

气温升降和岩石干湿变化,都会使岩石沿着已有的联结软弱部位(如未开裂的层理、片理、劈理、矿物颗粒的集合面以及矿物解理面等)形成新的裂隙,即风化裂隙;或者对原有裂隙进一步增宽、加深、延展和扩大。这种岩石裂隙的生成或加剧主要是水的楔入和冻胀作用的结果。

节理构造对石材矿山的影响非常显著。节理的发育程度直接关系到石材矿山的荒料率,直接影响矿山的生产经营。认识和查清节理构造的产状、性质、发育程度、分布规律,对评价矿山的开采价值,确定矿山的开采方法,合理应用开采手段,指导矿山正常生产,最大限度发挥矿山企业的经济效益,都是非常必要的。

与褶皱或断层伴生的节理,常有规律地分布于大尺度地质构造的不同部位,反映了各部分的应变状态。在地壳中,节理常作为矿液的流动通道和停积场所,直接控制着脉状金属矿床的分布。节理也是石油、天然气和地下水的运移通道和储聚场所。节理过多发育会影响到水的渗漏和岩体的不稳定,给水库和大坝或大型建筑带来隐患。

岩体裂隙的存在给工程带来了很多问题(表3-3),但不能完全说岩石中的裂隙都会产生副作用,在能源方面也可能带来好处,以干热岩为例说明。干热岩是一种没有水或蒸汽的热岩体,普遍埋藏于距地表2~6km的深处,其温度范围很广,在150~650℃之间。通过深井将高压水注入地下2000~6000m的岩层,使其渗透进入岩层的缝隙并吸收地热能量;再通过另一个专用深井(相距约200~600m)将岩石裂隙中的高温水、汽提取到地面;取出的水、汽温度可达150~200℃,通过热交换及地面循环装置用于发电;冷却后的水再次通过高压泵注入地下热交换系统循环使用。因此,干热岩的利用不会出现像热泉等常规地热资源利用的麻烦,即没有硫化物等有毒、有害或阻塞管道的物质出现。

裂隙发育程度分级表 表3-3

发育程度等级	基本特征	附注
裂隙不发育	裂隙1~2组,规则,构造型,间距在1m以上,多为密闭裂隙。岩体被切割成巨块状	对基础工程无影响,在不含水且无其他不良因素时,对岩体稳定性影响不大
裂隙较发育	裂隙2~3组,呈X形,较规则,以构造型为主,多数间隔大于0.4m,多为密闭裂隙,部分为微张裂隙,少有填充物。岩体被切割成大块	对基础工程影响不大,对其他工程可能产生相当的影响
裂隙发育	裂隙3组以上,不规则,以构造型或风化型为主,多数间距小于0.4m,大部分为张开裂隙,部分有充填物。岩体被切割成小块状	对工程建筑物可能产生很大影响
裂隙很发育	裂隙3组以上,杂乱,以风化型和构造型为主,多数间距小于0.2m,以张开裂隙为主,一般均有充填物。岩体被切割成碎石状	对工程建筑物产生严重影响

注:一般裂隙宽度:小于1mm的为密闭裂隙;1~3mm的为微张裂隙;3~5mm的为张开裂隙;大于5mm的为宽张裂隙。

三 断层

断层和节理虽均属断裂构造,但二者又有明显差别。这种差别可反映在其发育规律、位移量大小、伴生和派生构造特征、形成机制、地质意义、研究方法等方面。如断层两盘的相对运动所出现的地层重复、缺失和破碎等现象是节理所没有的;某些规模较大的断层还控制着两侧的沉积作用和构造变动,有时甚至分隔着两个不同的大地构造单元,而节理就不具备这样的意义。

动画:断裂构造(断层)

1. 断层要素

断层要素是指断层的基本组成部分和其空间的产出状态及运动性质。包括：

1）断层面和断层带

相邻两部分岩块沿其滑动的破裂面称断层面。断层面是平面或曲面。地壳上的断层常不是一个单一的断层面，而表现为具有一定宽度的破裂带，这种破裂带称断层带或断裂带。断层带可由一些近于平行的，或互相交织的断层面组合而成；有时，断层带并无明显的断层面，而是由呈带状发育的细小裂隙（节理、劈理、片理）、角砾岩、强烈揉皱带或硅化带、矿化带等反映出来。断层带的宽度自几米至数百米，通常断层规模越大，形成的断层带越宽，大型断层带的宽度甚至可达数公里。

2）断层线

断层线是断层面与地面的交线，它在水平面的投影是地质图重要的地质界限之一，其分布规律受"V"字形法则控制。

3）断盘

断层面两侧相对移动的岩块称作断盘。断盘有上盘、下盘之分，也有上升盘、下降盘之分。在断层面直立时，无上、下盘之分，只有上升盘与下降盘之分；但当断层面水平时，则只有上、下盘之分；直立的平移断层，或断层性质不明时，上述两种划分均不适合，只能以方位称之，如断层走向为南北，则可分出东盘与西盘。除水平断层外，任何断层也均可以方位区别其两侧断盘。

4）断距

断距是断层两盘的相当层沿断面相对错开的距离（图 3-11）。其中，总断距是两盘相当点之间移动的距离；水平断距是总断距的水平分量；铅直断距是总断距的铅直分量。

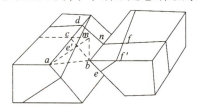 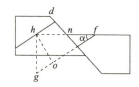 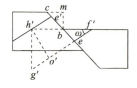

a) 断层位移立体图　　b) 垂直于被断地层走向的剖面图　　c) 垂直于断层走向的剖面图

图 3-11　断层滑距和断距

ab-总滑距；ac-走向滑距；cb-倾斜滑距；am-水平滑距；$ho = h'o'$-地层断距；
$gh = h'g'$-铅直地层断距；hf-$h'f'$-水平断距；α-岩层倾角；ω-岩层视倾角

2. 断层的类型

常用的断层分类依据有两种：第一种是依据几何关系，即断层面走向与被断地层走向或褶皱枢纽方向的空间方位关系，将断层分为走向断层、倾向断层、斜向断层、顺层断层，或纵（向）断层、横（向）断层、斜（向）断层等。在水平褶皱地区，这两种分类的前三者分别对应相当；在倾伏褶皱地区，这两种分类不能混淆。由于断层一般延伸较长，其走向在褶皱一翼与地层走向垂直，而在另一翼则未必垂直，从整体上看可称其为横断层，但却不能称其为倾向断层。因此，规模较大的断层一般不采用前一种分类命名。

第二种分类依据是根据两盘相对运动的性质，将断层分为正断层、逆断层和平移断层三种基本类型（图 3-12）。

  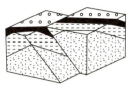

a) 正断层　　　　　　　　b) 逆断层　　　　　　　　c) 平移断层

图 3-12　断层的基本类型

3. 断层的野外识别

在自然界,大部分断层由于后期遭受剥蚀和覆盖,在地表上暴露得不清楚。而在断层分布密集的断层带内,岩层一般都受到强烈破坏,产状紊乱,岩层破碎,地下水富集,沟谷、斜坡、崩塌、泥石流等不良地质现象发育,认识它们比较困难。为防止其对工程建筑的不良影响,首先必须认识断层的存在。

1) 构造线和地质体的不连续

任何线状或面状的地质体,如山脊、河沟、峡谷、地层、岩脉、岩体、岩相带、不整合面、岩体与围岩接触带、片理、褶皱枢纽在平面或剖面上突然中断和错开等不再连续现象,说明可能有断层存在。但要注意的是,由于岩层的不整合接触、侵入体边界的侵入接触、地层的沉积相变等也能造成地质体界线或岩性的不连续现象,因此,需要对错断部位进行甄别,以判断断层是否真正存在。

2) 地层的重复与缺失

地层的正常层序具有规律性的排列,当有走向正(或逆)断层存在时,常常造成两盘地层的重复或缺失现象。根据地层重复或缺失,并考虑地层产状与断层面产状二者的关系,鉴别出断层两盘相对的运动情况,确定断层的性质(图 3-13)。如果考虑地形因素的影响,则情况将更为复杂。

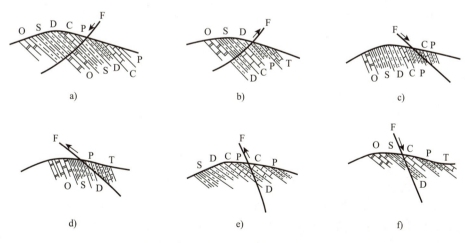

图 3-13　走向正(逆)断层造成的地层重复与缺失的六种剖面
注:a)、c)、f)为正断层;b)、d)、e)为逆断层。

3)地层产状突然改变

地层产状突变有两种情况:一种是由于断层的错动而扰乱了地层原来产状,使两盘地层产状急变而不一致;另一种是由于断层滑动的牵引,而使地层变陡,一般越接近断层,地层的倾角变得越陡,甚至直立或发生倒转。

4. 断层面(带)的构造特征

1)擦痕和阶步

擦痕和阶步都是断层两盘岩块相对错动时在断层面上因摩擦和碎屑刻划而留下的痕迹(图3-14)。据此判断断层的存在及断盘的相对运动方向。常表现为一组彼此平行而且比较均匀细密的相间排列的脊和槽;有时还可见到有的擦痕一端粗而深,另一端细而浅,由粗而深的一端向细而浅的一端的指向为对盘的运动方向。在硬而脆的岩石中,有的擦痕被摩擦得光滑如镜,称摩擦镜面,其上常覆以数毫米的碳质、铁质或钙质薄膜,称动力薄膜,其成分取决于断层两盘岩石。

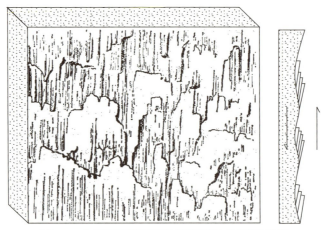

图3-14 北京西山奥陶系石灰岩断层面上的擦痕与阶步

阶步是断层面上与擦痕垂直的微小陡坎,坎高一般由不足一毫米至几毫米,它是顺擦痕方向局部阻力的差异或因断层间歇性运动的顿挫而形成的。在平行断层运动方向的剖面上其形态特征呈不对称波状,陡坎倾斜方向指示对盘岩块相对运动方向,这种阶步称正阶步[图3-15a)]。在某些情况下,会出现与阶步指示两盘岩块相对运动方向相反的阶步,这种阶步的陡坎为断层早期发育的剪切羽列所造成[图3-15b)],或由晚期伴生发育的雁列张节理而形成[图3-15c)]。

2)牵引构造

牵引构造是断层两盘沿断层面作相对滑动时,断层附近的岩层受断层面摩擦力拖曳而产生的弧形弯曲现象。岩层弧形弯曲突出的方向大体指示本盘的相对动向(图3-16)。值得注意的是,由于岩层牵引弯曲的形状决定于断层面与岩层面交线的方位以及断层的运动方向,因此,除直立岩层在横向平移断层中或水平岩层在正(或逆)断层中所产生的岩层牵引构造可以用来较准确地判断断层的动向外,其他情况则不易准确判断断层动向。

断层附近岩层的弯曲现象也可能并非断层运动时拖曳的结果,而是先于断层而产生的褶皱弯曲,在进一步活动中被拉薄以致被拉断而形成断层。

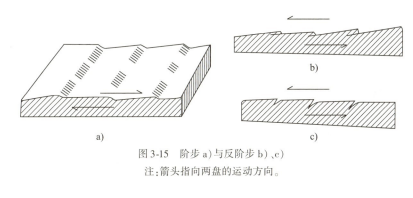

图 3-15 阶步 a) 与反阶步 b)、c)
注:箭头指向两盘的运动方向。

图 3-16 断层带中的牵引褶皱及其指示的两盘运动方向

3) 羽状节理

在断层两盘相对运动过程中,常常在断层的一侧或两侧地层中发育羽状张节理和剪节理。它们的排列与主断层或断层带斜交,往往在断层主动盘一侧发育较好。羽状张节理越近断层面,其裂缝开口越大,呈不规则的楔形,它们与断层的锐角指示断层本盘的相对动向(图 3-17)。

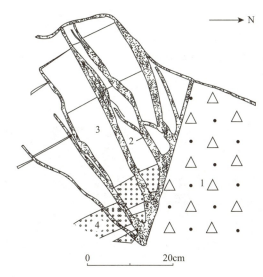

图 3-17 河南济源正断层旁侧的羽状张节理
1-硅化断层角砾岩;2-方解石脉;3-灰岩;4-泥灰岩

4) 构造透镜体

断层带中常发育有规模不等,并呈一定方向排列的透镜装岩块,称为构造透镜体。部分构造透镜体是由于断层形成时的挤压作用产生的共轭剪节理把岩石切割成菱形岩块再进一步挤压研磨而成(图 3-18)。透镜体表面常因岩块间的相互挤压滑动而在表面留下擦痕。根据透镜体长轴方向可以判断断层两盘相对动向(图 3-19)。

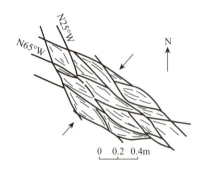

图 3-18 构造透镜体

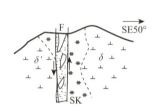

图 3-19 根据透镜体长轴方向判断相对动向

5. 断层岩

断层岩是断层带中因断层动力作用被破碎、研磨,有时甚至发生重结晶作用而形成的一种岩石。根据其研磨破碎程度及重结晶作用(变质程度)所反映的结构、构造特征,可将断层岩分为:

1) 断层角砾岩

由断层两盘的岩块碎块组成。角砾内部无矿物成分和结构的变化,仍保持着原岩的特点;角砾间由磨碎的岩屑、岩粉以及外源物质(如地下水循环带来的铁质、钙质、硅质等)充填和胶结,其胶结程度有较大差别。断层角砾岩出现在各类断层带中。角砾形状极不规则,大小不一,棱角明显,杂乱散布,无定向排列,呈典型的角砾结构(图 3-20);但在规模较大的逆断层、平移断层和低角度的正断层中,由于断层带上覆压力较大,断层位移也较大,角砾岩经受挤压、揉搓、碾滚而使其棱角磨损,常可具有不同程度的圆化现象,形成貌似沉积砾岩的断层碎裂岩(图 3-21)。

图 3-20 断层角砾岩

图 3-21 断层碎裂岩

2) 断层碎裂岩

碎裂岩是由断层碾搓、研磨得更细的断层岩,它与断层角砾岩的区别在于破碎程度较高,碎块较小,岩石呈压碎结构。碎裂岩中若残留有较大的矿物颗粒或原岩碎块,则称碎斑岩,并呈碎斑结构,碎斑内常见有裂纹。若岩石主要由小于 0.02mm 石英及亲水性较强的黏土矿物之碎粉组成,则称碎粉岩或断层泥。断层泥压缩变形较大,强度低,常给工程带来很大的危害。

3)糜棱岩和构造片岩

糜棱岩和构造片岩不出现在脆性破裂构造的断层中,它是韧性剪切带中的典型断层岩,主要是在较高温度、压力及低应变速率条件下晶体发生塑性变形形成的。

6. 地貌和水文标志

1)断层崖和断层三角面

由于较大的正断层两盘的相对滑动,特别是在差异性升降变动中,断层面直接出露地表,常在地貌上形成陡立的峭壁,称为断层崖。大型断层崖在卫片、航片上可有明显的显示,形成线性构造的地貌景观(图3-22)。

图3-22 断层造成的地貌景观

当断层崖形成以后又遭受与崖面垂直水流侵蚀、切割后,可形成一系列沿断层走向分布的三角形的陡崖,称为断层三角面(图3-23)。

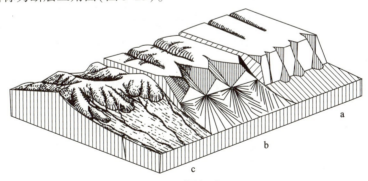

图3-23 断层三角面
a-断层崖剥蚀成冲沟;b-冲沟扩大,形成三角面;c-继续侵蚀,三角面消失

2)山脊错断和水系改向

山脊错断往往与断层两盘的相对位移相关。断层的存在常常控制和影响水系的发育,并可引起河流遇断层面而急剧改向,甚至发生河谷错断现象。

3)串珠状湖泊洼地和带状分布的泉

湖泊、洼地呈串珠状排列,往往意味着大断层的存在。温泉和冷泉呈带状分布往往也是断层存在的标志。

4）岩体的线状分布与矿化作用

断层破碎带往往成为岩浆作用的通道与停积场所，因此呈线状分布的小型侵入体或硅化带，常可反映断层的存在。硅化带处岩性坚硬较难风化，从而形成地貌上突出的脊形高地，因而野外易于发现和识别。

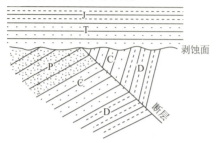

图3-24 断层的形成年代剖面示意图
注：断层形成年代在二叠纪（P）与三叠纪（T）之间。

7. 断层形成时代

确定断层的形成时代，主要利用断层与不整合面的关系进行。对一次构造运动形成的断层，它会切穿一套较老的地层并终止于某一个不整合面上，而不切穿不整合面上部较新地层。这种断层的形成时间必然在这套较老地层中的最新地层之后，在其上覆的一套较新地层中的最老地层之前（图3-24）。它同不整合面及其代表的构造运动时间是一致的。

8. 断层的工程地质评价

断层是在地球表面沿一个破裂面或破裂带两侧发生相对位错的现象。它是由于在构造应力作用下积累的大量应变能在达到一定程度时导致岩层突然破裂位移而形成的。破裂时释放出很大能量，其中一部分以地震波形式传播出去造成地震，会对工程造成影响。由于岩层发生强烈的断裂变动，导致岩体裂隙增多、岩石破碎、风化严重、地下水发育充分，从而降低了岩石的强度和稳定性，对工程建筑造成了不利的影响。

岩层（岩体）被不同方向、不同性质、不同时代的断裂构造切割，如果发育有层理、片理，则情况更复杂。作为不连续面的断层是影响岩体稳定性的重要因素，这是因为断层带岩层破碎强度低，另一方面它对地下水、风化作用等外力地质作用往往起控制作用。断层的存在降低了地基岩体的强度稳定性。断层破碎带力学强度低、压缩性大，建于其上的建筑物由于地基的较大沉陷，易造成断裂或倾斜。因此在研究路线布局，特别是在安排河谷路线时，要特别注意河谷地貌与断层构造之间的关系。断裂面对岩质边坡、坝基及桥基稳定常有重要影响。断裂带在新的地壳运动影响下，可能发生新的移动，从而影响建筑物的稳定。跨越断裂构造带的建筑物，由于断裂带及其两侧上、下盘的岩性均可能不同，易产生不均匀沉降。

隧道工程通过断裂破碎时易发生坍塌。在断层发育地段修建隧道，是最不利的一种情况。由于岩层的整体性遭到破坏，加之地面水或地下水的侵入，其强度和稳定性都是很差的，容易产生洞顶塌落，影响施工安全。当隧道轴线与断层走向平行时，应尽量避免与断层的破碎带接触。隧道横穿断层时，虽然只有个别断落受到断层影响，但因工程地质及水文地质条件不良，必须预先考虑措施，保证施工安全。如果断层破碎带规模很大，或者穿越断层带时，会使施工十分困难，在确定隧道平面位置时，要尽量设法避开。

断层构造地带沿断裂面附近的岩块因强烈挤压而产生破碎，往往形成一条破碎带。因此，隧道工程通过断层时必须采取相应的工程加固措施，以免发生崩塌；水库等大型工程选址，应避开断层带，以免诱发断层活动，同时防止因坝基或地基不稳固产生地震、滑坡、渗漏等不良后果。在山地区域，溪沟、河流常沿断层面发育，有断层的地方，常有地下水出露，这对寻找地下水有一定的指导意义。

任务三　岩层产状要素及其测定

一　岩层产状要素

1. 岩层的产状

岩层的产状是指岩层在空间位置的展布状态,即岩层面在三维空间的延伸方位及其倾斜程度。倾斜岩层的产状可用岩层面的走向、倾向、倾角三个产状要素来表示(图3-25)。

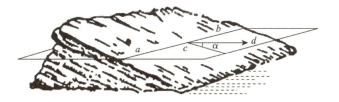

图3-25　岩层产状要素　　　　　　　　　动画:岩层产状及其测量
ab-走向线;cd-倾向;α-岩层的倾角

(1)走向:岩层面与水平面的交线叫走向线,如图3-25中的 ab 线,走向线两延伸的方向就是岩层的走向。它表示岩层在空间的水平延伸方向。岩层走向可由走向线的任意一端的方向来表示。

(2)倾向:垂直走向线、沿岩层面向下倾斜的直线叫倾斜线(又称真倾斜线),它在水平面上的投影线称为倾向线,如图3-25中的 cd 线,倾向线所指的方向为倾向(又称真倾向)。沿着岩层面但不垂直走向线的向下倾斜的直线为视倾斜线,其在水平面上的投影线称为视倾向线,视倾向线所指的方向为视倾向。

(3)倾角:真倾斜线与其在水平面上的投影线(倾向线)的夹角叫倾角(图3-25中的 α 角),又称真倾角。视倾斜线与其在水平面上的投影线(视倾向线)的夹角叫视倾角。

如图3-26所示,图中直角三角形 BEC 中 $\angle\alpha$ 为真倾角,直角三角形 BFC 中 $\angle\beta$ 为视倾角,$\angle\theta$ 是视倾向线 CF 与岩层走向线之间所夹的锐角。视倾角小于真倾角。由几何关系可推出视倾角与真倾角的关系如下:
$\tan\beta = \tan\alpha \cdot \cos\theta$。

可以看出,用岩层产状的三个要素,能表达经过构造变动后的构造形态在空间的位置。

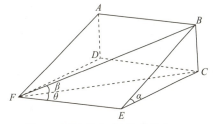

图3-26　视倾角与真倾角的关系

野外测定岩层产状,通常是测量其真倾向和真倾角,但有时要用视倾角。例如,绘制地质剖面或做槽探、坑道编录时,如剖面方向或槽、坑的方向与岩层的走向不直交时,剖面图或素描图上的岩层的倾角就要用作图方向的视倾角来表示。

2. 岩层产状要素的测定

在野外岩层的产状要素通常是用地质罗盘仪直接在岩层面上测量的。地质罗盘仪的结构如图3-27所示。

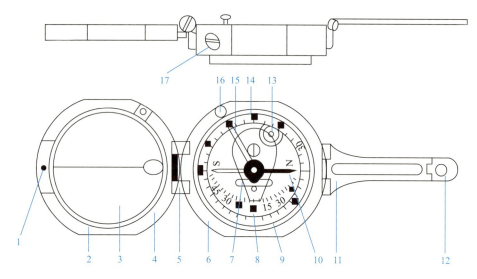

图 3-27 地质罗盘仪的结构
1-瞄准;2-固定圈;3-反光镜;4-上盖;5-连接合页;6-外壳;7-长水准器;8-角指示器;9-压紧圈;
10-磁针;11-长准照合页;12-短准照合页;13-圆水准器;14-方位刻度环;15-拨杆;16-开关螺钉;17-磁偏角调整器

岩层产状的具体量测方法为:测量走向时,使罗盘仪的长边紧贴层面,将罗盘放平,使圆水准泡居中,读指北针所示的方位角,就是岩层的走向,走向线两端的延伸方向均是岩层的走向,所以同一岩层的走向有两个数值,相差 180°;测量倾向时,将罗盘仪的短边紧贴层面调整水平,使圆水准泡居中,读指北针所示的方位角,就是岩层的倾向。因为岩层的倾向只有一个,所以在测量岩层的倾向时,要注意将罗盘仪的北端朝向岩层的倾斜方向。同一岩层的倾向与走向相差 90°。量测倾角时,需将罗盘仪侧着竖起来,使长边与岩层的走向垂直,紧贴层面,等倾斜器上的水准泡居中后,读悬锤所示的角度,就是岩层的倾角。地质罗盘仪的测量方法如图 3-28 所示。

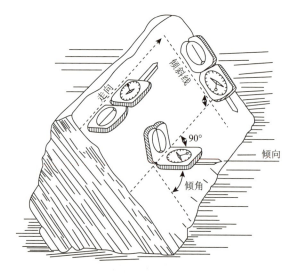

图 3-28 地质罗盘仪的测量方法

岩层产状的测定除地质罗盘仪外，近年来随着智能手机的快速发展，其内置传感器逐渐增多，传感器所能实现的功能也日益多样化，手机也能当作地质罗盘仪使用。当你的手机拥有电子罗盘（电子罗盘可以分为平面电子罗盘和三维电子罗盘，其中后者需要倾角传感器）、陀螺仪重力传感器时即可安装智能工具箱（Smart Tools）、工具箱（Maxcom Toolbox）、瑞士军刀工具箱等软件，利用软件的罗盘功能测定岩层走向、倾向，用水平仪或量角器功能测定岩层倾角。该方法操作较地质罗盘便捷，实际应用中可以参考，建议在使用时宜与地质罗盘仪测定结果进行校正。

二、产状要素的记录

岩层的产状要素有文字和符号两种表示方法，通常在地质报告中以特定的文字进行记录，而在地质图中以特定的符号进行表示。

1. 岩层产状的记录

由于地质罗盘仪上方位标记有的用360°的方位角表示，有的用象限角表示，因此，文字表示方法有象限角法和方位角法两种。

（1）象限角法

以东（E）、南（S）、西（W）、北（N）为标志，将水平面划分为四个象限，以正北或正南方向为0°，正东或正西方向为90°，再将岩层产状投影在该水平面上，将走向线和倾向线所在的象限以及它们与正北或正南所夹的锐角记录下来。一般按走向、倾角和倾向的顺序记录。例如：N45°E∠30°SE 表示该岩层产状走向为 N45°E，倾角为30°，倾向为 SE，如图 3-29a）所示。

（2）方位角法

将水平面按顺时针方向划分为360°，以正北方向为0°，再将岩层产状投影到该水平面上，将倾向线与正北方向所夹角度记录下来，一般按倾向、倾角的顺序记录。例如：135°∠30°表示该岩层产状为倾向距正北方向135°，倾角为30°，如图 3-29b）所示。因岩层走向与岩层倾向之间的夹角为90°，故由倾向加或减90°就是走向。

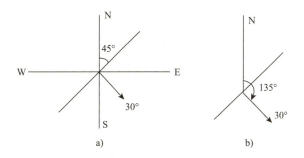

图 3-29　象限角法和方位角法

2. 产状要素的图示

在地质图上，产状要素用符号表示。

例如30°，长 ∠30 线表示走向线，短线表示倾向线，短线旁的数字表示倾角。当岩层倒转时,应画倒转岩层的产状符号 ⊤,在地质图中岩层产状符号应把走向线与倾向线交点画在测点位置。

任务四 识读地质图

地质图是反映一个地区各种地质条件的图件,它用规定的符号、色谱和花纹将地壳某部分各种地质体和地质现象(如各种岩层、岩体、地质构造、矿床等的时代、产状、分布和相互关系),按一定比例概括地投影到平面图(地形图)上。地质图是工程实践中需要收集和研究的一项重要的地质资料;是帮助人类认识自然、改造自然的一种重要而最基本的地质资料;是经济建设、环境保护和科学研究的基础地质资料;也是区域地质调查成果不可缺少的组成部分。通过对已有地质图的分析和阅读,可以帮助我们了解一个地区的地质情况,这对我们研究交通线路的布局,确定野外工程地质工作的重点等,都可以提供很好的帮助。因此,学会分析阅读地质图是十分必要的。

一 地质图的基本知识

地质图的种类较多,工程上常用的基本图件有以下几种。

1. 普通地质图

普通地质图主要是表示某地区地层岩性和地质构造条件的基本图件,它是把出露在地表不同地质时代的地层分界线和主要构造线的分布,测绘在地形图上编制而成,并附以典型地质剖面图和地层柱状图。地质剖面图是反映地表以下某一断面地质条件的图件,综合地层柱状图是综合反映一个地区各地质年代的地质特征、厚度和接触关系的图件。

2. 地貌及第四纪地质图

地貌及第四纪地质图主要是根据第四纪沉积物的成因类型、岩性和生成时代,以及地貌成因类型、形态特征不同而综合编制的图件。

3. 水文地质图

水文地质图是表示地下水的水文地质条件的图件,反映地下水的类型、埋藏深度和含水层厚度、径流方向等。

4. 工程地质图

工程地质图是根据工程地质条件而编制勘察工作成果的图件,综合表示各种工程地质条件。

地质图的种类很多。广义的地质图包括为特定目的编制的各种专业地质图,除上述几种地质图外,还有许多用来表示某一项地质条件,或服务于某项国民经济的专门性地质图。如中国地貌图、中国强地震震中分布图、中国大地构造图、中国大地构造体系图、矿产分布图、成矿规律图、地质构造图、古地理图、岩浆岩分布图、地球化学图、第四纪地质图、地震地质图、旅游地质图等。

二 阅读地质图实例

以下以黑山寨地区地质为例(图3-30、图3-31),介绍阅读地质图的过程。

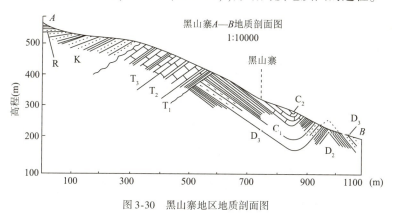

图3-30 黑山寨地区地质剖面图

1. 比例尺

该地质图比例尺为1:10000,即图上1cm代表实地距离100m。

2. 地形地貌

本地区西北部最高,高程约为570m,东南较低,约100m,相对高差约为470m。有一山岗,高程为300多米,顺地形坡向有两条北北西向沟谷。

3. 地层岩性

本区出露地层从老到新有:古生界——下泥盆统(D_1)石灰岩、中泥盆统(D_2)页岩、上泥盆统(D_3)石英砂岩,下石炭统(C_1)页岩夹煤层、中石炭统(C_2)石灰岩;中生界——下三叠统(T_1)页岩、中三叠统(T_2)石灰岩、上三叠统(T_3)泥灰岩、白垩系(K)钙质砂岩;新生界——第三系(R)砂、页岩互层。古生界地层分布面积较大,中生界、新生界地层出露在北、西部。

除沉积岩层外,还有花岗岩脉(γ)侵入,出露在东北部。侵入在三叠系以前的地层中,属海西运动时期的产物。

4. 地质构造

1) 岩层产状

R为水平岩层;T、K为单斜岩层,产状330°∠35°;D、C地层大致近东西或北东东向延伸。

2) 褶皱

古生界地层从D_1至C_2由北部到南部形成三个褶皱,依次为背斜、向斜、背斜,褶皱轴向为NE75°~80°。

(1) 东北部背斜:背斜核部较老地层为D_1,北翼为D_2,产状345°∠36°;南翼由老到新为D_2、D_3、C_1、C_2,岩层产状165°∠36°;两翼岩层产状对称,为直立褶皱。

(2) 中部向斜:向斜核部较新地层为C_2,北翼即上述背斜南翼;南翼出露地层为C_1、D_3、D_2、D_1,产状345°∠56°~58°;由于两翼岩层倾角不同,故为倾斜向斜。

(3) 南部背斜:核部为D_1;两翼对称分布D_2、D_3、C_1,为倾斜背斜。

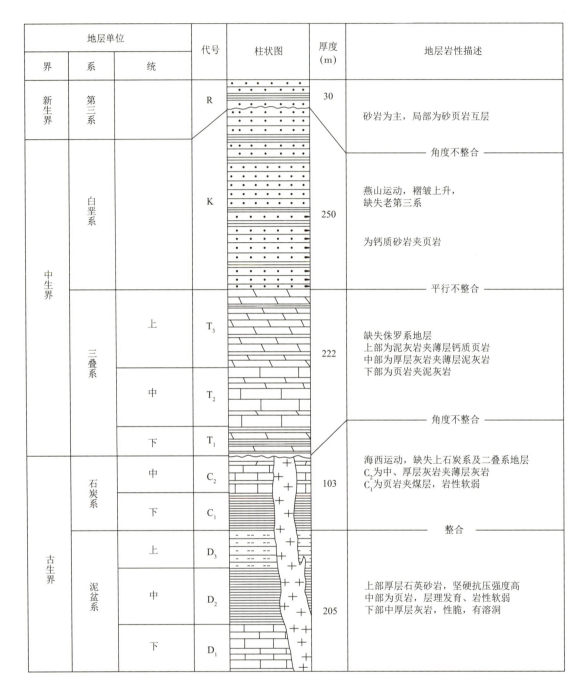

图 3-31 黑山寨地区综合地层柱状图

这三个褶皱发生在中石炭世(C_2)之后,下三叠世(T_1)以前,因为从 D_1 至 C_2 的地层全部经过褶皱变动而 T_1 以后的地层没有受此褶皱影响。但 $T_1 \sim T_3$ 及 K 地层呈单斜构造,产状与 D、C 地层不同,它可能是另一个向斜或背斜的一翼,是另一次构造运动所形成,发生在 K 以后,R 以前。

3）断层

本区共发育有四条断层。F_1、F_2 为两条规模较大的断层，断层走向 345°，断层面倾角较陡，F_1 为 75°∠65°，F_2 为 225°∠65°，两断层都是横切向斜轴和背斜轴的正断层。另从断层两侧向斜核部 C_2 地层出露宽度分析，也可说明 F_1 和 F_2 间的岩层相对下移，所以 F_1、F_2 断层的组合关系为地堑。F_3、F_4 为两条规模较小的平移断层，F_3 走向 300°，F_4 走向 30°。断层也形成于中石炭世（C_2）之后，下三叠世（T_1）以前，因为断层没有错断 T_1 以后的岩层。

从该区褶皱和断层分布时间和空间来分析，它们是处于同一构造应力场，受到同一构造运动所形成。压应力主要来源于北北西向，故褶皱轴向为北东东。F_1、F_2 两断层为受张应力作用形成的正断层，故断层走向大致与压应力方向平行，而 F_3、F_4 则为剪应力所形成的扭性断层。

5. 接触关系

第三系（R）与其下伏白垩系（K）产状不同，为角度不整合接触。

白垩系（K）与下伏上三叠统（T_3）之间，缺失侏罗系（J），但产状大致平行，故为平行不整合接触。T_3、T_2、T_1 之间为整合接触。

下三叠统（T_1）与下伏石炭系（C_1、C_2）及泥盆系（D_1、D_2、D_3）直接接触，中间缺失二叠系（P）及上石炭统 C_3，且产状呈角度相交，故为角度不整合接触。由 C_2 至 D_1 各层之间均为整合接触。

花岗岩脉（γ）切穿泥盆系（D_1、D_2、D_3）及下石炭统（C_1）地层并侵入其中，故为侵入接触，因未切穿上覆下三叠统（T_1）地层，故 γ 与 T_1 为沉积接触，说明花岗岩脉（γ）形成于下石炭世（C_1）以后，下三叠世（T_1）以前，但规模较小，产状呈北北西—南南东分布的直立岩墙。

思 考 题

1. 如何正确理解各种地层接触关系及其在工程实践中的意义？
2. 怎样去识别和掌握褶皱构造的特征？工程实践中如何合理地进行工程地质评价？
3. 断裂构造的两种基本类型是什么？如何进行分类？对工程有什么影响？
4. 简述地质图在工程建设中的应用意义。

项目四

地下水认知

1. 知识目标
(1) 了解地下水的来源、形成条件及其类型；
(2) 了解地下水的物理性质和化学成分。

2. 技能目标
掌握地下水的运动规律及其对工程的不良影响。

3. 素质目标
(1) 培养学生针对地下水相关知识的实际应用能力；
(2) 培养学生踏实、细致、认真的工作态度和作风。

4. 学习重点
地下水的类型及其主要特征、地下水的性质。

5. 学习难点
地下水对建筑工程的影响。

水是我们大家每天都能接触到的,是自然环境的主要组成部分,也是生态体系中最活跃、影响最大的因素。一般将天然水中可供人类利用的部分称为水资源。水的分类方法很多,主要是根据研究任务、目的、内容不同对水采取不同的分类,如按水的存在形式可分为气态水、液态水和固态水,按水中的含盐量又可分为咸水、半咸水和淡水,按天然水所处的环境不同可分为海水、陆地水和大气水三类。

自然界的水以气态、固态和液态三种形式存在于大气圈、生物圈、海洋与大陆表层之中。地球水体的总储量 $13.86 \times 10^8 km^3$。其中,海洋水储量约占总储量的 96.5%,加上地下咸水和湖泊中咸水,占总储量的 97.4%。淡水仅占总储量的 2.53%,包括冰川、地下淡水、湖泊中淡水及江河中的水。在这少量的淡水中,冰雪占淡水储量的 68.7%,占总储量的 1.74%。这个天然的"淡水库",目前还极少被开发利用,有些缺水地区和国家甚至想把庞大的冰块从南极拖运到本地使用;其次是地下淡水量占淡水储量的 30.1%,占总储量的 0.76%;其余为湖泊中淡水、河流水、沼泽水和大气水等约占淡水储量的 0.3%。根据资料,全世界实际使用的江河、湖泊的全部地表水估计还不到可用淡水的 0.5%;而目前对地下水的开采也由于技术、经济等条件的限制,主要是开采 500m 深度以内的地下水,少数可达 1km 深度。由此可见,作为人类经济利用的淡水资源和咸的海水相比,其数量是很少的。

自然界中以各种形式存在的或保存在不同环境中的水,并不是固定不变的,它在自然因素和人为因素的影响下处于不断的运动和转换之中,河川和地下水是人类生活和生产用水的主要来源。人类每年所用的河川水约占河川总水量的 25%,其中,有将近三成通过蒸发又回到大气圈。据估计到 21 世纪末,人类将利用河川总水量的 75% 来满足生活、灌溉和工业用水之需。

任务一 地下水概述

地下水是地壳中一个极其主要的天然资源,也是岩土三相组成部分中的一个重要组分。本项目所涉及的地下水是地质环境的重要组成部分之一,它对工程建设环境的稳定性影响很大。地基土中的水能降低土的承载力,基坑涌水不利于工程施工。地下水常常是滑坡、地面沉降和地面塌陷发生的主要原因,一些地下水还腐蚀建筑材料。通过这一项目的学习,主要让学生掌握地下水的类型和运动规律以及学会合理的利用地下水,减少地下水对工程施工的不利影响。

地下水在岩土孔隙或裂隙中能够渗流,我们将岩土能够被水或其他液体透过的性质称之为渗透性。这种渗透性对岩土的强度和变形会发生作用,使地质条件更为复杂,甚至引起地质灾害。在岩土工程的各个领域内,许多课题都与土的渗透性有密切关系。地下水渗流会引起岩土体的渗透变形(或称渗透破坏),直接影响建筑物及其地基的稳定与安全;抽水使地下水位下降而导致地基土体固结,造成建筑物的不均匀沉降。有的地下水对混凝土和其他建筑材料会产生腐蚀作用。可见,地下水是工程地质分析、评价和地质灾害防治中的一个极其重要的影响因素。下面就地下水的基本知识、地下水类型、地下水的运动及地下水对建筑工程的影响等问题做简要介绍。

一 地下水的基本概念

地下水存在于岩石的空隙之中,地壳表层 10km 以上范围内,都或多或少存在着空隙,特别是浅层 1~2km 范围内,空隙分布极为普遍。岩石的空隙既是地下水的储存场所,又是地下水的渗透通道,空隙的多少、大小及其分布规律决定着地下水分布与渗透的特点。空隙度是指一定体积的岩石中空隙体积所占的比例。水的分布、储量及运动均受岩石空隙的多少(空隙度)支配。根据岩石空隙的成因不同,可把空隙分为孔隙、裂隙和溶隙三大类(图4-1)。

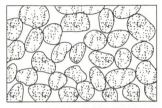
a)分选良好、排列疏松的砂

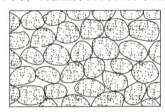
b)分选良好、排列紧密的砂

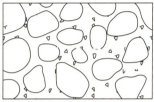
c)分选不良、含泥、砂的砾石

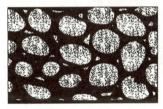
d)部分胶结的砂岩

e)具有裂隙的岩石

f)具有溶隙的可溶岩

图4-1 空隙

孔隙:松散岩石(如黏土、砂土、砾石等)中颗粒或颗粒集合体之间存在的空隙,称为孔隙。
孔隙发育程度用孔隙度表示:

$$n = \frac{V_n}{V} \text{ 或 } n = \frac{V_n}{V} \times 100\%$$

孔隙度的大小主要取决于岩石的密实程度及分选性。此外,颗粒形状和胶结程度对孔隙度也有影响。几种典型松散岩石的孔隙度的参考值详见表4-1。

孔隙度的参考值　　　　表4-1

名称	砾石	砂	粉砂	黏土
孔隙度(%)	25~40	25~40	35~50	40~70

裂隙:坚硬岩石受地壳运动及其他内外地质营力作用影响产生的空隙,称为裂隙。
裂隙发育程度用裂隙率表示:

$$K_t = \frac{V_t}{V} \text{ 或 } K_t = \frac{V_t}{V} \times 100\%$$

溶隙:可溶岩(石灰岩、白云岩等)中的裂隙经地下水流长期溶蚀而形成的空隙,称溶隙,这种地质现象称岩溶(喀斯特)。
溶隙的发育程度用溶隙率表示:

$$K_k = \frac{V_k}{V} \text{ 或 } K_k = \frac{V_k}{V} \times 100\%$$

有些岩石虽然空隙度很高,但空隙间的连通性不好,地下水也很难在其中流动。例如连通性不好的黏土和泥岩。

孔隙度可表征一定范围内孔隙的发育情况;裂隙的长度、宽度和连通性差异均很大,分布也不均匀,所以裂隙率只能代表被测定范围内裂隙的发育程度;溶隙大小相差悬殊,分布很不均匀,连通性更差,溶隙率的代表性更差。研究岩石的空隙时,不仅要研究空隙的多少,还要研究空隙的大小、空隙间的连通性和分布规律。

根据水在空隙中的物理状态、水与岩石颗粒的相互作用等特征,一般将水在空隙中存在的形式分为五种,即:气态水、结合水、重力水、毛细水、固态水(图4-2)。

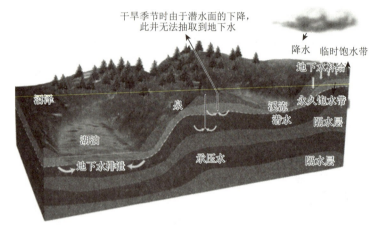

图 4-2　各种形式的地下水

毛细水(结合水):在毛细作用下运动的水。岩石颗粒表面和空隙壁面在静电吸引作用下,会吸附水分子。这类水束缚于颗粒表面及空隙壁面,不能在自身重力作用下运动,而且还可逆重力而运动(毛细运动)。

重力水:在自身重力作用下产生运动的水。在岩石和松散物质的空隙中,重力水在重力作用下产生的运动称为渗流(渗透)。

二 地下水的类型

地下水按埋藏条件分为上层滞水、潜水和承压水,按含水层的空隙性质又分为孔隙水、裂隙水和岩溶水。

通过这两种分类的组合,便得出九类不同特点的地下水,如孔隙上层滞水、裂隙潜水、岩溶承压水等(表4-2)。

地下水分类表　　　　　　　　　表4-2

埋藏条件	含水层空隙性质		
	孔隙水 (松散沉积物孔隙中的水)	裂隙水 (坚硬基岩裂隙中的水)	岩溶水 (可溶岩溶隙中的水)
上层滞水	包气带中局部隔水层上的重力水,主要是季节性存在	裸露于地表的裂隙岩层浅部季节性存在的重力水	裸露岩溶化岩层上部岩溶通道中季节性存在的重力水

续上表

埋藏条件	含水层空隙性质		
	孔隙水 （松散沉积物孔隙中的水）	裂隙水 （坚硬基岩裂隙中的水）	岩溶水 （可溶岩溶隙中的水）
潜水	各类松散沉积物浅部的水	裸露于地表的坚硬基岩上部裂隙中的水	裸露于地表的岩溶化岩层中的水
承压水	山间盆地及平原松散沉积物深部的水	组成构造盆地、向斜构造或单斜断块的被掩覆的各类裂隙岩层中的水	组成构造盆地、向斜构造或单斜断块的被掩覆的岩溶化岩层中的水

三 地下水的补给、排泄与径流

1. 地下水的补给

大气降水补给：大气降水补给地下水的数量与降水性质、植物覆盖、地形、地质构造、包气带厚度及岩石透水性等密切相关。

地表水补给：地表水体指的是河流、湖泊、水库与海洋等，地表水体可能补给地下水，也可能排泄地下水。

含水层之间的补给：深部与浅层含水层之间的隔水层中若有透水的"天窗"或由于受断层的影响，使上下含水层之间产生一定的水力联系时，地下水便会由水位高的含水层流向并补给水位低的含水层。此外，若隔水层有弱透水能力，当两含水层之间水位相差较大时，也会通过弱透水层进行补给。

人工补给：包括灌溉水，工业与生活废水排入地下，以及专门为增加地下水量的人工方法补给。

2. 地下水的排泄

含水层失去水量的过程称作排泄。地下水排泄的方式有：蒸发、泉水溢出、向地表水泄流、含水层之间的排泄和人工排泄等。

蒸发：通过土壤蒸发与植物蒸发的形式而消耗地下水的过程叫蒸发排泄。蒸发量的大小与温度、湿度、风速、地下水位埋深、包气带岩性等有关。

泉水溢出：当含水层通道出露于地表时，地下水便溢出地表形成泉。按照补给含水层的性质，可将泉水分为上升泉与下降泉两大类。上升泉由承压含水层补给，下降泉由潜水或上层滞水补给。

向地表水泄流：当地下水位高于河水位时，若河床下面没有不透水岩层阻隔，那么地下水可以直接流向河流补给河水。其补给量又通过对上、下游两断面河流流量的测定计算。

含水层之间的排泄：一个含水层通过"天窗"、导水断层、越流等方式补给另一个含水层。对后一个含水层来说是补给，而对前一个含水层来说是排泄。

人工排泄：抽取地下水作为供水水源和基坑抽水降低地下水位等，都是地下水的人工排泄方式。

3. 地下水的径流

地下水由补给区流向排泄区的过程叫径流。地下水由补给区流经径流区,流向排泄区的整个过程构成地下水循环的全过程。地下水径流包括径流方向、径流速度与径流量。

地下水补给区与排泄区的相对位置与高差决定着地下水径流的方向与径流速度;含水层的补给条件与排泄条件越好、透水性越强,则径流条件越好。径流条件好的含水层其水质较好。此外,地下水的埋藏条件亦决定地下水径流类型:潜水属无压流动,承压水属有压流动。

四　含水层

1. 毛细水

在岩土细小的孔隙和裂隙中,受毛细作用控制的水叫毛细水,它是岩土中三相界面上毛细力作用的结果。对土体来说,毛细水上升的快慢及高度决定于土颗粒的大小。土颗粒愈细,毛细水上升高度越大,上升速度越慢。粗砂中的毛细水上升速度较快,几昼夜可达最大高度,而黏性土则要几年时间。砂土和黏性土类毛细水上升高度详见表4-3。

毛细水上升高度(h_c)　　　　表4-3

土名	粗砂	中砂	细砂	粉质粉土	粉质黏土	黏土
h_c(cm)	2~4	12~35	351~20	12~250	250~350	500~600

在地下水面以上,由于毛细力的作用,一部分水沿细小孔隙上升,能在地下水面以上形成毛细水带。毛细水能作垂直运动,可以传递静水压力,能被植物所吸收。

毛细水对建筑工程的意义主要有如下几个方面:

(1)产生毛细压力,即:

$$P_c = \frac{2\omega\cos\theta}{r} \tag{4-1}$$

式中:P_c——毛细压力;

　　　r——毛细管半径;

　　　ω——水的表面张力系数,10℃,$\omega=0.073\text{N/m}$;

　　　θ——水浸润毛细管壁的接触角度,当$\theta=0$℃时,认为毛细管壁为完全浸润的;当$\theta<90$℃时,表示水能浸润固体的表面;当$\theta>90$℃时,表示水不能浸润固体的表面。

对于砂土,特别是细砂、粉砂,由于毛细压力的作用使砂土也具有一定的黏聚力(此称假黏聚力)。

(2)毛细水对土中气体的分布与流通有一定影响,常常是导致产生封闭气体的原因。

(3)当地下水位埋深变浅时,由于毛细水上升,可助长地基土的冰冻现象;使地下室潮湿;危害房屋基础及公路路面,促使土的沼泽化、盐渍化。

2. 重力水(地下水)

当岩石、土层的空隙完全被水饱和时,黏土颗粒之间除结合水以外的都是重力水,它不受颗粒静电引力的影响,可在重力作用下运动。一般所指的地下水如井水、泉水、基坑水等就是重力水,它具有液态水的一般特征,可传递静水压力。重力水能产生浮托力、孔隙水压力。流动的重力水在运动过程中会产生动水压力。重力水具有溶解能力,对岩石产生化学潜蚀,导致岩石的成分及结构的破坏。重力水是本项目研究的主要对象。

由上所述,岩层、土层中含有各种状态的地下水。由于各类岩石的水理性质不同,可将各类岩石层划分为含水层和隔水层:含水层是指能够给出并透过相当数量重力水的岩层。构成含水层的条件,一是岩石中要有空隙存在,并充满足够数量的重力水;二是这些重力水能够在岩石空隙中自由运动。

隔水层是指不能给出并透过水的岩层。隔水层还包括那些给出与透过水的数量是微不足道的岩层,也就是说,隔水层有的可以含水,但是不具有允许相当数量的水透过自己的性能,例如黏土就是这样的隔水层。

五 岩土的水理性质

从水文地质观点来研究,岩土的水理性质是指与地下水的赋存和运移等有关的岩土性质。包括岩土的含水性、持水性、给水性和透水性等,表征它们的定量指标是进行水文地质评价的基本参数。

1. 岩土的含水性

岩土含水的性质叫含水性。岩土能容纳和保持水分多少的表示方法有以下两种:

(1)容水度:岩土空隙完全被水充满时的含水率称为容水度,它用容积表示时即为岩土空隙中所能容纳的最大的水的体积与岩土体积之比(以小数或百分数表示)。显然,容水度在数值上与孔隙度、裂隙率或岩溶率相等。但是,对于具有膨胀性的黏土来说,充水后体积扩大,容水度可以大于孔隙度。

(2)持水度:岩土颗粒的结合水达到最大数值时的含水率称为持水度。饱水岩土在重力作用下释水时,一部分水从空隙中流出,另一部分水仍保持于空隙之中。所以,持水度就是指受重力作用时岩土仍能保持的水的体积与岩土体积之比。在重力作用下,岩土空隙中所能保持的主要是结合水。因此,持水度实际上说明岩土中结合水含量的多少。

2. 岩土的给水性

饱水岩土在重力作用下能够排出若干水量的性能称为给水性。其排出水的体积与岩土体积之比,称为给水度。给水度在数值上等于容水度减去持水度。岩土给水度的大小与有效孔隙度有关,不同岩土的给水度相差很大。给水度可用野外抽水试验确定,无试验资料时,可参照表4-4选取。

砾石及砂性土的给水度 表4-4

名称	给水度	名称	给水度
砾石	0.30~0.35	细砂	0.15~0.20
粗砂	0.25~0.30	粉细砂	0.10~0.15
中砂	0.20~0.25		

3. 岩土的透水性

岩土允许重力水渗透的能力称为透水性。通常用渗透系数表示。岩土空隙越小,结合水所占据的空间比例越大,实际透水断面就越小。而且,由于结合水对于重力水,以及重力水质点之间存在着摩擦阻力,最靠近边缘的重力水,流速趋近于零,向中心流速逐渐变大,中心部分流速最大。因此,空隙越小,重力水所能达到的最大流速便越小,透水性也越差。当空隙直径小于两倍结合水的厚度,在通常条件下便不透水。另一方面,在空隙透水、空隙大小相等的前提下,孔隙度越大,能够透过的水量越多,岩土层的透水性也越好。总之,空隙的大小和多少决定着岩石透水性的好坏,但两者的影响并不相等,空隙大小起着主要作用。例如,砂性土的空隙度小于黏性土,但前者的渗透系数大于后者。

4. 达西定律

地下水在多孔介质中的运动称为渗透或渗流。

由于土体中孔隙一般非常微小且很曲折,水在土体流动过程中黏滞阻力很大,流速十分缓慢,因此,多数情况下其流动状态属于层流,即相邻两个水分子的轨迹相互平行而不混流。但在岩石的洞穴及大裂隙中地下水的运动多属于非层流运动。法国水利学家达西(H·Darcy,1855)利用如图4-3所示的实验装置对均匀砂进行了大量渗流实验。得出了层流条件下土中水渗流速度与能量(水头)损失之间关系的渗流规律,即达西定律。

达西实验装置的主要部分是一个上端开口的直立圆筒,下部放碎石,碎石上放一块多孔滤板c,滤板上面放置颗粒均匀的土样,其断面积为A,长度为L。筒的侧壁装有两只测压管,分别设置在土样上下两端的过水断面1、2。水由上端进水管a注入圆筒,并以溢水管b保持筒内为恒定水压。透过土样的水从装有控制阀门d的弯管流入容器V中。

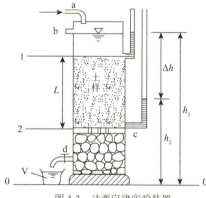

图4-3 达西定律实验装置

当筒的上部水面保持恒定以后,通过砂土的渗流是恒定流,测压管中的水面将恒定不变。图4-2中的0-0面为基准面,h_1、h_2分别为1、2断面处的测压管水头;$\Delta h = h_1 - h_2$,即为经过砂样渗流长度后的水头损失。

达西根据对不同尺寸的圆筒和不同类型及长度的土样所进行的实验发现,单位时间内的渗出水量q与水力梯度i和圆筒断面积A成正比,且与土的透水性质有关,即:

$$q \propto \frac{\Delta h}{L} \times A \tag{4-2}$$

写成等式则为:

$$q = KiA \tag{4-3}$$

$$v = \frac{q}{A} = Ki \tag{4-4}$$

式中:q——单位渗水量,cm^3/s;

v——断面平均渗流速度,cm/s;

i——水力梯度,表示单位渗流长度上的水头损失($\Delta h/L$),或称水力坡降;

K——土的渗透系数,反映土的透水性的比例系数。它相当于水力梯度$i=1$时的渗透度,故其量纲与渗透速度相同,cm/s。

式(4-3)和式(4-4)即为达西定律表达式。达西定律表明在层流状态的渗流中,渗透速度与水力梯度的一次方成正比,也就是线性渗透定律[图4-4a)]。当 $i=1$ 时,$K=v$ 即渗透系数是单位水力坡度时的渗透速度。达西定律只适用于雷诺数≤10的地下水层流运动。地下水的渗透符合达西定律。但是,对于密实的黏土,只有克服吸着水的黏滞阻力以后,才能发生渗流。将这一开始发生渗透时的水力梯度称为黏性土的起始水力梯度。一些实验资料表明,当水力梯度超过起始水力梯度后,渗透系数与水力坡降的规律还会偏离达西定律而呈非线性关系,如图4-4b)中的实线所示。为了实用方便,常用图中的虚直线来描述密实黏土的渗透速度与水力梯度的关系,并以下式表示:

$$v = K(i - i_b) \tag{4-5}$$

式中:i_b——密实黏土的起始水力梯度;

其余符号意义同前。

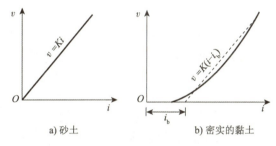

a) 砂土　　　　b) 密实的黏土

图 4-4　土的渗透速度与水力梯度的关系

需要注意的是,式(4-4)中的渗流速度 v 并不是土孔隙中水的实际平均流速,而是假设水流通过整个过水断面(包括颗粒和空隙所占据的全部面积)时所具有的假想流速。

水力坡度为沿渗流途径的水头损失与相应渗流途径长度的比值。地下水在空隙中运动时,受到空隙壁以及水质点自身的摩阻力,克服这些阻力保持一定流速,就要消耗能量,从而出现水头损失。所以,水力坡度可以理解为水流通过某一长度渗流途径时,为克服阻力,保持一定流速所消耗的以水头形式表现的能量。

六　地下水的物理性质及化学成分

由于地下水的补给来源、埋藏、径流条件等不同,地下水与周围岩土体进行着广泛的相互作用,溶解了岩土体中某些盐分、气体和有机质,同时,地下水在参与自然界水循环的过程中,从大气降水和地表水中也获得了各种物质成分。所以,地下水成为一种复杂的天然溶液。研究地下水的物理性质和化学成分,对了解地下水的形成条件与动态变化,进行供水的水质评价、分析地下水对建筑材料的侵蚀性以及查明地下水的污染源等方面,都具有重要意义。

1. 地下水的物理性质

地下水的物理性质包括温度、颜色、透明度、嗅味、味道、导电性及放射性等。

1) 温度

地下水的温度受气候和地质条件控制。由于地下水形成的环境不同,其温度变化也很大,可由 0~100℃,个别地区达到100℃以上。根据温度将地下水分为以下几类:过冷水 <0℃;冷

水 0～20℃;温水 20～42℃;热水 42～100℃;过热水＞100℃。

2）颜色

地下水的颜色决定于化学成分及悬浮物。例如:含 Ca^{2+}、Mg^{2+} 离子的水为微蓝色;含 Fe^{2+} 的水为灰蓝色;含 Fe^{3+} 的水为褐黄色;含有机腐殖质时呈黄色。含悬浮物的水,其颜色决定于悬浮物。

3）透明度

地下水多半是透明的。当水中含有矿物质、机械混合物、有机质及胶体时,地下水的透明度就改变。根据透明度可将地下水分为以下几种:①透明的;②微浑的;③浑浊的;④极浑浊的。

4）嗅味

地下水含有气体或有机质时,具有一定的气味。如含腐殖质时,具"沼泽"味;含硫化氢时具有臭蛋味。

5）味道

地下水味道主要取决于地下水的化学成分。含 NaCl 的水具咸味;含 $CaCO_3$ 的水清凉爽口;含 $Ca(OH)_2$ 和 $Mg(HCO)_2$ 的水有甜味,俗称甜水;$MgCl_2$ 和 $MgSO_4$ 存在时,地下水有苦味。

6）导电性及放射性

当含有一些电解质时,水的导电性增强,当然也受温度的影响。离子价越高,则水的导电性能越强。地下水的放射性取决于其所含放射性元素的含量,一般地下水的放射性极为微弱。通过地下水物理性质的研究,使我们能初步了解地下水的形成环境、污染情况及化学成分,这为利用地下水提供了依据。

2. 地下水的化学成分

岩土中的地下水,是一种良好的溶剂。地下水沿着岩石的孔隙、裂隙或溶隙渗流过程中,经常不断地和岩土发生作用,能够溶解岩土中的可溶物质,使其变成离子状态进入地下水,形成水的化学成分。在地下水的补给、径流、排泄过程中,由于地质、自然地理环境的影响,地下水会发生浓缩、混合、离子交换吸附、脱硫酸和碳酸作用,促使地下水的化学成分不断变化。因此,地下水的化学成分是在很长时间内,经过各种作用形成的。自然界中存在的元素,绝大多数已在地下水中发现,但是,只有少数是含量较多的常见元素。这些常见元素,有的在地壳中含量较高,且在水中具有一定溶解度,如 O_2、Ca、Mg、Na、K 等;有的在地壳中含量并不很大,但是溶解度相当大,如 Cl;有些元素如 Si、Fe 等,虽然在地壳中含量很大,但由于其溶解于水的能力很弱,所以,在地下水中的含量一般并不高。

1）地下水中的主要气体成分

地下水中常见的气体有 N_2、O_2、CO_2、H_2S。一般情况下有几毫克/升到几十毫克/升。

地下水的气体成分能够很好反映地球化学环境。同时,地下水中存在某些气体能够影响盐类在水中的溶解度以及其化学反应。地下水中的 N_2 和 O_2 主要来自大气层。它们随同大气降水及地表水补给地下水。地下水中溶解氧含量越高,越利于氧化作用。在封闭的地球化学环境中,O_2 将耗尽而只残留 N_2,这是由于 O_2 的化学性质远比 N_2 活泼。因此,N_2 的单独存在,通常可说明地下水起源于大气并处于还原环境。一般情况,以入渗补给为主。与大气圈关系密

切的地下水中含 O_2 和 N_2 较多。

地下水处在与大气较为隔绝的环境中，当有有机质存在时，由于微生物的作用，SO_4^{2-} 将还原生成 H_2S。因此，H_2S 一般出现于封闭地质构造的地下水中，如油田水中。植物根系的呼吸作用及有机质残骸的发酵作用，会在包气带水中形成 CO_2。这种有机质氧化生成的 CO_2 随同水一起入渗补给地下水，浅部地下水中主要含有这种成因的 CO_2。含碳酸盐类的岩石，在深部高温影响下，会分解生成 CO_2，即：

$$CaCO_3 \rightarrow CaO + CO_2$$

由于近代工业的发展，大气中人为产生的 CO_2 有显著增加，尤其在某些集中的工业区，补给地下水的降水中 CO_2 含量往往很高。

地下水中 CO_2 的含量越多，其溶解碳酸盐类的能力及对结晶岩类风化作用的能力也越强。地下水中存在侵蚀性 CO_2 时，就会对钢筋混凝土产生腐蚀作用。

2) 地下水中的主要离子成分

地下水中的主要离子成分有：

(1) 阳离子有 H^+、Na^+、K^+、NH_4^+、Ca^{2+}、Mg^{2+}、Fe^{2+} 等。

(2) 阴离子有 OH^-、Cl^-、SO_4^{2-}、NO_2^-、NO_3^-、HCO_3^-、CO_3^{2-}、SiO_3^{2-} 和 PO_4^{2-} 等。

但一般情况下在地下水化学成分中占主要地位的是以下几种离子：Na^+（K^+）、Ca^{2+}、Mg^{2+}、Cl^-、SO_4^{2-} 和 HCO_3^- 离子。它们是人们评价地下水化学成分的主要项目。

地下水中所含各种离子、分子与化合物的总量称为矿化度，以 g/L 表示。习惯上用 105～110℃ 温度将地下水样品蒸干后所得的干涸残余物总量来表示矿化度。也可以将分析所得阴、阳离子含量相加，求得理论干涸残余物总量。由于在蒸干时将近一半的 HCO_3^-，分解生成 CO_2 和 H_2O 而逸失。所以，阴阳离子相加时，HCO_3^- 只取重量的 50%。由于地下水中盐类的溶解度不同，使得离子成分与地下水矿化度之间有一定的规律。

总体上看，氯盐的溶解度最大，硫酸盐次之，碳酸盐较小，钙的硫酸盐（特别是钙、镁的碳酸盐）溶解度最小，详见表 4-5。随着矿化度增大，钙、镁的碳酸盐首先达到饱和并沉淀析出。继续增大时，钙的硫酸盐也饱和析出，因此，高矿化水中便以易溶的氯和钠占优势。

地下水中常见盐类的溶解度(0℃，g/L) 表 4-5

盐类	溶解度	盐类	溶解度	盐类	溶解度
$CaCl_2$	731.9(18℃)	$MgCl_2$	558.1(18℃)	Na_2CO_3	193.9(18℃)
KCl	290	$MgSO_4$	270	$CaSO_4$	0.18
Na_2SO_4	50	$CaSO_4$	1.9		
$MgCO_3$	0.1	$NaCl$	350		

Cl^- 主要来源：①沉积盐中所含岩盐或其他氯化物的溶解；②岩浆岩中含氯矿物的风化溶解；③海水；④火山喷发物的溶滤；⑤工业、生活污水及粪便中的大量 Cl^-。Cl^- 不会被植物吸收和细菌所摄取，不被土粒表面吸附，氯盐溶解度大，不易沉淀析出，因此，它的含量随着矿化度增长而不断增加。

SO_4^{2-} 主要来源：①含石膏或其他硫酸盐的沉积岩的溶解；②硫和硫化物的氧化。SO_4^{2-} 在地下水中的含量大大低于 Cl^- 的含量,而且也不如 Cl^- 稳定。这是由于作为 SO_4^{2-} 主要来源 $CaSO_4$ 溶解度较小,其次,在还原环境中,SO_4^{2-} 将被还原为 H_2S 及 S。

HCO_3^- 主要来源:①含碳酸盐沉积岩的溶解;②在岩浆岩与变质岩地区,主要来源于铝硅酸盐矿物的风化溶解。地下水中 HCO_3^- 的含量一般小于 $1g/L$。

$Na^+(K^+)$ 主要来源:①含钠盐、钾盐的沉积岩的溶解;②岩浆岩和变质岩中含钠、钾矿物的风化溶解。一般 K^+ 的含量比 Na^+ 的含量少得多,这是因为 K^+ 大量参与形成不溶于水的次生矿物(水云母、蒙脱石、绢云母),并为植物所吸收。

Ca^{2+} 主要来源:①碳酸盐类沉积物和石膏沉积物的溶解;②岩浆岩、变质岩中含钙矿物的风化溶解。地下水中 Ca^{2+} 的含量一般不超过百 mg/L,通常低于 Na^+ 的含量。

Mg^{2+} 主要来源:同 Ca^{2+} 相近,来自含镁的碳酸盐类沉积岩白云岩、泥灰岩以及岩浆岩、变质岩中含镁矿物的风化溶解。但是,Mg^{2+} 的含量通常比 Ca^{2+} 少。

3)地下水中的胶体成分与有机质

以碳、氢、氧为主的有机质,经常以胶体方式存在于地下水中。大量有机质的存在,有利于还原作用,从而使地下水化学成分发生变化。地下水中以未离解的化合物构成的胶体主要有 $Fe(OH)_3$、$Al(OH)_3$、H_2SiO_3 等。

任务二 地下水的类型

动画:地下水类型

地下水的分类方法很多,归纳起来可分为两类:一类是按地下水的埋藏条件分为上层滞水、潜水和承压水;二类是按含水层的空隙性质又分为孔隙水、裂隙水和岩溶水,详见表4-6。

地下水分类表　　　　　表4-6

地下水的基本类型	孔隙水	裂隙水	岩溶水	水头的性质	补给区与分部区的关系	动态特点	成因
上层滞水	土壤水、沼泽水、不透水的透镜体上的上层滞水。主要是季节性存在的地下水	基岩风化壳(黏土裂隙)中季节性存在的水,基岩上部裂隙中的水	垂直渗入带中季节性及经常性存在的水	无压水	补给区与分布区一致	一般为暂时性水	基本上是渗入成因,局部才能凝结成因
潜水	坡积、洪积、冲积、湖积、冰碛和冰水沉积物中的水;当经常出露或接近地表时,成为沼泽水、沙漠和海滨沙丘水	基岩上部裂隙中的水	裸露岩溶化岩层中的水	常常为无压水	补给区与分布区一致	水位升决定地表水的渗入和地下蒸发,并在某些地方取决于水压的传递	基本上是渗入成因,局部才能凝结成因

续上表

地下水的基本类型	孔隙水	裂隙水	岩溶水	水头的性质	补给区与分部区的关系	动态特点	成因
承压水	松散沉积物构成的向斜和盆地——自流盆地中的水、松散沉积物构成的单斜和山前平原——自流斜地中的水	构成盆地或向斜中基岩的层状裂隙水、单斜岩层中层状裂隙水、构造断裂带及不规则裂隙中的深部水	构造盆地或向斜中岩溶化岩石中的水、单斜岩溶化岩层中的水	承压水	补给区与分布区不一致	水位的升降取决于水压的传递	渗入成因或海洋成因

一 上层滞水（包气带水）

地表以下不深的地带，岩土层的空隙未被水充满，呈不饱和带地下水，称作包气带水（图4-5）。包气带水主要呈吸着水、薄膜水和毛细管水状态，重力水较少且富含 O_2、CO_2 等重力水流经此带时，只有在水量充足时才能在有隔水层的地段局部形成上层滞水。包气带中局部隔水层之上的重力水称上层滞水。包气带水的主要特征是受气候控制，季节性明显、变化大；雨季水量多；旱季水量少，甚至干涸。此带一般和潜水相连通，其下限往往就是潜水面。上层滞水对建筑物的施工有影响，应考虑排水的措施。

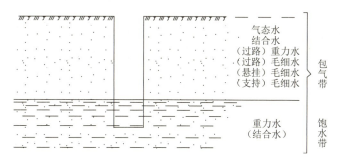

图 4-5　包气带及饱水带

二 潜水

埋藏在地表以下第一个稳定的隔水层以上的具有自由表面的重力水，称为潜水。它是由大气降水和地面流水等经过包气带往下渗透，遇到第一个稳定的隔水层后逐渐积聚，将岩土层的空隙充满呈饱和带的重力水。顶部连续的自由表面，叫潜水面，它随地形的起伏而起伏。潜水面上任一点的高程称该点的潜水位（h），地表至潜水面的距离称潜水的埋藏深度（T），潜水面到隔水底板的距离为潜水含水层的厚度（H），如图4-6所示。

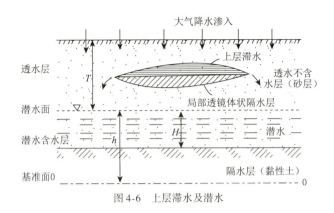

图 4-6 上层滞水及潜水

1. 潜水的特征

根据潜水的埋藏条件,潜水具有以下几个特征:

(1) 潜水具有自由水面,为无压水。它只能在重力作用下由潜水位较高处向潜水位较低处流动,运动速度每天数厘米或每年若干米,这取决于潜水面的坡度和岩石空隙的大小。

(2) 潜水的分布区和补给区是基本一致的。在一般情况下,大气降水、地表水可通过包带入渗直接补给潜水。

(3) 潜水的动态(如水位、水量、水温、水质等经常有规律的变化)随季节不同而有明显变化。如雨季降水多,潜水补给充沛,使潜水面上升,含水层厚度增大,水量增加,埋藏深度变浅;而在枯水季节则相反。

(4) 潜水易受污染。由于在潜水含水层之上无连续隔水层覆盖,一般埋藏较浅,因此,容易受到地面污染。

2. 潜水面的形状

潜水主要分布在地表各种岩、土里,多数存在于第四纪松散沉积层中,在坚硬的沉积岩、岩浆岩和变质岩的裂隙及洞穴中也有潜水分布。潜水面随时间而变化,其形状主要受地形控制,基本上与地形一致,但比地形平缓。可用类似地形图的方法表示潜水面的形状,即潜水等水位线图。此外,潜水面的形状也和含水层的透水性及隔水层底板形状有关。在潜水流动的方向上,含水层的透水性增强或含水层厚度较大的地方,潜水面就变得平缓;隔层底板隆起处,潜水厚度减小。潜水面接近地表,可形成泉。当地表河流的河床与潜水含水层有水力联系时,河水可以补给潜水,潜水也可以补给河流。

3. 潜水的补给、径流与排泄

潜水的补给区与分布区一致,主要由大气降水、地表水和凝结水补给,承压水也能补给潜水。大气降水是补给潜水的主要来源。降水补给潜水的数量多少,取决于降水的特点及程度、包气带上层的透水性及地表的覆盖情况等。一般来说,时间短的暴雨,对补给地下水不利,而连绵细雨能大量地补给潜水。在干旱地区,大气降水很少,潜水的补给只靠凝结水。地表水也是地下水的重要补给来源,当地表水水位高于潜水水位时,地表水就补给地下水。在一般情况下,河流的中上游基本上是地下水补给河流,下游是河水补给地下水。潜水的排泄,可直接流入地表水体。一般在河谷的中上游,河流下切较深,使潜水直接流入河流。在干旱地区潜水也靠蒸发的形式排泄。在地形有利的情况下,潜水则以泉的形式出露地表。

三、承压水

地表以下充满两个稳定隔水层之间的重力水,称为承压水。由于地下水限制在两个隔水层之间,因而承压水具有一定压力,特别是含水层透水性越好,压力越大,人工开凿后能自流到地表。承压水含水层上部的隔水层称隔水层顶板,下部的隔水层称隔水层底板,顶、底板之间的垂直距离称为承压水含水层的厚度(M)。打井时,若未揭穿隔水顶板则见不到承压水,当揭穿隔水顶板后才能见到,此时的水面高程为初见水位(H_1),以后水位不断上升,达到一定高度便稳定下来,该水面高程称稳定水位,即该点处承压含水层的承压水位(测压水位)(H_2)。地面至承压水位的距离称为承压水位的埋深(H),自隔水顶板底面到承压水位之间的垂直距离称为承压水头(h)。承压水埋藏示意图如图4-7所示。

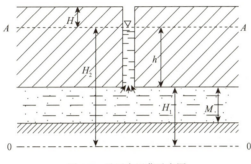

图4-7 承压水埋藏示意图

1. 承压水的特征

承压水的埋藏条件,决定了它与潜水具有不同的特征:
(1)承压水具有承压性能,其顶面为非自由水面;
(2)承压水分布区和补给区不一致;
(3)承压水动态受气象、水文因素的季节性变化影响不显著;
(4)承压水含水层的厚度稳定不变,不受季节变化的影响;
(5)承压水的水质不易受到地面污染。

2. 承压水的形成条件

承压水的形成主要与地质构造及沉积条件有密切关系。在适当的水文地质条件下,无论是孔隙水、裂隙水或岩溶水都可以形成承压水。下列几种岩层组合,常可形成承压水:
(1)黏土覆盖在砂层上;
(2)页岩覆盖在砂层上;
(3)页岩覆盖在溶蚀灰岩上;
(4)致密不纯的灰岩(如泥质灰岩、硅质灰岩等)覆盖在溶隙发育的灰岩上;
(5)致密的岩流(喷出岩层)覆盖在裂隙发育的基岩或多孔状岩流之上。

不仅是不透水层覆盖在透水性好的岩层之上,而且透水层的下部还应有稳定的隔水底板,这样才能储存地下水。此外,上下隔水层之间的地下水必须充满整个含水层,并承受静水压力;如果没有充满整个含水层,则在水力性质上和潜水一样,这种情况埋藏的地下水称为层间无压水。

适宜形成承压水的蓄水构造大体可分为两类:一类是向斜构造盆地或向斜蓄水构造,称承压(或自流)盆地;另一类是单斜蓄水构造,称承压(或自流)斜地。

1)向斜盆地或承压盆地中的承压水

向斜盆地可分为三个区:补给区、承压区、排泄区,如图 4-8 所示。在地势较高的补给区没有隔水顶板,实际上是潜水区,它可直接接受大气降水和地表水体等的入渗补给。在承压区由于上部覆有稳定的隔水顶板,地下水承受静水压力,所以具有典型的承压水特征,在承压水位高于地表高程的范围内,承压水可喷出地表形成自流区。在地形较低的排泄区,承压水通过泉、河流等形式由含水层中排出,这个区实际上已具有潜水的特征。

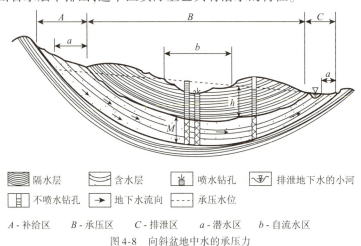

图 4-8 向斜盆地中水的承压力

自然界中的自流盆地或自流斜地的含水层,埋藏条件是很复杂的,往往在同一个区域内的自流盆地或自流斜地,可埋藏多个含水层,它们有不同的稳定水位与不同的水力联系,这主要取决于地形和地质构造两者之间的关系。当地形和构造一致时,即为正地形,下部含水层压力高,若有裂隙穿过上下含水层,下部含水层的水通过裂隙补给上部含水层。负地形则情况相反,含水层通过一定的渠道补给下部含水层,这是因为下部含水层的补给与排泄区常位于较低的位置,如图 4-9 所示。

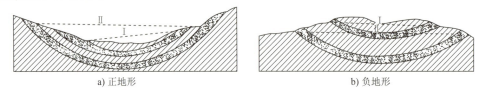

图 4-9 承压盆地与地形的关系

2)承压(或自流)斜地中的承压水

由透水岩层和隔水层互层所组成的单斜构造,在适宜的地质条件下可以形成单斜承压含水层,也称为承压斜地。一般由下列构造条件形成:

(1)透水层和隔水层相间分布的承压斜地

当地层向一个方向倾斜,而且透水层和隔水层是相间分布时,地下水进入两隔水层之间的透水层后便会形成承压水。这类承压水常出现在倾斜的基岩中和第四纪松散堆积物组成的山前斜地中,如图 4-10 所示。

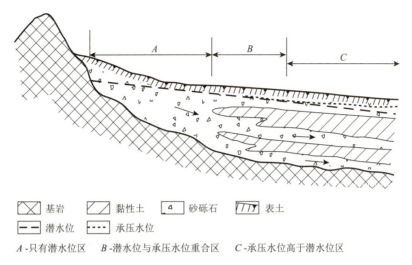

图 4-10 山前承压斜地示意图

图例:基岩、黏性土、砂砾石、表土、潜水位、承压水位
A-只有潜水位区 B-潜水位与承压水位重合区 C-承压水位高于潜水位区

(2) 含水层发生相变或尖灭形成的承压斜地

含水层上部出露地表,下部在某一深度尖灭,即岩性发生变化,由透水层逐渐变为不透水层,如图 4-11 所示。当地下水的补给量超过含水层可容纳水量时,由于下部无排泄出路,因此只能在含水层出露地带的地势低处形成排泄区,往往有泉出现。

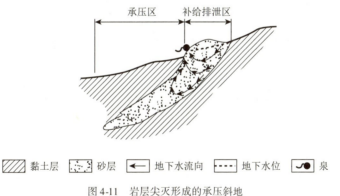

图例:黏土层、砂层、地下水流向、地下水位、泉

图 4-11 岩层尖灭形成的承压斜地

(3) 含水层被断层所阻形成的承压斜地

单斜含水层下部被断层所截断时,上部出露地表部分就成为含水层的补给区。如果断层导水性能好,各含水层之间就发生水力联系,而断层带就起了连接各含水层的通道作用。在适当条件下,承压水可通过断层以泉水的形式排泄到地表。此时承压区位于补给区和排泄区之间,与承压盆地相似,如图 4-12 所示。

(4) 侵入体阻截承压斜地

当岩浆岩侵入体侵入到透水岩层之中,并处于地下水流的下游方向时,就起到阻水作用;如果含水层上部再覆有不透水层,则可形成自流斜地。

例如济南市埋藏有丰富的地下水,就是由于侵入体阻截而形成的。济南市在地质构造上处于泰山背斜的北翼。南部山区有寒武系灰岩、页岩和奥陶系灰岩组成呈向北倾斜的单斜岩层,大气降水可直接渗入补给灰岩中的地下水;济南市北侧有闪长岩及辉长岩侵入体阻挡地下水运动,石灰岩呈舌形插入到侵入体中,上覆有不透水的侵入岩及砾岩构成了隔水顶板,使岩溶水产生了较大的承压性,通过约20m厚的第四纪覆盖层以上升泉形式涌出地表(如趵突泉、珍珠泉等泉群),在 2.6km² 范围内出露有 108 个泉,故济南有"泉城"之美称。

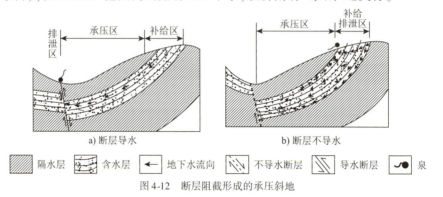

图 4-12　断层阻截形成的承压斜地

3. 承压水的补给、径流与排泄

承压水的补给来源取决于埋藏条件,当承压水的补给区出露于地表时,补给来源多为大气降水的入渗,当补给区位于河床或湖沼地带时,则主要由地表水补给。当承压水位低于潜水位时,潜水可以通过断裂带或弱透水层的"天窗"等通道补给承压水。承压水的排泄有以下几种形式:在排泄区有潜水时,可直接排入潜水;承压水还可以通过导水断层以泉的形式排泄于地表。承压水的径流条件主要取决于含水层的透水性、补给区到排泄区的距离和水位差。含水层透水性越强,补给区到排泄区的距离越近,水位差越大,承压水的径流条件就越通畅;反之,径流就缓慢。

四　孔隙水、裂隙水及岩溶水

1. 孔隙水

孔隙水赋存于松散沉积物颗粒构成的孔隙之中。在我国第四纪与部分第三纪属未胶结或半胶结的松散沉积物中赋存孔隙地下水。在此,我们主要讨论第四纪松散沉积物中的孔隙水。

特定沉积环境中形成的成因类型不同的松散沉积物,受到不同的水动力条件控制,从而呈现岩性与地貌有规律的变化,决定着赋存于其中的地下水的特征。

1)洪积扇中的地下水

洪水沿河槽流出山口,进入平原或盆地,便不再受河槽的约束,加之地势突然转为平坦,集中的洪流变为分散的漫流(扩散流);水的流速也逐渐减小,搬运能力急剧降低,洪流所携带的物质以山口为中心堆积成扇形,称为洪积扇。在进入平原盆地处常常形成一系列大大小小的洪积扇,扇间为洼地。

洪积扇在岩性和地貌形态上都有其独特的变化规律,因而,依据储存于其中的地下水的埋藏深度、形成条件和水化学特征等,自扇顶向边缘可划分为3个水文地质带。洪积扇中地下潜水的分带性,在我国西北干旱的山间盆地表现得最为典型。

(1) 径流带

径流带一般在洪积扇顶部，靠近山区，地形坡度较陡。岩性多为粗砂砾石层堆积，具有良好的渗透性和径流条件，因此，不但可以接受山区下渗的地下径流，而且能够大量吸收大气降水和地表水的入渗补给，水量较为丰富。潜水埋藏较深。通常地下水埋深可达十几米到几十米以上，因而蒸发作用微弱，加之径流条件好，溶滤作用强烈，水的矿化度低（一般小于1g/L），多为重碳酸盐型水，故此带又称"盐分溶滤带"。

(2) 溢出带

溢出带一般位于洪积扇中部，地形坡度变缓，堆积物变细，主要为细砂、粉质砂土及粉质黏土等交错沉积。透水性变弱，径流受阻，往往形成宰水，埋藏深度变浅。在适宜地段，地下水常以泉或沼泽等形式出露于地表，故此带称潜水溢出带。由于蒸发作用加强，水的矿化度增高，水的化学成分由重碳酸盐型变为重碳酸—硫酸盐型，故此带又称"盐分过路带"。

(3) 垂直交替带

此带位于洪积扇的前缘，主要由黏性土和粉砂夹层组成。岩土体层透水性极弱，径流很缓慢，蒸发作用强烈，水以垂直交替为主，故称潜水垂直交替带。由于河流的排泄作用，此带地下水的埋藏深度比溢出带稍有加深，故又称潜水下沉带。因地下水埋藏仍很浅，在干旱、半干旱条件下，蒸发作用强烈进行，水的矿化度急剧增加，常为硫酸—氯化物型水或氯化物型水，地表往往盐渍化，故此带又称"盐分堆积带"。

2) 冲积平原中的地下水

在冲积平原上，近期古河道与现代河道，地势最高，沉积颗粒较粗的砂；向外随着地势变低依次堆积粉质砂土、粉质黏土；在河间洼地的中心部位则堆积黏土。随地势从高到低，地下水具有良好的分带特征。

现代河道与近期古河道由于地势高、岩性粗、渗透性好，利于接受地表水与降水的入渗补给，地下水埋藏深度大，蒸发较弱，以溶滤作用为主，水质良好。自两侧向河间洼地，地势逐渐变低，岩性变细，渗透性变差，地下水位变浅，蒸发增加，矿化度增大。

3) 湖积物中的地下水

我国第四纪初期湖泊众多，湖积物发育，后期湖泊萎缩，湖积物多被冲积物所覆盖，因此，露于地表的粗粒湖泊物很少见。由于湖积物往往是砂砾石与黏土的互层，垂向越流补给比较困难。侧向上分布广泛的粗粒的湖积含水砂砾层主要通过进入湖泊的冲积砂层与外界联系。湖积物通常有规模大的含水砂砾层，容易给人以赋存地下水丰富的印象。但由于其与外界联系较差，补给困难，地下水资源一般并不丰富。

2. 裂隙水

埋藏于基岩裂隙中的地下水称基岩裂隙水。岩石裂隙是水储存和运移的场所，由于裂隙张开和密集程度、连通及充填情况都很不均匀，所以裂隙水的埋藏、分布及水动力特征非常不均匀。裂隙发育的地方含水多，裂隙不发育的地方含水少或不含水。有时在同一地层中打两口距离很近的井，其水位、水量都可能相差悬殊，甚至一孔有水，而另一孔无水。这种不均匀性是基岩裂隙水同松散沉积物孔隙水的主要区别。

裂隙水的埋藏状况比较复杂，裂隙含水层的性状是多种多样的，主要受岩性和地质构造控制。裂隙含水层不都是层状的，很多是似层状、脉状和带状的。根据裂隙水的成因分类有3

种:风化裂隙水、成岩裂隙水、构造裂隙水。

1)风化裂隙水

风化裂隙水埋藏于各种基岩的风化裂隙中。风化裂隙一般发育均匀密集,有一定程度的张开性,储存在其中的水,通常是相互连通、构成统一的地下水面,含水层似层状。水平方向透水性均匀,垂直方向随深度增加而减弱,微风化带或未风化的基岩构成了隔水底板,所以常储存潜水(图4-13),有时也存在上层滞水。如果风化壳上部的覆盖层透水性很差时,其下部的裂隙带有一定的承压性。风化裂隙水的水量大小取决于岩石裂隙的发育程度、风化壳的厚度、气候条件及地貌等特征,主要受大气降水的补给,有明显季节性循环交替性,常以泉的形式排泄于河流中。

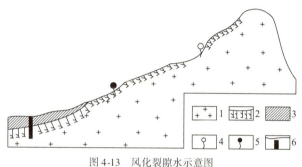

图4-13 风化裂隙水示意图
1-新鲜基岩;2-风化带;3-黏土;4-暂时性泉;5-常年性泉;6-水井

2)成岩裂隙水

成岩裂隙是岩石在形成过程中由于固结、冷凝收缩等作用形成的裂隙。这种裂隙多见于岩浆岩中,而喷出岩又比侵入岩发育。特别是有些玄武岩,经常发育柱状节理及层面节理,裂隙均匀密集,张开性好,贯穿连通,常形成储水丰富、导水畅通的潜水含水层,其下伏隔水层为另一裂隙不发育的岩层,含水层呈层状。具有成岩裂隙的岩体为后期地层覆盖时,也可构成承压含水层,在一定条件下可以具有很大的承压性。在沉积岩和变质岩地区,一般脆硬性岩石(如砂岩、石英岩等)的构造裂隙远较软塑性岩石(如页岩、板岩等)发育,当互层时,脆硬性岩石往往形成含水层,而软塑性岩石则构成相对隔水层,地下水则常成为承压水,亦可形成潜水。如褶曲轴部的富水性较褶曲翼部强,埋藏较浅的含水层较相同岩性埋藏较深的含水层富水性强。

我国西南地区分布有大面积的二叠系玄武岩,自四川西部一直延伸到云南中部,其中有些地区成岩裂隙较发育,出露地表时常埋藏有层状裂隙潜水。内蒙古自治区玄武岩分布面积也较大,其中第三系玄武岩往往构成熔岩台地,当下伏有隔水层时,在玄武岩中赋存有较丰富的地下水。

3)构造裂隙水

构造裂隙水按其埋藏状况可分为层状构造裂隙水和脉状构造裂隙水。层状含水层中地下水基本同前,此处着重叙述脉状构造裂隙水。脉状裂隙水埋藏于局部构造裂隙带中,含水层不受岩层界面的限制,含水带(体)呈脉状或带状分布。它可穿越不同性质的岩层或岩体,地下水为承压水或潜水。脉状裂隙水的埋藏与分布主要受地质构造控制,一般分布在断层破碎带、褶曲轴部张裂带、侵入体与围岩接触带等局部断裂破碎部位。裂隙呈脉状或网脉状,分布很不均匀,巨大的主干断裂主要起导水作用,微小支裂隙主要起储水和释水作用。脉状裂隙含水带的富水性很不均匀,如断裂带通过脆性岩层时,裂隙较发育,且张开度大,含水性及导水性较强;通过塑性岩层时,裂隙发育程度较弱,导水性差,甚至起隔水作用。即使在同一岩层里,脉状含水带各个部位的富水性也很不相同。当水井穿过含水带主干裂隙时,因其导水性强,出水量很大,可成为良好的供水水源;当水井穿过含水带较小裂隙时,其出水量则较小。

综上所述,裂隙水的分布特征是非常不均匀的。比较常见的富水地带有褶曲轴部或转折端、含水带穿越脆性岩层地段、断裂交叉带、正断层的构造岩带、逆断层两盘(尤其是上盘)影响带、侵入体与围岩的接触带等。当然,影响裂隙水分布的因素很多,如地形地貌控制着地下水补给和汇流条件,往往盆地、洼地和沟谷低地是裂隙发育之处,有利于地下水的汇集。

3. 岩溶水

储存和运动于可溶性岩石的溶隙溶洞中的地下水称岩溶水。由于岩溶发育和分布规律极其复杂,因而岩溶水在埋藏、分布和水动力条件等方面,都与其他类型的地下水具有不同的特征。

1)岩溶水的埋藏与分布特征

岩溶水可以是潜水,也可以是承压水。当岩溶含水层裸露于地表时,常形成潜水或局部具有承压性能;当岩溶含水层被不透水层覆盖,就可形成承压水。岩溶水的埋藏深度,在岩溶含水层下距地表不深处有隔水层时,则埋藏较浅;当隔水层埋藏很深时,岩溶水的埋藏深度受区域排水基准面和地质构造的控制,往往埋藏较深,地面常呈现严重缺水现象。岩溶水的分布主要受岩溶发育规律控制。所谓岩溶就是指水流与可溶性岩石相互作用的过程以及伴随产生的地表及地下地质现象的总和。岩溶作用既包括化学溶解和沉淀作用,也包括机械破坏作用和机械沉积作用。由于岩溶发育的不均匀性,使岩溶水在垂直和水平方向上变化都很大。在可溶性岩层内可能同时具有含水层与非含水层、强含水层与弱含水层、均质含水层与集中渗流的特点。如我国南方,岩溶水主要以地下河或地下河系的管流、洞流形式存在,河系多呈树枝状,水量丰富。在打井时,如在溶洞孔道中水多,而未遇到溶洞或溶洞被黏土充填时,涌水量就小或无水。实践证明,岩溶水常富集在岩溶发育的下述地带,如:质纯层厚的可溶岩分布地区的断层带或裂隙密集带;褶曲轴部和岩层急转弯处;可溶岩与非可溶岩的接触部位等。另外,一般浅层岩溶比深层岩溶富水性强。

2)岩溶水的补给、径流与排泄

(1)岩溶水的补给

岩溶水主要补给来源是吸收大气降水和地面水,其次是非岩溶含水层地下水的渗流。在我国南方裸露岩溶区,降水入渗量达降水量的80%以上;在北方岩溶区,大气降水量的40%～50%可以渗入地下,个别也可达80%。

(2)岩溶水的径流

岩溶水可以在裂隙中渗流,也可以在岩溶管道、孔洞中流动。由于溶蚀管道断面变化很大,使岩溶水运动特征和径流条件极为复杂。岩溶水的运动特征有以下几个方面:孤立水流与具有统一地下水面的水流并存;无压流与有压流并存;层流与紊流并存;明流与暗流交替出现。岩溶水的径流特征:岩溶水的径流条件一般是良好的,但随着深度的增加而减弱。在裸露型厚层缓倾斜的可溶岩地区,岩溶水水交替和水流状态不同,在垂直方向显示出明显的分带性。

(3)岩溶水的排泄

岩溶水排泄的最大特点是排泄集中和排泄量大,并多以暗河形式排入河流,流出地表。

3)岩溶水的动态特征

岩溶水的主要动态特征是对降水反应明显,水位和水量变化幅度大。在降水后,地下水位抬高显著,几乎是紧接着降水过程便出现高水位。雨停后,岩溶水沿管道迅速排泄,水位很快降落。水位变化幅度一般为几十米,甚至可达百余米。流量变化幅度可达几十倍,甚至几百倍。在规模较大的岩溶承压水区,地下水位和流量较为稳定,因地下水径流途径长,地下水动态受季节变化影响较小。岩溶水的补给、径流和排泄条件,决定了水交替条件良好,矿化度低,一般在 0.5g/L 以下,常为重碳酸盐型水。岩溶水的补给区,地下水矿化度低,而在地下深处,地下水矿化度有所提高,水质由重碳酸盐型变为重碳酸盐—硫酸盐型水或硫酸盐—重碳酸盐型水。

岩溶水在我国分布很广,水量充沛,常是工农业和生活供水的重要水源,但是岩溶水极易污染,在开采利用时,应注意保护埋藏在基岩裂隙中的地下水。

五 泉

泉是地下水天然露头,主要是地下水或含水层通道露出地表形成的。因此,泉是地下水的主要排泄方式之一。

泉的实际用途很大,不仅可做供水水源,当水量丰富,动态稳定,含有碘、硫等物质时,还可做医疗之用。同时研究泉对了解地质构造及地下水都有很大意义。

泉的类型按补给源可分为三类:

1)包气带泉

主要是上层滞水补给,水量小,季节变化大,动态不稳定。

2)潜水泉

又称下降泉,主要靠潜水补给,动态较稳定,有季节性变化规律,按出露条件可分为侵蚀泉、接触泉、溢出泉等。当河谷、冲沟向下切割含水层,地下水涌出地表便成泉,这主要和侵蚀作用有关,故叫侵蚀泉。有时因地形切割含水层隔水底板时,地下水被迫从两层接触处出露成泉,故称接触泉。当岩石透水性变弱或由于隔水底板隆起,使地下水流动受阻,地下水便溢出地面成泉,这就是溢出泉。

3)自流泉

又叫上升泉,主要靠承压水补给,动态稳定,年变化不大,主要分布在自流盆地及自流斜地的排泄区和构造断裂带上。当承压含水层被断层切割,而且断层是张开的,地下水便沿着断层上升,在地形低洼处便出露成泉,故称断层泉。因为沿着断层上升的泉,常常成群分布,也叫泉带。

泉的出露多在山麓、河谷、冲沟等地形低洼的地方,而平原地区出露较少。有时有些泉出露后,直接流入河水或湖水中,但水流清澈,这就是泉出露的标志。在干旱季节,周围草木枯黄,但泉的附近却绿草如茵。

任务三　地下水的运动

地下水的运动主要讨论地下水在人为因素（打井、抽水等）的影响下而引起的运动水位、流速、流量等的变化。研究地下水运动规律的科学称为地下水动力学，它原是水文地质学的一部分，由于生产实践的需要，目前已发展成为一门内容十分丰富的独立学科。本节重点介绍一些有关地下水运动的基本概念及运算方法。

一　地下水运动的特点

1. 曲折复杂的水流通道

地下水是储存并运动于岩石颗粒如串珠管状的孔隙和岩石内纵横交错的裂隙之中，由于这些空隙的形状、大小和连通程度等的变化，地下水的运动通道十分曲折而复杂，如图 4-14 所示。人们研究地下水运动规律时，不会去研究每个实际通道中水流运动特征，而是研究岩石内平均直线水流通道中的水流运动特征。这种研究方法的实质是用充满含水层（包括全部空隙和岩石颗粒本身所占的空间）的假想水流来代替仅仅在岩石空隙中运动的真正水流。用假想水流代替真正水流的条件是：

图 4-14　地下水流通示意图

（1）假想水流通过任意断面的流量必须等于真正水流通过同一断面的流量；
（2）假想水流在任意断面的水头必须等于真正水流在同一断面的水头；
（3）假想水流通过岩石所受到的阻力必须等于真正水流所受到的阻力。
这样通过对假想水流的研究，就可掌握真正水流的运动规律。

2. 迟缓的流速

河道或管网中水的流速一般都以每秒米来计算，因为其流速常在每秒 1m 左右，甚至每秒几米以上。而地下水由于在曲折的通道中通行，水流受到很大的摩阻力，因而流速一般很缓慢，人们常用每日（昼夜）米来计算其流速。自然界一般地下水在孔隙或裂隙中的流速是每日几米，甚至小于 1m，所以地下水常常给人以静止的错觉。地下水在曲折的通道中缓慢地流动称为渗流，或称渗透水流。渗透水流通过的含水层横断面称为过水断面。

地下水同地表水流一样，也有两种流态，即层流和紊流。水流质点互不混掺的流动为层流，反之为紊流。

由于地下水是在曲折的通道中作缓慢渗流，故地下水流大多数都呈雷诺数值很小的层流运动。不论在岩石的孔隙或裂隙中，只有当地下水流通过漂石、卵石的特大孔隙或岩石的大裂隙及可溶岩的大溶洞时，才会出现雷诺数值较大的层流甚至出现紊流状态。在人工开采地下水时，取水构筑物的附近由于过水断面减小，使地下水流动速度增加很大，常成为紊流区。

3. 非稳定、缓变流运动

地下水在自然界的绝大多数情况下是非稳定、缓变流运动。地下水非稳定流动是指地下水流的运动要素(渗透流速、流量、水头等)都随时间而变化。如前所述,地下水主要来源于大气降水、地表水体及凝结水渗入补给,受气候因素影响较大,有明显的季节性,而且消耗(蒸发、排泄和人工开采等)又是在地下水的运动中不断进行的,这就决定了地下水在绝大多数情况下都是非稳定流运动,其例证是自然界中井水位一年四季不变化的情况极少见到。不过地下水流速、流量及水头变化不仅幅度小,而且变化的速度较慢。一般情况,地下水位全年变化幅度是几米,有时仅 1~2m,这是地下水非稳定流的主要特点。因此,人们常常把地下水运动要素变化不大的时段近似地当作稳定流来处理,这样给研究地下水的运动规律带来很大的方便。可是如果由于人工开采,使区域地下水位逐年持续下降,那么地下水的非稳定流动就不可忽视。地下水流动的另一特征是:在天然条件下地下水流一般都呈缓变流动;流线弯曲度很小,近似于一条直线,相邻流线之间夹角较小,近似于平行,如图 4-15 所示。在这样的缓变流动中地下水的各过水断面可当作一个直面,同一过水断面上各点的水头亦可当作是相等的。这样假设的结果就可把本来属于空间流动(或叫三维流动)的地下水流,简化成为平面流(或叫二维流动),这样假设会使计算简单化。在若干取水工程附近,由于集中开采(抽取),地下水在取水构筑物的附近常常形成非缓变流的紊流、三维流区。

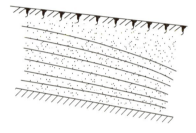

图 4-15　潜水缓变流动

二 地下水运动的基本规律

地下水运动的基本规律又称渗透的基本定律,在水力学中已有论述,这里只引用定律的基本内容。

1. 线性渗透定律

线性渗透定律反映了地下水做层流运动时的基本规律,是法国水利学家达西建立的,所以称为达西定律,即:

$$Q = K \cdot \frac{h}{L} \cdot \omega \tag{4-6}$$

式中:Q——渗流量,即单位时间内渗过砂体的地下水量,m/d;

h——在渗流途径长度 L 上的水头损失,m;

L——渗流途径长度,m;

ω——渗流的过水断面面积,m^2;

K——渗透系数,反映各种岩石透水性能的参数,m/d。

上式又可表示为:

$$v = Ki \tag{4-7}$$

式中:v——渗透速度,m/d;

i——水力坡度,单位渗流途径上的水头损失(无量纲)。

式(4-7)表明渗透速度与水力坡度的一次方成正比,因此称为线性(直线)渗透定律。

渗透速度 v 不是地下水的真正实际流速,因为地下水不在整个断面 ω 内流过,而仅在断面的孔隙中流动,可见渗透速度 v 远比实际流速 u 要小。地下水在孔隙中的实际流速应为:

$$u = \frac{Q}{\omega n} = \frac{v}{n} \text{ 或 } v = un \tag{4-8}$$

式中: n ——岩石的孔隙度。

实际情况还表明:地下水在运动过程中,水力坡度常常是变化的,因此应将达西公式写成下列微分形式:

$$v = -K\frac{\mathrm{d}H}{\mathrm{d}x} \tag{4-9}$$

$$Q = -K\omega\frac{\mathrm{d}H}{\mathrm{d}x} \tag{4-10}$$

式中: $\mathrm{d}x$ ——沿水流方向无穷小的距离;

$\mathrm{d}H$ ——相应 $\mathrm{d}x$ 水流微分段上的水头损失;

$\frac{\mathrm{d}H}{\mathrm{d}x}$ ——水力坡度,负号表示水头沿着 x 的增大方向而减小,而对水力坡度 i 值来说,则仍以正值表示。

渗透系数 K 是反映岩石渗透性能的指标,其物理意义为:当水力坡度为 1 时的地下水流速。它不仅决定于岩石的性质(如空隙的大小和多少),而且和水的物理性质(如相对密度和黏滞性)有关。但在一般的情况下地下水的温度变化不大,故往往假设其相对密度和黏滞系数是常数,所以渗透系数 K 值只看成与岩石的性质有关,如果岩石的孔隙性好(孔隙大、孔隙多),透水性就好,渗透系数值亦大。

习惯上称达西公式是地下水层流运动的基本定律,其实达西公式并不是对于所有的地下水层流运动都适用,而只有当雷诺数小于 1~10 时地下水运动才服从达西公式,即:

$$\mathrm{Re} = \frac{ud}{\gamma} < (1 \sim 10) \tag{4-11}$$

式中: u ——地下水实际流速,m/d;

d ——孔隙的直径,m;

γ ——地下水的运动黏滞系数,m^2/d。

由此可见,达西公式的适用范围远比层流运动的范围要小(管中水流的下临界雷诺数是 2300)。但由于自然界地下水的实际流速一般是每日几米,因此使得大多数情况下的地下水(包括运动在各种砂层、砂砾石层,甚至砂卵石层中的地下水),其雷诺数一般都不超过 1。

2. 非线性渗透定律

如前所述,当地下水在岩石的大孔隙、大裂隙、大溶洞中及取水构筑物附近流动时,不仅雷诺数大于 10,而且常常呈紊流状态。紊流运动的规律是水流的渗透速度与水力坡度的平方根成正比,这称为哲才公式。表示式为:

$$v = K\sqrt{i} \text{ 或 } Q = K\omega\sqrt{i} \tag{4-12}$$

式中符号含义同式(4-7)。

三 地下水流向取水构筑物的稳定流运动

提取地下水的工程设施称为取水构筑物。当取水构筑物中地下水的水位和抽出的水量都保持不变,这时水流称为稳定流运动。

1. 地下水取水构筑物的基本类型

1) 垂直取水构筑物

垂直取水构筑物是指构筑物的设置方向与地表相垂直,如管井、大口井等。按其完整程度又可分为:

(1) 潜水完整井:凿井至潜水含水层底板(隔水层),水流从井的四周流入井内,如图4-16a)、b)所示。

(2) 潜水非完整井:凿井未到含水层底板,地下水可以从井底及井的四周进入井内,如图4-16c)、d)所示。

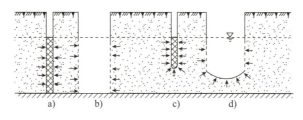

图 4-16 潜水井类型

(3) 承压水完整井:凿穿承压含水层的顶板,并穿透整个含水层到隔水底板,水流从四周流入井内,如图4-17a)、b)所示。

(4) 承压水非完整井:凿穿承压含水层的顶板后仅穿透一部分含水层,地下水可从井的四周及井底进入井内,如图4-17c)、d)所示。

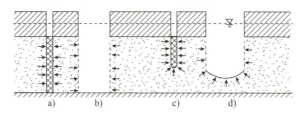

图 4-17 承压井类型

2) 水平取水构筑物

水平取水构筑物指构筑物的设置方向与地表大体相平行,如渗水管及渗渠等。地下水从渗水管或渗渠的两侧或一侧进入构筑物内,如图4-18所示。

2. 地下水流向潜水完整井

根据裘布依的稳定流理论,当在潜水完整井中进行长时间的抽水之后,井中的动水位和出水量都会达到稳定状态,同时在抽水井周围亦会形成有规则的稳定的降落漏斗,漏斗的半径 R 称为影响半径;井中的水面下降值 s 叫水位下降值;从井中抽出的水量称单井出水量。

潜水完整井稳定流计算公式(裘布依公式)的推导假设条件是:

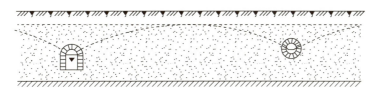

图 4-18 水平取水构筑物

(1) 天然水力坡度等于零,抽水时为了用流线倾角的正切代替正弦,则井附近的水力坡度不大于 1/4。

(2) 含水层是均质各向同性的,含水层的底板是隔水的。

(3) 抽水时影响半径的范围内无渗入,无蒸发,每个过水断面上流量不变,在影响半径范围以外的地方流量等于零,在影响半径的圆周上为定水头边界。

(4) 抽水井内及附近都是二维流(抽水井内不同深度处的水头降低是相同的)。推导公式的方法是从达西公式开始的,因为有:

$$Q = Ki \cdot \omega \tag{4-13}$$

所以要确定出水量 Q,必须先确定 ω、K 及 i 这三个参数。但 K 值对于均质各向同性的含水层是一个常数,因此公式的推导实际上是如何确定 ω 和 i 值。

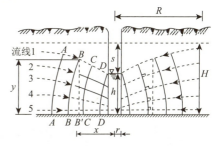

从图 4-19 可以看出:地下水在向潜水完整井运动时,上部流线(如流线 1、2)曲率最大,向下各流线曲率逐渐变小,底部流线(如流线 5)是水平直线,垂直于流线的各过水断面 A-A、B-B 等皆是一系列弯曲程度不等的曲面,靠近井壁的 D-D 面曲率最大。可见地下水向潜水完整井运动是通过一系列的曲面,计算水量时显然不能用达西公式。为此,假设地下水向潜水完整井的流动仍属缓变流,井边附近的水力坡度不大于 1/4,这样就可使那些弯曲的过水断面近似地被看作直面,如把 B-B 曲面近似地用 B-B' 直面来代替,地下水的过水断面就是圆柱体的侧面积。

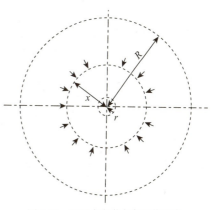

图 4-19 地下水向潜水完整井运动

$$\omega = 2\pi xy \tag{4-14}$$

从图 4-18 中亦可看出:地下水在向潜水完整井的流动过程中,有水力坡度 i 是个变数,但任意断面处的水力坡度均可表示为:

$$i = \frac{dy}{dx} \tag{4-15}$$

将上式 ω 和 i 代入达西公式,即可求得地下水通过任意过水断面 B-B' 的运动方程为:

$$Q = K \cdot \omega \cdot i = K \cdot 2\pi x \cdot y \frac{dy}{dx} \tag{4-16}$$

为使上式变为普通的数字函数关系,可将上式分离变量并积分,将 y 从 h 到 H,x 从 r 到 R 进行定积分:

$$Q\int_r^R \frac{\mathrm{d}x}{x} = 2\pi K \int_h^H y \cdot \mathrm{d}y \tag{4-17}$$

化简后整理后得：

$$Q = 1.36K \frac{(2H-s)s}{\lg \frac{R}{r}} \tag{4-18}$$

式中：K——渗透系数，m/d；

H——潜水含水层厚度，m；

h——井内动水位至含水层底板的距离，m，$h = H - s$；

R——影响半径，m；

r——井半径，m，管井过滤器半径。

这就是常用的反映地下水向潜水完整井运动规律的方程式，亦称裘布依公式。公式表明潜水完整井的出水量 Q 与水位下降值 s 的二次方成正比，这就决定了 Q 与 s 间的抛物线关系。即随着 s 值的增大，Q 的增加值将越来越小。

该公式通常可以解决以下两方面的问题：

（1）求含水层的渗透系数 K：在水源勘察时常常是通过现场实测 Q、s、H、R、r，计算含水层的 K 值。

（2）预计潜水完整井的出水量 Q：在水源设计时往往是已知或假设公式中的参数 H、s、R、r，然后推算出设计井的预计出水量 Q。

3. 地下水流向承压水完整井

根据裘布依稳定流理论，在承压完整井中抽水时，经过一个相当长的时段，从井内抽出来的水量和井内的水头降落同样均能达到稳定状态，这时在井壁周围含水层内就会形成抽水影响范围。这种影响范围可以由承压含水层中水头的变化表示，承压水头线的变化具有降落漏斗的形状，如图 4-20 所示。推导承压完整井出水量计算公式的假定条件和推导潜水完整井计算公式的假定基本相同。

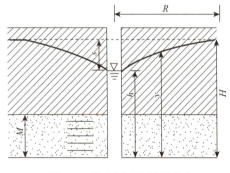

图 4-20 地下水向承压完整井动

承压完整井计算公式的推导和潜水完整井的公式推导不同之处是：由于地下水流向承压完整井的流线是相互平行的，也平行于顶、底板，因此垂直于流线的过水断面是真正的圆柱体侧面积，可以直接代入达西公式进行推导。此时地下水流向承压完整井的过水断面积和水力坡度各为：

$$i = \frac{\mathrm{d}y}{\mathrm{d}x} \tag{4-19}$$

$$\omega = 2\pi x M \tag{4-20}$$

则地下水通过任意过水断面的流量为：

$$Q = K \cdot \omega \cdot i = K \cdot 2\pi x M \frac{dy}{dx} \tag{4-21}$$

同潜水完整井的推导过程一样,将上式分离变量并积分,将 y 从 h 到 H,x 从 r 到 R 进行定积分:

$$Q = \int_r^R \frac{dx}{x} = 2\pi KM \int_h^H dy \tag{4-22}$$

$$Q = (\ln R - \ln r) = 2\pi KM(H - h) \tag{4-23}$$

化简整理后得:

$$Q = 2.73K \frac{M(H-h)}{\lg R - \lg r} \tag{4-24}$$

因为 $H - h = s$,所以又可将上式写为如下形式:

$$Q = 2.73K \frac{Ms}{\lg \frac{R}{r}} \tag{4-25}$$

式中:M——承压含水层厚度,m;
s——承压井抽水时井内的水位下降值,m。

这就是反映地下水向承压完整井运动规律的方程式,亦称裘布依公式。公式表明承压井的出水量 Q 与水位下降值 s 的一次方成正比,这就决定了 Q 与 s 为直线关系,如图4-21所示。公式的用途与潜水完整井的公式完全相同,可用来预算井的出水量和计算含水层的渗透系数。

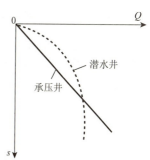

图4-21 s 与 Q 关系曲线

4. 利用稳定抽水试验计算渗透系数

1)单井稳定抽水试验计算渗透系数 K

利用裘布依型稳定流公式进行渗透系数计算时,若没有观测孔,而只能根据抽水井的出水量、水位下降等数据,按所得 Q 与 s 曲线类型选择相应的计算公式。

承压完整井:

$$K = 0.366 \frac{Q(\lg R - \lg r)}{Ms} \tag{4-26}$$

潜水完整井:

$$K = 0.733 \frac{Q(\lg R - \lg r)}{(2H-s)s} \tag{4-27}$$

或

$$K = 0.733 \frac{Q(\lg R - \lg r)}{H^2 - h^2} \tag{4-28}$$

式中:Q——抽水井的出水量,m^2/d;
s——抽水井内的水位下降值,m;

M——承压含水层厚度,m;
H——自然条件下潜水含水层厚度,m;
h——潜水含水层在抽水试验时的厚度,m;
r——抽水井半径,m;
R——影响半径,m。

2)带观测孔的单井稳定抽水试验计算渗透系数 K

带观测孔的单井稳定抽水试验是指当主井中抽水时,在主井附近至少要另设两个以上的观测孔,以取得主井抽水时其附近的水位变化资料。为了避免抽水井附近的三维流、紊流影响,最近观测孔距主井的距离一般为含水层厚度的一倍,而最远的观测孔距离第一个观测孔的距离也不宜太远,以保证各观测孔内有一定的水位下降值,并使各观测孔的水位值在 s(或 Δh^2)-$\lg r$ 曲线的直线段内,如图4-22所示。

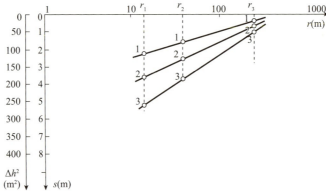

图4-22　s(或 Δh^2)-$\lg r$ 关系曲线

承压水完整井抽水有两个观测孔时:

$$K = 0.366 \frac{Q(\lg r_2 - \lg r_1)}{M(s_1 - s_2)} \tag{4-29}$$

潜水完整井抽水有两个观测孔时:

$$K = 0.733 \frac{Q(\lg r_2 - \lg r_1)}{\Delta h_1^2 - \Delta h_2^2} \tag{4-30}$$

其中:$\Delta h^2 = H^2 - h^2$。

式中:r_1、r_2——观测孔1、2分别距抽水井距离,m;

s_1、s_2——主井抽水时观测孔1、2分别的水位下降值,m;

Δh_1^2、Δh_2^2——在 Δh^2-$\lg r$ 关系曲线上的直线段上任意两点的纵坐标值,m^2。

其他符号意义同前。

任务四　地下水对建筑工程的影响

地下水对建筑工程的不良影响主要有:降低地下水位会使软土地基产生固结沉降;不合理

的地下水流动会诱发某些土层出现流砂现象和潜蚀现象;地下水会对位于水位以下的岩石、土层和建筑物基础产生浮托作用;某些地下水会对钢筋混凝土基础产生腐蚀。

一 地下水位下降引起软土地基沉降

在沿海软土层或松散沉积层中进行深基础施工时,往往需要人工降低地下水位。若降水不当,会使周围地基土层产生固结沉降,轻者造成邻近建筑物或地下管线的不均匀沉降;重者使建筑物基础下的土体颗粒流失,甚至掏空,导致建筑物开裂,危及安全。

动画:地下水对建筑工程的影响

如果抽水井滤网和砂滤层的设计不合理或施工质量差,则抽水时会将软土层中的黏粒、粉粒,甚至细砂等细小土颗粒随同地下水一起带出地面,使周围地面土层很快产生不均匀沉降,造成地面建筑物和地下管线不同程度的损坏。另一方面,井管开始抽水时,井内水位下降,井外含水层中的地下水不断流向滤管,经过一段时间后,在井周围形成漏斗状的弯曲水面——降水漏斗。在这一降水漏斗范围内的软土层会发生渗透固结而造成地基土沉降。而且,由于土层的不均匀性和边界条件的复杂性,降水漏斗往往是不对称的,因而使周围建筑物或地下管线产生不均匀沉降,甚至开裂。

二 动水压力产生流砂和潜蚀

设想在地下水渗流的任意一个土体微段两端装上测压管,如图4-23所示。假设测压管都位于断面的中心。该土体微段的长度为ΔL,截面面积为ΔS,其体积$\Delta V = \Delta L \Delta S$。当地下水从向右端渗流时左面的水头高度为$H_1$,右面的水头高度为$H_2$,其两点间的水头差$\Delta H$为:

$$\Delta H = H_1 - H_2 \quad (4\text{-}31)$$

土体微段左端截面上作用的水压力$F_2 = \gamma_w H_1 \Delta S$,右截面上作用的水压力$F_1 = \gamma_w H_2 \Delta S$。如果忽略渗流过程中水的惯性力,则沿渗流方向作用于土体微段上水压力的合力ΔF。为:

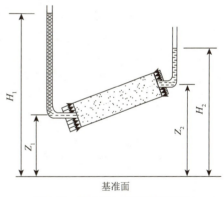

图4-23 动水压力的试验原理示意

$$\begin{aligned}\Delta F &= F_1 - F_2 = \gamma_w[(H_1 - Z_2) - (H_2 - Z_2)]\Delta S \\ &= \gamma_w[(H_1 - H_2) - (Z_2 - Z_2)]\Delta S\end{aligned} \quad (4\text{-}32)$$

当地下水静止不动时,$\Delta H = 0$,此时,沿渗流方向作用于土体微段上水压力的合力ΔF_0为:

$$\Delta F_0 = \gamma_w(Z_1 - Z_2)\Delta S \quad (4\text{-}33)$$

实际上ΔF_0就是作用于与土体微段同体积的水上的重力在渗流方向上的分力。所以地下水在渗流时,作用于土体微段上水压力的合力ΔF_w为:

$$\Delta F_w = \Delta F - \Delta F_0 = \gamma_w(H_1 - H_2)\Delta S \quad (4\text{-}34)$$

我们把地下水在渗流时作用于单位体积土骨架(土颗粒)上的力称为动水压力 f_d,即:

$$f_d = \frac{\Delta F_w}{\Delta V} = \frac{\gamma(H_1 - H_2)\Delta S}{\Delta L \Delta S} = \gamma_w \frac{H_1 - H_2}{\Delta L} = \gamma_w \frac{\Delta H}{\Delta L} = \gamma_w I \qquad (4\text{-}35)$$

式中:I——地下水渗流水力坡度。

设土颗粒密度为 ρ_s,纯水在 4℃时的密度为 ρ_w,土的孔隙比为 e,则土的有效重度 γ' 为:

$$\gamma' = \frac{G_s - 1}{1 + e}\gamma_w \qquad (4\text{-}36)$$

式中:$G_s = D_s$——土的颗粒相对密度。

当地下水自下而上流动时产生的动水压力 f_d 等于土体的有效重度 γ',即:

$$f_d = \gamma' = \frac{G_s - 1}{1 + e}\gamma_w \qquad (4\text{-}37)$$

土颗粒之间的有效应力等于零,土粒就处于悬浮状态,这种现象称为流砂。出现流砂的水力坡度称为临界水力坡度,用 I_{cr} 表示,由式(4-36)及式(4-37)可得:

$$I_{cr} = \frac{G_s - 1}{1 + e} \qquad (4\text{-}38)$$

流砂是一种工程地质现象,这种情况的发生常是由于在地下水位以下开挖基坑、埋设地下管道、打井等工程活动而引起的,流砂易产生在细砂、粉砂、粉质黏土等土中。流砂在工程施工中能造成大量的土体流动,致使地表塌陷或建筑物的地基破坏,给施工带来很大困难,或直接影响建筑工程及附近建筑物的稳定,因此,必须进行防治。

在可能产生流砂的地区,若其上面有一定厚度的土层,应尽量利用上面的土层作天然地基,也可用桩基穿过流砂,总之尽可能地避免开挖。如果必须开挖,可用以下方法处理流砂。

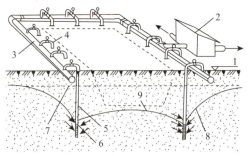

图 4-24 轻型井点降低地下水位全貌图
1-地面;2-水泵房;3-总管;4-弯联管;
5-井点管;6-滤管;7-原有地下水位线;
8-降低后地下水位线;9-基坑

(1)人工降低地下水位

使地下水位降至可能产生流砂的地层以下,然后开挖。如采用基坑外的井点降水法降低地下水位,如图 4-24 所示。

(2)打板桩

在土中打入板桩,它一方面可以加固坑壁,同时增长了地下水的渗流路程,以减小水力坡度。

(3)冻结法

用冷冻方法使地下水结冰,然后开挖。

(4)水下挖掘

在基坑(或沉井)中用机械在水下挖掘,避免因排水而产生流砂的水头差,为了增加砂的稳定,也可向基坑中注水并同时进行挖掘。

此外,处理流砂的方法还有化学加固法、爆炸法及加重法等。在基槽开挖的过程中局部地段出现流砂时,立即抛入大块石等,可以克服流砂的活动。

潜蚀作用可分为机械潜蚀和化学潜蚀两种。机械潜蚀是指土粒在地下水的动水压力作用下受到冲刷,将细粒冲走,使土的结构破坏,形成洞穴的作用;化学潜蚀是指地下水溶解土中的易溶盐分,使土粒间的结合力和土的结构破坏,土粒被水带走,形成洞穴的作用。这两种作用一般是同时进行的。在地基土层内如具有地下水的潜蚀作用时,将会破坏地基土的强度,形成空洞,产生地表塌陷,影响建筑工程的稳定。在我国的黄土层及岩溶地区的土层中,常有潜蚀现象产生,修建建筑物时应予注意。

对潜蚀的处理可以采用堵截地表水流入土层、阻止地下水在土层中流动、设置反滤层、改造土的性质、减小地下水流速及水力坡度等措施。这些措施应根据当地的具体地质条件,分别或综合采用。

三 地下水的浮托作用

当建筑物基础底面位于地下水位以下时,地下水对基础底面产生静水压力,即产生浮托力。如果基础位于粉性土、砂性土、碎石土和节理裂隙发育的岩石地基上,则按地下水位100%计算浮托力;如果基础位于节理裂隙不发育的岩石地基上,则按地下水位50%计算浮托力;如果基础位于黏性土地基上,其浮托力较难确定,应结合地区的实际经验考虑。

地下水不仅对建筑物基础产生浮托力,同样对其水位以下的岩石、土体产生浮托力。所以《建筑地基基础设计规范》(GB 50007—2011)规定:确定地基承载力设计值时,无论是基础底面以下土的天然重度或是基础底面以上土的加权平均重度,地下水位以下一律取有效重度。

当深基坑下伏有承压含水层时,开挖基坑减小了底部隔水层的厚度。当隔水层较薄经受不住承压水头压力作用时,承压水的水头压力会冲破基坑底板,这种工程地质现象被称为基坑突涌。

为避免基坑突涌的发生,必须验算基坑底层的安全厚度 M。基坑底层厚度与承压水头压力的平衡关系,即:

$$\gamma M = \gamma_w H \tag{4-39}$$

式中:γ、γ_w——分别为黏性土的重度和地下水的重度,kN/m^3;

H——相对于含水层顶板的承压水头值;

M——基坑开挖后黏土层的厚度。

所以,基坑底部黏土层的厚度必须满足式(4-40),如图4-25所示。

$$M > \frac{\gamma_w}{\gamma} H \cdot K \tag{4-40}$$

式中:K——安全系数,一般取 1.5~2.0,主要根据基坑底部黏性土层的裂隙发育程度及坑底面积大小而定。如果 $M < \frac{\gamma_w}{\gamma} H \cdot K$,为防止基坑突涌,必须对承压含水层进行预先排水,使其承压水头下降至基坑底能够承受的水头压力(图4-26),而且,相对于含水层顶板的承压水头必须满足下式:

$$H_w < \frac{\gamma}{K \cdot \gamma_w} M \tag{4-41}$$

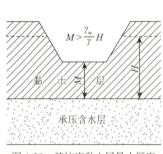
图 4-25 基坑底黏土层最小厚度

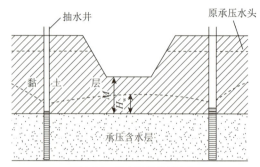
图 4-26 抽水降低承压水头

四 地下水对钢筋混凝土的腐蚀

1. 腐蚀类型

硅酸盐水泥遇水硬化,并且形成 $Ca(OH)_2$、水化硅酸钙 $CaOSiO_2 \cdot 12H_2O$、水化铝酸钙 $CaOAl_2O_3 \cdot 6H_2O$ 等,这些物质往往会受到地下水的腐蚀。根据地下水对建筑结构材料腐蚀性评价标准,将腐蚀类型分为三种:

1)结晶类腐蚀

如果地下水中 SO_4^{2-} 的含量超过规定值,那么 SO_4^{2-} 将与混凝土中的 $Ca(OH)_2$ 起反应,生成二水石膏结晶体 $CaSO_4 \cdot 2H_2O$;这种石膏再与水化铝酸钙 $CaOAl_2O_3 \cdot 6H_2O$ 发生化学反应,生成水化硫铝酸钙,这是一种铝和钙的复合硫酸盐,习惯上称为水泥杆菌。由于水泥杆菌结合了许多的结晶水,因而其体积比化合前增大很多,约为化合前体积的 221.86%。于是在混凝土中产生很大的内应力,使混凝土的结构遭受破坏。

水泥中 $CaOAl_2O_3 \cdot 6H_2O$ 含量少,抗结晶腐蚀强,因此,要想提高水泥的抗结晶腐蚀,主要是控制水泥的矿物成分。

2)分解类腐蚀

地下水中含有 CO_2 和 HCO_3^-,CO_2 与混凝土中的 $Ca(OH)_2$ 作用,生成碳酸钙沉淀。

$$Ca(OH)_2 + CO_2 = CaCO_3 + H_2O$$

由于 $CaCO_3$ 不溶于水,它可填充混凝土的孔隙,在混凝土周围形成一层保护膜,能防止 $Ca(OH)_2$ 的分解。但是,当地下水中的 CO_2 含量超过一定数值,而 HCO_3^- 的含量过低,则超量的 CO_2 再与 $CaCO_3$ 反应,生成重碳酸钙 $Ca(HCO_3)_2$,并溶于水,即:

$$CaCO_3 + CO_2 = Ca^{2+} + 2HCO_3^-$$

上述这种反应是可逆的:当 CO_2 含量增加时,平衡被破坏,反应向右进行,固体 $CaCO_3$ 继续分解;当含量变少时,反应向左移动,固体 $CaCO_3$ 沉淀析出,如果 CO_2 和 HCO_3^- 的浓度平衡时,反应就停止。所以,当地下水中 CO_2 的含量超过平衡时所需的数量时,混凝土中的 $CaCO_3$ 就被溶解而受腐蚀,这就是分解类腐蚀。将超过平衡浓度的 CO_2 叫侵蚀性 CO_2。地下水中侵蚀性 CO_2 越多,对混凝土的腐蚀越强。地下水流量、流速都很大时,CO_2 易补充,平衡难建立,因而腐蚀加快。另一方面,HCO_3^- 含量越高,对混凝土腐蚀越强。

如果地下水的酸度过大,即pH值小于某一数值,那么混凝土中的$Ca(OH)_2$也要分解,特别是当反应生成物为易溶于水的氯化物时,对混凝土的分解腐蚀很强烈。

3)结晶分解复合类腐蚀

当地下水中的NH_4^+、NO_3^-、Cl^-和Mg^{2+}的含量超过一定数量时,与混凝土中的$Ca(OH)_2$发生反应,例如:

$$MgSO_4 + Ca(OH)_2 = Mg(OH)_2 + CaSO_4$$

$$MgCl_2 + Ca(OH)_2 = Mg(OH)_2 + CaCl_2$$

$Ca(OH)_2$与镁盐作用的生成物中,除$Mg(OH)_2$不易溶解外,$CaCl_2$则易溶于水,并随之流失;硬石膏$CaSO_4$一方面与混凝土中的水化铝酸钙反应生成水泥杆菌:

$$3CaO \cdot Al_2O_3 \cdot 6H_2O + 3CaSO_4 + 25H_2O = 3CaO \cdot Al_2O_3 \cdot 3CaSO_4 \cdot 31H_2O$$

另一方面,硬石膏遇水后生成二水石膏:

$$CaSO_4 + 2H_2O = CaSO_4 \cdot 2H_2O$$

二水石膏在结晶时,体积膨胀,破坏混凝土的结构。

综上所述,地下水对混凝土建筑物的腐蚀是一项复杂的物理、化学过程,在一定的工程地质与水文地质条件下,对建筑材料的耐久性影响很大。

2. 腐蚀性评价标准

根据各种化学腐蚀所引起的破坏作用,将SO_4^{2-}的含量归纳为结晶类腐蚀性的评价指标;将侵蚀性CO_2、HCO_3^-和pH值归纳为分解类腐蚀性的评价指标;而将Mg^{2+}、NH_4^+、NO_3^-、Cl^-、SO_4^{2-}的含量作为结晶分解类腐蚀性的评价指标。同时,在评价地下水对建筑结构材料的腐蚀性时必须结合建筑场地所属的环境类别。根据气候区、土层透水性、干湿交替、冻融交替情况等将建筑场地分为三种环境类别,详见表4-7。

混凝土腐蚀的场地环境类别　　　　　　表4-7

环境类别	气候区	土层特性	干湿交替	冰冻区(段)
Ⅰ	高寒区 干旱区 半干旱区	直接临水,强透水土层中的地下水,或湿润的强透水土层	有	混凝土不论在地面或地下,在无干湿交替作用时,其腐蚀强度均比有干湿交替作用相对降低
Ⅱ	高寒区 干旱区 半干旱区	强透水土层中的地下水,或湿润的强透水土层	无	混凝土不论在地面或地下,当受潮或浸水时;并处于严重冰冻区(段)、冰冻区(段)或微冰冻区(段)
	湿润区 半湿润区	直接临水,强透水土层中的地下水,或湿润的强透水土层	有	
Ⅲ	各气候区	弱透水土层	无	不冻区(段)

注:当竖井、隧洞、水坝等工程的混凝土结构一面与水(地下水或地表水)接触,另一面又暴露在大气中时,其场地环境分类应划分为Ⅰ类。

地下水对建筑材料腐蚀性评价标准详见表4-8～表4-10。

结晶类腐蚀评价标准　　　　　　　　　　　　　　　　　　　　　　　　表4-8

腐蚀等级	SO_4^{2-} 在水中含量(mg/L)		
	Ⅰ类环境	Ⅱ类环境	Ⅲ类环境
无腐蚀性	<250	<500	<1500
弱腐蚀性	250～500	500～1500	1500～3000
中腐蚀性	500～1500	1500～3000	3000～6000
强腐蚀性	>1500	>3000	>6000

分解类腐蚀评价标准　　　　　　　　　　　　　　　　　　　　　　　　表4-9

腐蚀等级	pH值		侵蚀性 CO_2 (mg/L)		HCO_3^- (mmol/L)
	A	B	A	B	A
无腐蚀性	>6.5	>5.0	<15	<30	>1.0
弱腐蚀性	>5.0	4.0～5.0	15～30	30～60	1.0～0.5
中腐蚀性	15	3.5～4.0	30～60	60～100	<0.5
强腐蚀性	<30	<3.5	>60	>100	—

注：A——直接临水，或强透水土层中的地下水，或湿润的强透水土层；B——弱透水土层的地下水或湿润的弱透水土层。

结晶分解复合类腐蚀评价标准　　　　　　　　　　　　　　　　　　　表4-10

腐蚀等级	Ⅰ类环境		Ⅱ类环境		Ⅲ类环境	
	$Mg^{2+}+NH_4^+$	$Cl^-+SO_4^{2-}+NO_3^-$	$Mg^{2+}+NH_4^+$	$Cl^-+SO_4^{2-}+NO_3^-$	$Mg^{2+}+NH_4^+$	$Cl^-+SO_4^{2-}+NO_3^-$
	水中含量(mg/L)					
无腐蚀性	<1000	<3000	<2000	<5000	<3000	<10000
弱腐蚀性	1000～2000	3000～5000	2000～3000	5000～8000	3000～4000	10000～20000
中腐蚀性	2000～3000	5000～8000	3000～40000	8000～10000	4000～5000	20000～30000
强腐蚀性	>3000	>8000	>4000	>10000	>5000	>30000

思 考 题

1. 什么是岩石的空隙性？它们在数量上是如何表示的？
2. 含水的岩层都是含水层吗？
3. 岩土中有哪些形式的水？重力水有哪些特点？

4. 地下水按埋藏条件可以分为哪几种类型？它们有哪些不同？
5. 地下水按含水层空隙性质可以分为哪几种类型？它们有哪些不同？
6. 达西定律适用的范围是什么？其渗流速度是真实流速吗？为什么？
7. 地基沉降的原因是什么？
8. 潜蚀和流砂与动水压力有什么关系？
9. 产生基坑突涌的原因是什么？
10. 地下水对钢筋混凝土的腐蚀分为哪几种类型？

项目五

土的工程性质与分类认知

1. 知识目标

(1)掌握土的三相组成与颗粒分析试验方法；
(2)掌握土的物理性质与土的密度和含水率试验方法；
(3)掌握土的工程分类；
(4)掌握黏性土物理状态指标计算与界限含水率试验方法；
(5)掌握土的压实性与击实和 CBR 试验方法。

2. 技能目标

(1)根据土工试验结果,判断公路土质填料的性能,能确定其是否可以做路基填料；
(2)根据土工试验结果,能检测土质填方路基压实质量。

3. 素质目标

在试验过程中,培养沟通和协作能力,并具有规范操作土工试验的能力。

4. 学习重点

土的三相组成、土的物理性质指标。

5. 学习难点

土的物理状态指标、土的成因类型特征。

土是由固相(颗粒)、液相(水溶液)、气相(气体)所组成的三相体系。各种土的颗粒大小和矿物成分差别很大,土的三相间的数量比例也不尽相同。要研究土的工程性质就必须了解土的三相组成性质、比例以及在天然状态下的结构和构造等总体特征。

土的三相组成物质的性质、相对含量以及土的结构和构造等必然在土的轻重、疏密、干湿、软硬等一系列物理性质和状态上有不同的反映。土的物理性质和状态又在很大程度上决定了它的力学性质。

在处理与土相关的工程问题和进行土力学计算时,不但要知道土的物理力学性质及其变化规律,从而了解各类土的工程特性,还要熟悉表征土的物理力学性质的各种指标的概念测定方法及其相互换算关系,并掌握土的工程分类原则和标准。

本项目主要介绍土的组成、土的三相比例指标、无黏性土和黏性土的物理特征、土的物理力学性质及其指标和土的工程分类。

任务一 土的生成与基本特征

一 土的生成

动画:土的生成与特性

1. 土和土体的概念

(1) 土

在自然界中,地壳表层分布有岩石圈(广义的岩石包括基岩及其覆盖土)、水圈及大气圈。岩石是一种或多种矿物的集合体,其工程性质在很大程度上取决于它的矿物成分,而土是岩石风化的产物。地壳中原来整体坚硬的岩石,经风化、剥蚀搬运、沉积,形成固体矿物,水和气体的集合体称为土。

土是由固相、液相、气相三相物质组成;不同的风化作用,形成不同性质的土。风化作用有下列三种:物理风化、化学风化、生物风化。

(2) 土体

土体不是一般土层的组合体,而是与工程建筑的稳定、变形有关的土层的组合体。土体是由厚薄不等、性质各异的若干土层以特定的上、下次序组合在一起的。

地壳表面广泛分布着的土体是完整坚硬的岩石经过风化、剥蚀等外力作用而瓦解的碎块或矿物颗粒,再经水流、风力或重力作用、冰川作用搬运,在适当的条件下沉积成各种类型的土体。

在搬运过程中,由于形成土的母岩成分的差异、颗粒大小、形态、矿物成分又进一步发生变化,并在搬运及沉积过程中由于分选作用形成在成分、结构、构造和性质上有规律变化的土体。

土体沉积后,靠近地表的土体,一方面,将经过生物化学及物理化学变化,即成壤作用形成土壤;另一方面,未形成土壤的土,继续受到风化、剥蚀、侵蚀而再破碎,再搬运、再沉积等地质作用。时代较老的土,在上覆沉积物的自重压力及地下水的作用下,经受成岩作用,逐渐固结成岩,强度增大,成为"母岩"。

总之,土体的形成和演化过程,就是土的性质和变化过程。因此,土的形成年代和自然条件的不同,使各种土的工程性质有很大差异。

2. 不同成因类型的土

1) 残积土

残积土是由岩石风化后,未经搬运而残留于原地的土。它处于岩石风化壳的上部,是风化壳中的剧风化带,向下则逐渐变为半风化的岩石(图5-1)。它的分布主要受地形的控制,在雨水产生地表径流速度小,风化产物易于保留的地方,残积物就比较厚。在不同的气候条件下,不同的原岩,将产生不同矿物成分、不同物理力学性质的残积土。我国南方花岗岩分布广泛,如深圳地区约占60%的面积,花岗岩残积土的厚度在15~40m之间,是该区城市建筑物基础的主要持力层。

2) 坡积土

坡积土是残积土经水流搬运,顺坡移动堆积而成的土(图5-2)。其成分与坡上的残积土基本一致。由于地形的不同,其厚度变化大。新近堆积的坡积土,土质疏松,压缩性较高。

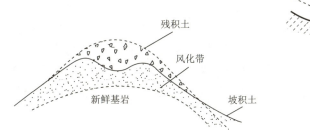

图 5-1 残积土层剖面

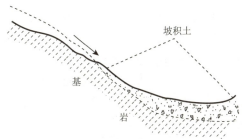

图 5-2 坡积土层剖面

3) 洪积土

洪积土是山洪带来的碎屑物质,在山沟图 5-2 坡积土层剖面的出口处堆积而成的土(图5-3)。山洪流出沟谷后由于流速骤减,被搬运的粗碎屑物质首先大量堆积下来;离山渐远,洪积物的颗粒随之变细,其分布范围也逐渐扩大。其地貌特征,靠山近处窄而陡,离山较远宽而缓,形如锥体,故称为洪积扇。山洪是周期性发生的,每次的大小不尽相同,堆积下来的物质也不一样。因此,洪积土常呈现不规则交错的层理。由于靠近山地的洪积土的颗粒较粗,地下水位埋藏较深,土的承载力一般较高,常为良好地基;离山较远地段较细的洪积土,土质软弱,故承载力较低。

图 5-3 洪积土层剖面

4) 冲积土

冲积土是由于河流的流水作用,将碎屑物质搬运堆积在它流经的区域内,随着从上游到下游水动力的不断减弱,搬运物质从粗到细逐渐沉积下来。一般在河流的上游以及出山口,沉积有粗粒的碎石土、砂土,在中游丘腹地带沉积有中粗粒的砂土和粉土,在下游平原三角洲地带沉积了最细的黏土,冲积土分布广泛,特别是冲积平原是城市发达、人口集中的地带。粗粒的碎石土、砂土,是良好的天然地基,但如果作为水工建筑物的地基,由于其透水性好,会引起严重的坝下渗漏。而对压缩性高的黏土,一般都需要处理地基。

5) 风积土

风积土是由风作为搬运动力,将碎屑物由风力强的地方搬运到风力弱的地方沉积下来的土。风积土生成不受地形的控制,我国的黄土就是典型的风积土。主要分布在沙漠边缘的干旱与半干旱气候带。风积黄土的结构疏松,含水率低,浸水后具有湿陷性。

6) 湖泊沉积物

湖泊沉积物可分为湖边沉积物和湖心沉积物。湖边沉积物是湖浪冲蚀湖岸形成的碎屑物质在湖边沉积而形成的,湖边沉积物中近岸带沉积的多是粗颗粒的卵石、圆砾和砂土,远岸带沉积的则是细颗粒的砂土和黏性土。湖边沉积物具有明显的斜层理构造,近岸带土的承载力高,远岸带则差些。湖心沉积物是由河流和湖流夹带的细小悬浮颗粒到达湖心后沉积形成的,主要是黏土和淤泥,常夹有细砂、粉砂薄层,土的压缩性高,强度低。

若湖泊逐渐淤塞,则可演变为沼泽。沼泽沉积土称为沼泽土,主要由半腐烂的植物残体和泥炭组成。泥炭的含水率极高,承载力极低,一般不宜作天然地基。

7) 海洋沉积物

按海水深度及海底地形,海洋可分为滨海带、浅海区和深海区,相应的4种海相沉积物性质也各不相同。滨海沉积物主要由卵石、砂砾和砂等组成,具有基本水平或缓倾的层理构造,其承载力较高,但透水性较大。浅海沉积物主要由细粒砂土、黏性土、淤泥和生物化学沉积物(硅质和石灰质)组成,有层理构造,较滨海沉积物疏松,含水率高、压缩性大而强度低。陆坡和深海沉积物主要是有机质软泥,成分均一。海洋沉积物在海底表层沉积的砂砾层很不稳定,它随着海浪不断移动变化,选择海洋平台等构筑物地基时,应慎重对待。

8) 冰积土和冰水沉积土

冰积土和冰水沉积土是分别由冰川和冰川融化的冰下水进行搬运堆积而成。其颗粒以巨大块石、碎石、砂、粉土及黏性土混合组成。一般分选性极差,无层理,但冰水沉积土常具斜层理。颗粒呈棱角状,巨大块石上常有冰川擦痕。

二 土的基本特征

从工程地质观点分析,土有以下共同的基本特征:

1) 土是自然历史的产物

土是由许多矿物自然结合而成的。因它在一定的地质历史时期内,经过各种复杂的自然因素作用后形成各类土的时间、地点、环境以及方式不同,故各种矿物在质量、数量和空间排列上都有一定的差异,其工程地质性质也就有所不同。

2) 土是相系组合体

土是由固相(固体颗粒,简称土粒)、液相(土中水)、气相(气体)所组成的三相体系;相系组成之间的变化,将导致土的性质的改变。当土中孔隙被水充满时,则是由土粒(固相)和土组成的二相体系。

因此,土体具有与一般连续固体材料(如钢、木、混凝土及砌体等建筑材料)不同的孔隙特性,它不是刚性的多孔介质,而是大变形的孔隙性物质。在孔隙中水的流动显示土的透水性(渗透性);土孔隙体积的变化显示土的压缩性,胀缩性;在孔隙中土粒的错位显示土的内摩擦和黏聚的抗剪强度特性。

3）土是多矿物组合体

在一般情况下，土将含有 5~10 种或更多的矿物，其中除原生矿物外，次生黏土矿物是主要成分。黏土矿物的粒径很小（小于 0.002mm），遇水呈现出胶体化学特性。

任务二　土的组成与结构、构造

在土的三相组成物质中，固体颗粒（土粒）是土的最主要的物质成分。它构成了土的骨架主体，也是最稳定、变化最小的成分。三相之间相互作用中，土粒一般也居于主导地位。从本质而言，土的工程性质主要取决于组成土的土粒的大小和矿物类型，即土的粒度成分和矿物成分。所以，各种类型土的划分，首先是根据组成土的土粒成分。而土的结构特征，也是通过土粒大小、形状、排列方式及相互联结关系反映出来的。

一　土的固相（固体颗粒，简称土粒）

土粒分为无机矿物颗粒与有机质。

（1）无机矿物颗粒由原生矿物和次生矿物组成：原生矿物是指地壳岩浆在冷凝过程中形成的矿物，常见的如石英、长石、云母、辉石等；原生矿物颗粒是原岩经物理风化（机械破碎的过程）形成的，其物理、化学性质较稳定，其成分与母岩完全相同。原生矿物经化学风化（成分改变的过程）后形成次生矿物，主要有黏土矿物，无定形的氧化物胶体（如 Al_2O_3、Fe_2O_3）和盐类（如 $CaCO_3$、$CaSO_4$、$NaCl$ 等）。黏土矿物通常是指蒙脱石、伊利石和高岭石三类。次生矿物颗粒成分与母岩成分完全不同。

（2）微生物参与风化过程，在土中产生有机质成分，如多种复杂的腐殖质，形成淤泥或淤泥质土；此外，土中的植物残骸体等有机残余物，形成土泥炭。

粗大土粒往往是岩石经物理风化作用形成的原岩碎屑，是物理、化学性质比较稳定的原生矿物颗粒，一般有单矿物颗粒和多矿物颗粒两种形态。细小土粒主要是化学风化作用形成的次生矿物颗粒和生成过程中有机物质的介入。次生矿物的成分、性质及其与水的作用均很复杂，是细粒土具有塑性特征的主要因素之一，对土的工程性质影响很大。有机质同样对土的工程性质有很大的影响。

1. 土的粒度成分

在自然界中存在的土，都是由大小不同的土粒组成。土粒的粒径由粗到细逐渐变化时，土的性质相应地发生变化。土粒的大小称为粒度，通常以粒径表示。

1）土的粒组划分

天然土的粒径一般是连续变化的，为了描述方便，工程上常把大小相近的土粒合并为组，称为粒组。各个粒组随着分界尺度的不同，而呈现出一定质的变化。划分粒组的分界尺寸称为界限粒径。

土的粒组划分方法各行业部门并不完全一致，表 5-1 是一种常用的土粒粒组的划分方法，表中根据《建筑地基基础设计规范》（GB 50007—2011）新规定的界限粒径 200mm、20mm、2mm、0.075mm 和 0.005mm 把土粒粒组划分为 6 个粒组：漂石或块石颗粒、卵石或碎石颗粒、圆砾或角粒颗粒、砂粒、粉粒及黏粒。

表5-1中展示的各粒组特征的规律是:颗粒越细小,与水的作用越强烈。所以,毛细作用由有愈大的黏性和塑性以及吸水膨胀性等一系列特殊性质(结合水发育的结果);在力学性质上,强度逐渐变小。

土粒粒组的划分   表5-1

粒组名称		粒径范围(mm)	一般特征
漂石或块石颗粒		>200	透水性很大;无黏性;无毛细作用
卵石或碎石颗粒		200~20	
圆砾或角砾颗粒	粗	20~10	透水性大;无黏性;毛细水上升高度不超过粒径大小
	中	10~5	
	细	5~2	
砂粒	粗	2~0.5	易透水;无黏性,无塑性,干燥时松散;毛细水上升高度不大(一般小于1m)
	中	0.5~0.25	
	细	0.25~0.1	
	极细	0.1~0.075	
粉粒	粗	0.075~0.01	透水性较弱;湿时稍有黏性(毛细力联结),干燥时松散、饱和时易流动;无塑性和遇水膨胀性;毛细水上升高度大;湿土振动时有水析现象(液化)
	细	0.01~0.005	
黏粒		<0.005	几乎不透水;湿时有黏性、可塑性,遇水膨胀大,干时收缩显著;毛细水上升高度大,但速度缓慢

2)粒度成分分析及其成果表示

土粒的大小及其组成情况,通常以土中各个粒组的相对含量(是指土样各粒组的质量占土粒总质量的百分数)来表示,称为土的颗粒级配或粒度成分。

土的粒度成分是通过土的粒度分析(亦称颗粒分析)试验测定的。对于粒径大于0.075mm的粗粒土,可用筛分法测定。试验时将风干、分散的代表性土样通过一套孔径不同的标准筛(例如200mm、20mm、2mm、0.5mm、0.25mm、0.1mm、0.075mm),称出留在各个筛子上的土的质量,即可求得各个粒组的相对含量。粒径小于0.075mm的粉粒和黏粒难以筛分,一般可以根据土粒在水中匀速下沉时的速度与粒径的理论关系,用比重计法或移液管法(见有关土工试验书籍)测得颗粒级配。

常用的粒度成分表示方法有表格法、累计曲线法和三角坐标法。这里主要介绍累计曲线法分析试验成果,可以绘制如图5-4所示的颗粒级配累计曲线。其横坐标表示粒径。因为土粒粒径相差常在百倍、千倍以上,所以宜采用对数坐标表示。纵坐标则表示小于(或大于)某粒径的土的含量(或称累计百分含量)。由曲线的坡度可以大致判断土的均匀程度。如曲线较陡,则表示粒径大小相差不多,土粒较均匀;反之,曲线平缓,则表示粒径大小相差悬殊、土粒不均匀,即级配良好。在累计曲线上,可确定两个描述土的级配的指标:

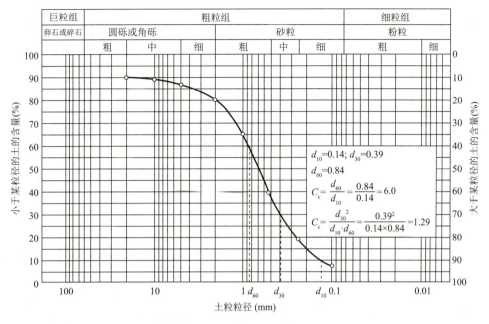

图 5-4 颗粒级配累计曲线

不均匀系数 $$C_u = \frac{d_{60}}{d_{10}} \tag{5-1}$$

曲率系数 $$C_c = \frac{d_{30}^2}{d_{10}d_{60}} \tag{5-2}$$

式中：d_{10}，d_{30}，d_{60}——分别相当于小于某粒径的土粒重量累积百分数为 10%、30%、60% 时相应的粒径；其中 d_{10} 为有效粒径，d_{60} 为限定粒径。

C_u 越大，土粒越不均匀（颗粒级配累计曲线越平缓），作为填方工程的土料时，则比较容易获得较小的孔隙比（较大的密实度）。工程上把 $C_u < 5$ 的土看作是均匀的；$C_u > 10$ 的土则是不均匀的，即级配良好的。

C_c 值在 1~3 之间的土级配较好。C_c 值小于 1 或大于 3 的土，累计曲线都明显弯曲（凹面朝下或朝上）而呈阶梯状。粒度成分不连续，主要由大颗粒和小颗粒组成，缺少中间颗粒。

当砾类土或砂类土同时满足 $C_u \geq 5$ 和 $C_c = 1~3$ 两个条件时，则为良好级配砾或良好级配砂；如不能同时满足，则为级配不良。对于级配良好的土，较粗颗粒间的孔隙被较细的颗粒所充填，这一连锁充填效应，使得土的密实度较好。此时，地基土的强度和稳定性较好，透水性和压缩性也较小；而作为填方工程的建筑材料，则比较容易获得较大的密实度，是堤坝或其他土建工程良好的填方用土。

2. 土的矿物成分

根据组成土的固体颗粒的矿物成分的性质及其对土的工程性质影响不同，分为以下 4 大类别：原生矿物，不溶于水的次生矿物（以黏土矿物和硅铝氧化物为主），可溶盐类及易分解的矿物、有机质。

1) 原生矿物

组成土的原生矿物主要有石英、长石、角闪石、辉石、云母等。这些矿物是组成卵石、砾石、砂粒和粉粒的主要成分。它们的特点是颗粒粗大,物理、化学性质一般比较稳定,所以它们对土的工程性质影响比其他几种矿物要小得多。它们对土的工程性质影响的相互差异,主要在于其颗粒形状、坚硬程度和抗风化稳定性等因素。

2) 不溶于水的次生矿物

组成土的这类矿物主要为含水铝硅酸盐的黏土矿物,主要有高岭石、伊利石、蒙脱石等 3 个基本类别,它们是组成黏粒的主要成分。这类矿物的最主要特点是呈高度分散状态——胶态或准胶态。因此,决定了它们具有很高的表面能、亲水性及一系列特殊的性质。所以,只要这类矿物在土中有少量存在,就往往引起土的工程性质的显著改变,如塑性变大、强度剧烈降低等。但是,这类矿物的不同种类之间,对土的工程性质影响也有差异。其原因本质上在于它们具有不同的化学成分和结晶格架构造。按近代用 X 射线衍射法、电子显微镜法、差热分析及电子探针法等对黏土矿物的研究,已查明黏土矿物的晶格结构主要由两种晶片构成(图 5-5)。一种是硅氧晶片(简称硅片),它的基本单元是 Si-O 四面体,由一个居中的硅原子和四个在角点的氧原子组成;另一种是铝氢氧晶片(简称铝片),它的基本单元为 Al-OH 八面体,由一个居中的铝原子和六个在角点的氢氧离子组成。而硅片和铝片构成了两种类型晶胞(晶格),即由一层硅片和一层铝片构成的二层型晶胞(1:1 型晶胞)和由两层硅片中间夹一层铝片构成的三层型晶胞(2:1 型晶胞)。

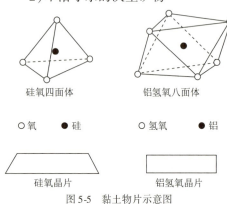

图 5-5 黏土物片示意图

黏土矿物颗粒,基本上是由上述两种类型晶胞叠接而成,其中主要有高岭石、伊利石、蒙脱石 3 类,如图 5-6 所示。

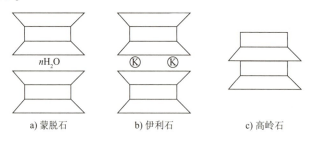

a) 蒙脱石　　b) 伊利石　　c) 高岭石

图 5-6 黏土矿物结构单元示意图

3) 可溶盐类及易分解的矿物

土中常见的可溶盐类,按其被水溶解的难易程度可分为:

(1) 易溶盐——主要有 $NaCl$,$CaCl_2$,$Na_2SO_4 \cdot 10H_2O$(芒硝),$Na_2CO_3 \cdot 10H_2O$(苏打)等;

(2) 中溶盐——主要有 $CaSO_4 \cdot 2H_2O$(石膏),$MgSO_4$ 等;

(3) 难溶盐——主要有 $CaCO_3$,$MgCO_3$ 等。

这些盐类常见以夹层、透镜体、网脉、结核或呈分散的颗粒、薄膜或粒间胶结物含于土层中。其中易溶盐类极易被大气降水或地下水溶滤出去,所以分布范围较窄,但在干旱气候区和地下水排泄不良地区,它是地表上层土中的典型产物,即所谓形成盐碱土和盐渍土。

土中易分解矿物常见的主要有黄铁矿(FeS_2)及其他硫化物和硫酸盐类。处于还原环境的土(例如深水)中,常含有黄铁矿,呈大小不同的结核状或与土颗粒紧密结合的薄膜状和充填物。

4) 有机质

在自然界一般土,特别是淤泥质土中,通常都含有一定数量的有机质,当其在黏性土中的含量达到或超过5%(在砂土中的含量达到或超过3%)时,就开始对土的工程性质有显著的影响。

有机质在土中一般呈混合物与组成土粒的其他成分稳固地结合一起,有时也以整层或透镜体形式存在,例如在古湖沼和海湾地带的泥炭层和腐殖层等。

有机质对土的工程性质影响的实质,在于它比黏土矿物有更强的胶体特征和更高的亲水性。所以,有机质比黏土矿物对土性质的影响更剧烈。

二 土的液相(土中水)

土的液相是指存在于土孔隙中的水。土中水可以处于液态、固态或气态。土中细粒越多,即土的分散度越大,土中水对土粒影响也越大。一般液态水可视为中性的、无色、无味、无嗅的液体。实际上,土中水是成分复杂的电解质水溶液,它与土粒有着复杂的相互作用。按照水与土相互作用程度的强弱,可将土中水分为结合水和自由水两大类。

1. 结合水

当土粒与水相互作用时,土粒会吸附一部分水分子,在土粒表面形成一定厚度的水膜,成为结合水。结合水是指受电分子吸引力吸引吸附于土粒表面的土中水,或称束缚水、吸附水。这种电分子吸引力高达几千到几万个大气压,使水分子和土粒表面牢固地黏结在一起。

由于土粒表面一般带有负电荷,围绕土粒形成电场,在土粒电场范围内的水分子和溶液中的阳离子一起被吸附在土粒表面。因为水分子是极性分子,它被土粒表面电荷或水溶液中离子电荷吸引而定向排列,如图5-7所示。

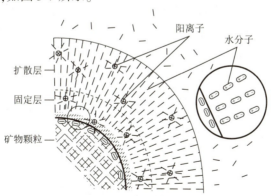

图5-7 结合水分子定向排列示意图

土粒周围水溶液中的阳离子和水分子,一方面受到土粒所形成电场的静电引力作用,另一方面又受到布朗运动(热运动)的扩散力作用。在最靠近土粒表面处,静电引力最强,把水化离子和水分子牢固地吸附在颗粒表面,形成固定层。在固定层外围,静电引力比较小,因此水化离子和水分子的活动性比在固定层中大些,形成扩散层。固定层和扩散层中所含的阳离子(亦称反离子)与土粒表面负电荷一起即构成双电层(图5-7)。

越靠近土粒表面的水分子受到土粒的吸引力越强,与正常水的性质差别越大。因此,按这种吸引力的强弱,结合水进一步可分为强结合水和弱结合水。

1) 强结合水

强结合水是指紧靠土粒表面的结合水膜,亦称吸着水。它的厚度很薄,只有几个水分子厚度。它的特征是没有溶解盐类的能力,不能传递静水压力,只有吸热变成蒸汽时才能移动。这种水极其牢固地结合在土粒表面,其性质接近于固态,密度约为 $1.2 \sim 2.4 \text{g/cm}^3$,冰点可降至 -78℃,具有极大的黏滞度、弹性和抗剪强度。黏性土中只含有强结合水时,呈固体状态,磨碎后则呈粉末状态。

2) 弱结合水

弱结合水是指紧靠于强结合水的外围而形成的结合水膜,亦称薄膜水。它仍然不能传递静水压力,但较厚的弱结合水膜能向邻近较薄的水膜缓慢移动。当土中含有较多的弱结合水时,土则具有一定的可塑性。弱结合水离土粒表面越远,其受到的电分子吸引力越弱,并逐渐过渡到自由水。弱结合水的厚度,对黏性土的黏性特征及工程性质有很大影响。

2. 自由水

自由水是存在于土粒表面电场影响范围以外的水。它的性质和正常水一样,能传递静水压力,冰点为 0℃,有溶解盐类的能力。自由水按其移动所受作用力的不同,可以分为重力水和毛细水。

1) 重力水

重力水是存在于地下水位以下的透水土层中的地下水,它是在重力或水头压力作用下运动的自由水,对土粒有浮力作用。重力水的渗流特征,是地下工程排水和防水工程的主要控制因素之一,对土中的应力状态和开挖基槽、基坑及修筑地下构筑物有重要的影响。

2) 毛细水

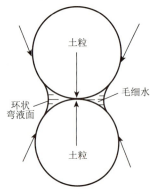

图5-8 毛细压力示意

毛细水是存在于地下水位以上,受到水与空气交界面处表面张力作用的自由水。毛细水按其与地下水面是否联系可分为毛细悬挂水(与地下水无直接联系)和毛细上升水(与地下水相连)两种。毛细水的上升高度与土粒粒度成分有关。毛细水除存在于毛细水上升带内,也存在于非饱和土的较大孔隙中。在水、气界面上,由于弯液面表面张力的存在,以及水与土粒表面的浸润作用,孔隙水的压力亦将小于孔隙内的大气压。于是,沿着毛细弯液面的切线方向,将产生迫使相邻土粒挤紧的压力,这种压力称为毛细压力,如图5-8所示。

毛细压力的存在,增加了粒间错动的阻力,使得湿砂具有一定的可塑性,并称之为"似黏聚力"现象。但一旦被水完全浸没或完全干燥时,其弯液面消失,毛细压力变为零,这种湿砂所具有的"似黏聚力"也就不再存在。

在工程中,毛细水的上升高度和速度对建筑物地下部分的防潮措施和地基土的浸湿、冻胀等有重要影响。此外,在干旱地区,地下水中的可溶盐随毛细水上升后不断蒸发,盐分积聚于靠近地表处而形成盐渍土。

三 土的气相

土的气相是指充填在土的孔隙中的气体,主要为空气和水汽。但有时也可能含有较多的二氧化碳、沼气及硫化氢等,这些气体大多因生物化学作用生成。

气体在土孔隙中有两种不同存在形式:一种是游离气体,另一种是封闭气体。游离气体通常存在于近地表的包气带中,与大气连通,随外界条件改变与大气有交换作用,处于动平衡状态,其含量的多少取决于土孔隙的体积和水的充填程度。它一般对土的性质影响较小。封闭气体呈封闭状态存在于土孔隙中,通常是由于地下水面上升,而土的孔隙大小不一,错综复杂,使部分气体没能逸出而被水包围,与大气隔绝,呈封闭状态存在于部分孔隙内。它对土的性质影响较大,如降低土的透水性和使土不易压实等。

土中气成分与大气成分比较,土中气含有更多的 CO_2、较少的 O_2 和较多的 N_2;土中气与大气的交换越困难,两者的差别越大。与大气连通不畅的地下工程施工中,尤其应注意氧气的补给,以保证施工人员的安全。

对淤泥和泥炭等有机质土,由于微生物(厌氧细菌)的分解作用,在土中蓄积某种可燃气体(如硫化氢、甲烷等),使土层在自重作用下长期得不到压密,而形成高压缩性土层。

四 土的结构和构造

本项目前两个任务中所述土的粒度成分、矿物成分及土中水溶液成分等,均为土的物理成分;而土的结构、构造则是其物质成分的联结特点、空间分布和变化形式。在黏性土中,土粒间除有通过结合水膜形成的联结(亦称水胶联结)外,往往还有其他关系,只有在土的其他天然结构联结微弱或被破坏时,才能充分地表现出来。土的工程性质及其变化,除取决于物质成分外,在较大程度上还与诸如土粒间的联结性质和强度、层理特点、裂隙发育程度和方向以及土质的其他均匀性特征等土体的天然结构和构造因素有关。

土的结构、构造特征首先与其形成环境和形成历史有关,其结构性质还与其组成成分有密切关系。当然,土的组成成分也是自然历史与环境的产物。

1. 土的结构

在岩土工程中,土的结构是指土粒单元的大小、形状、互相排列及其联结关系等因素形成的综合特征。

土粒的形状、大小、位置和矿物成分,以及土中水的性质与组成,对土的结构有直接影响。一般分为单粒结构、蜂窝结构和絮状结构3种基本类型。

1)单粒结构

单粒结构是由粗大土粒在水中或空气中下沉而形成的,土颗粒相互间有稳定的空间位置,为碎石类土和砂类土的结构特征。在单粒结构中,土粒的粒度和形状、土粒在空间的相对位置决定其密实度。因此,这类土孔隙比的值域变化较宽。同时,因颗粒较大,土粒间的分子吸引力相对很小,颗粒间几乎没有联结。只是在浸润条件下(潮湿而不饱和),粒间会有微弱的毛细压力联结。

单粒结构可以是疏松的,也可以是紧密的(图5-9)。呈紧密状态单粒结构的土,由于其土粒排列紧密,在动、静荷载作用下都不会产生较大的沉降,所以强度较大,压缩性较小,一般是良好的天然地基。具有疏松单粒结构的土,其骨架是不稳定的,当受到震动及其他外力作用时,土粒易发生移动,土中孔隙减少,引起土的很大变形。因此,这种土层如未经处理一般不宜作为建筑物的地基或路基。

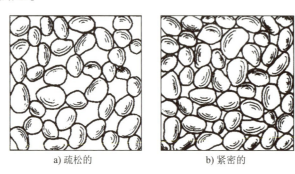

a) 疏松的　　　　　　b) 紧密的

图5-9　土的单粒结构

2) 蜂窝结构

蜂窝结构是主要由粉粒或细砂粒组成的土的结构形式。

据研究,粒径为0.075～0.005mm(粉粒粒组)的土粒在水中沉积时,基本上是以单个土粒下沉,当碰上已沉积的土粒时,由于它们之间的相互引力大于其重力,因此土粒就停留在最初的接触点上不再下沉,逐渐形成土粒链。土粒链组成弓架结构,形成具有很大孔隙的蜂窝结构,如图5-10所示。

具有蜂窝结构的土有很大孔隙,但由于弓架作用和一定程度的粒间联结,使其可承担一般的水平静荷载。当其承受较高水平荷载或动力荷载时,其结构将破坏,导致严重的地基沉降。

3) 絮状结构

对细小的黏粒(粒径小于0.005mm)或胶粒(粒径小于0.002mm),其重力作用很小,能够在水中长期悬浮并在水中运动时,形成小链环状的土集粒而下沉。这种小链环碰到另一小链环被吸引,以边—边、面—边的接触方式形成大链环状的絮状结构(图5-11),此种结构在海积黏土中常见。

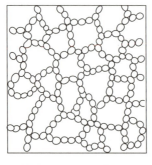 

图5-10　土的蜂窝结构　　　图5-11　土的絮状结构

上述3种结构中,以密实的单粒结构土的工程性质最好,蜂窝结构其次,絮状结构最差。后两种结构土,如因振动破坏天然结构,则强度低,压缩性大,不可用作天然地基。

2. 土的构造

同一层土中的物质成分和颗粒大小都相近的各部分之间相互关系的特征称为土的构造,是土表现出来的外在宏观特征,也称为宏观构造。常见的有下列几种:

1)层状构造

它是在土的生成过程中,由于不同阶段沉积的物质成分、颗粒大小或颜色不同,而沿竖向呈现的成层特征,常见的有水平层理构造和交错层理构造(图5-12),平原地区的层理通常为水平层理。层状构造是细粒土的一个重要特征。

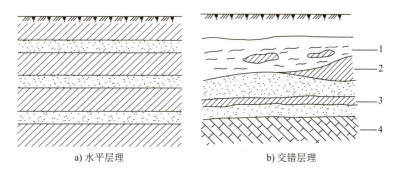

图 5-12 土的层状构造
1-淤泥夹黏土透镜体;2-黏土尖灭;3-砂土夹黏土层;4-基岩

2)分散构造

土层中土粒分布均匀,性质相近,如砂、卵石层为分散构造。

3)结核状构造

在细粒土中掺有粗颗粒或各种结核,如含僵石的粉质黏土、含砾石的冰碛土等。其工程性质取决于细粒土部分。

4)裂隙状构造

如黄土的柱状裂隙。裂隙的存在大大降低土体的强度和稳定性,增大渗透性,对工程不利。

任务三　土的物理力学性质及其指标

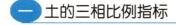

土的三相比例指标

任务二介绍了土的组成和结构,特别是土颗粒的粒度和矿物成分,是从本质方面了解土的工程性质的根据。但是,为了对土的基本物理性质有所了解,还需要对土的三相——土粒(固相)、土中水(液相)和土中气体(气相)的组成情况进行数量上的研究。在不同成分和结构的土中,土的三相之间具有不同的比例。

土的物理性质就是研究三相的质量与体积间的相互比例关系以及固、液两相相互作用表现出来的性质。土的三相组成的重量和体积之间的比例关系不同,表现出土的重量性质(轻、重情况)、含水性(含水程度)和孔隙性(密实程度)等基本物理性质也各不相同,并随着各种条件的变化而改变。例如对同一成分和结构的土,地下水位的升高或降低,都将改变土中水的含量;经过压实的土,其孔隙体积将减小。这些情况都可以通过相应指标的具体数字反映出来。

表示土的三相比例关系的指标,称为土的三相比例指标,亦即土的基本物理性质指标。三相比例指标反映了土的干燥与潮湿、疏松与紧密,是评价土的工程性质的最基本的物理性质指标,也是工程地质勘察报告中不可缺少的基本内容。

土的物理性质指标,可分为两类:一类是必须通过试验测定的,如含水率、密度和土粒相对密度;另一类是可以根据试验测定的指标换算的,如孔隙比、孔隙率和饱和度等。

为了便于说明和计算,用图 5-13 所示的土的三相组成示意图来表示各部分之间的数量关系,图中符号的意义如下:

V——土的总体积;

m——土的总质量;

V_s——土中固体颗粒实体的体积;

m_s——土的固体颗粒质量;

V_v——土中孔隙体积;

m_w——土中液体的质量;

V_w——土中液体的体积;

m_a——土中空气的质量;

V_a——土中气体的体积;

$m = m_s + m_w$;

$V = V_s + V_v = V_s + V_w + V_a$。

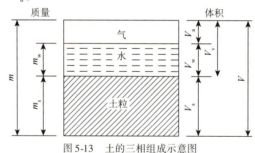

图 5-13 土的三相组成示意图

1. 指标的定义

1) 三项基本物理指标

(1) 土粒比重(土粒相对密度)G_s

土粒质量与同体积 4℃ 纯水的质量之比,称为土粒比重(无量纲),亦称土粒相对密度,即:

$$G_s = \frac{m_s}{V_s} \cdot \frac{1}{\rho_{w1}} = \frac{\rho_s}{\rho_{w1}} \tag{5-3}$$

式中:ρ_s——土粒密度,即土粒单位体积的质量,g/cm³;

ρ_{w1}——4℃时水的密度,等于 1g/cm³ 或 1t/m³。

一般情况下,土粒相对密度在数值上就等于土粒密度,但两者的含义不同,前者是两种物质的质量或密度之比,无量纲;而后者是土粒的质量密度,有单位。土粒相对密度决定于土的矿物成分:一般无机矿物颗粒的相对密度为 2.6~2.8,有机质为 2.4~2.5,泥炭为 1.5~1.8。土粒(一般无机矿物颗粒)相对密度变化幅度很小。土粒相对密度可在试验室内用比重瓶法测定,也可按经验数值选用。一般土粒相对密度参考值详见表 5-2。

一般土粒相对密度参考值　　　　　表 5-2

土的名称	砂类土	粉性土	黏性土	
			粉质黏土	黏土
土粒相对密度	2.65~2.69	2.70~2.71	2.72~2.73	2.74~2.76

(2) 土的含水率

土的含水率定义为土中水的质量与土粒质量之比,以百分数表示,即:

$$w = \frac{m_w}{m_s} \times 100\% \tag{5-4}$$

含水率 w 是标志土含水程度(湿度)的一个重要物理指标。天然状态下土的含水率称土的天然含水率。一般天然土层的含水率变化范围很大,它与土的种类、埋藏条件及其所处的自然地理环境等有关。一般砂土天然含水率都不超过 40%,以 10%~30% 最为常见;一般黏土大多在 10%~80% 之间,常见值 20%~50%。

室内测定一般用"烘干法",先称小块原状土样的湿土质量,然后置于烘箱内维持 100~105℃ 烘至恒重,再称干土质量,湿、干土质量之差与干土质量的比值就是土的含水率。

(3) 土的密度(天然密度)ρ

土的密度为土的总质量与总体积之比,即单位体积土的质量,即:

$$\rho = \frac{m}{V} = \frac{m_s + m_w}{V_s + V_v} \quad (\text{g/cm}^3) \tag{5-5}$$

天然状态下土的密度变化范围较大。一般黏性土 $\rho = 1.8 \sim 2.0 \text{g/cm}^3$;砂土 $\rho = 1.6 \sim 2.0 \text{g/cm}^3$;腐殖土 $\rho = 1.5 \sim 1.7 \text{g/cm}^3$。

土的密度可在室内及野外现场直接测定。室内一般采用"环刀法"测定,称得环刀内土样质量,求得环刀容积和两者之比值。

2) 反映土松密程度的指标

(1) 土的孔隙比 e

土的孔隙比是土中孔隙体积与土粒体积之比,即:

$$e = \frac{V_v}{V_s} \tag{5-6}$$

孔隙比 e 用小数表示。它是一个重要的物理性指标,可以用来评价天然土层的密实程度。一般 $e < 0.6$ 的土是密实的低压缩性土;$e > 1.0$ 的土是疏松的高压缩性土。

(2) 孔隙率 n

土的孔隙体积与土体积之比,或单位体积土中孔隙的体积,以百分数表示,即:

$$n = \frac{V_v}{V} \times 100\% \tag{5-7}$$

常见值:30%~50%。

孔隙比和孔隙率都是用以表示孔隙体积含量的概念。两者有如下关系:

$$n = \frac{e}{1+e} \tag{5-8}$$

3)反映土中含水程度的指标

(1)土的含水率 w(同上)

(2)土的饱和度 S_r

土中孔隙水的体积与孔隙总体积之比,以百分数表示,即:

$$S_r = \frac{V_w}{V_v} \times 100\% \tag{5-9}$$

土的饱和度 S_r 与含水率 w 均为描述土中含水程度的三相比例指标,饱和度越大,表明土中孔隙中充水越多,它在 0~100% 之间,干燥时 $S_r = 0$;孔隙全部为水充填时,$S_r = 100\%$。

工程上,S_r 作为砂土湿度划分的标准,如下:

$0 \leqslant S_r < 50\%$,稍湿的;

$50\% < S_r \leqslant 80\%$,很湿的;

$80\% < S_r \leqslant 100\%$,饱和的。

4)特定条件下的重度

(1)土的干密度 ρ_d

土单位体积中固体颗粒(土粒)部分的质量,称为土的干密度,即:

$$\rho_d = \frac{m_s}{V} \quad (\text{g/cm}^3) \tag{5-10}$$

常见值:1.4~1.7g/cm³。

在工程上常把干密度作为评定土体紧密程度的标准,以控制填土工程的施工质量。一般干密度达 1.6 g/cm³ 以上时,土就比较密实。

(2)土的饱和密度 ρ_{sat}

土的孔隙完全被水充满时的密度称为饱和密度。或土孔隙中全部充满液态水时的单位体积质量,称为土的饱和密度,即:

$$\rho_{sat} = \frac{m_s + V_v \rho_w}{V} \quad (\text{g/cm}^3) \tag{5-11}$$

式中:ρ_w——水的密度,近似等于 $\rho_{w1} = 1\text{g/cm}^3$。

常见值:1.8~2.3g/cm³。

(3)土的浮密度 ρ'

在地下水位以下,土单位体积中土粒的质量与同体积水的质量之差,称为土的浮密度,即:

$$\rho' = \frac{m_s - V_s\rho_w}{V} \tag{5-12}$$

由此可见:同一种土在体积不变的条件下,它的各种密度在数值上有如下关系:

$$\rho_s > \rho_{sat} > \rho_d > \rho'$$

土的三相比例指标中的质量密度指标是:土的天然密度 ρ、干密度 ρ_d、饱和密度 ρ_{sat} 和浮密度 ρ',与之对应土的重力密度(简称重度)指标是:土的天然重度 γ、干重度 γ_d、饱和重度 γ_{sat} 和有效重度 γ'(浮重度)。分别按下列公式计算:$\gamma = \rho g$,$\gamma_d = \rho_d g$,$\gamma_{sat} = \rho_{sat} g$,$\gamma' = \rho' g$,式中重力加速度 $g = 9.807 m/s^2 \approx 10.0 m/s$。在国际单位体系(System International)中,质量密度的单位是 kg/m^3,重力密度的单位是 N/m^3。但在国内的工程实践中,分别取 g/m^3 和 kN/m^3。

2. 指标的换算

如前所述,表示土的三相比例关系的指标一共有 9 个,即:土粒密度、天然密度、干密度、饱和密度、浮重度、含水率、饱和度、孔隙率、孔隙比。它们主要反映了土的密实程度与干湿状态,而且相互之间都有内在联系。由于三个基本指标可以实测,换算的一般方法是:常采用三相图 5-14 进行各指标间关系的推导。

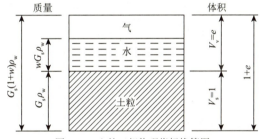

图 5-14　土的三相物理指标换算图

设 $\rho_{w1} = \rho_w$,令 $V_s = 1$

则 $V_v = e, V = 1+e, m_s = VG_s\rho_w, m_w = m_s = wG_s\rho_w$

推导:

$$\rho = \frac{m}{V} = \frac{G_s(1+w)\rho_w}{1+e} \tag{5-13}$$

$$\rho_d = \frac{m_s}{V} = \frac{G_s\rho_w}{1+e} = \frac{\rho}{1+w} \tag{5-14}$$

由上式:

$$e = \frac{G_s\rho_w}{\rho_d} - 1 = \frac{G_s(1+w)\rho_w}{\rho} - 1 \tag{5-15}$$

$$\rho_{sat} = \frac{m_s + V_v\rho_w}{V} = \frac{(G_s+e)\rho_w}{1+e} \tag{5-16}$$

$$\rho' = \frac{m_s - V_s\rho_w}{V} = \frac{m_s + V_v\rho_w}{w} = \rho_{sat} - \rho_w = \frac{G_s-1}{1+e} \tag{5-17}$$

$$n = \frac{V_v}{V} = \frac{e}{e+1} \tag{5-18}$$

$$S_r = \frac{V_w}{V_v} = \frac{m_w}{V_v \rho_w} = \frac{wG_s}{e} \tag{5-19}$$

土的三相比例换算详见表5-3。

土的三相比例指标换算公式   表5-3

名称	符号	三相比例表达式	常用换算公式	单位	常用的数值范围
土粒相对密度	G_s	$G_s = \dfrac{m_s}{V_s \rho_{w1}}$	$G_s = \dfrac{S_r e}{w}$	—	黏性土:2.72~2.75 粉土:2.70~2.71 砂土:2.65~2.69
含水率	w	$w = \dfrac{m_w}{m_s} \times 100\%$	$w = \dfrac{S_r e}{G_s}$ $w = \dfrac{\rho}{\rho_d} - 1$	—	20%~60%
密度	ρ	$\rho = \dfrac{m}{V}$	$\rho = \rho_d(1+w)$ $\rho = \dfrac{G_s(1+w)}{1+e}\rho_w$	g/cm³	1.6~2.0
干密度	ρ_d	$\rho_d = \dfrac{m_s}{V}$	$\rho_d = \dfrac{\rho}{1+w}$ $\rho_d = \dfrac{G_s}{1+e}\rho_w$	g/cm³	1.3~1.8
饱和密度	ρ_{sat}	$\rho_{sat} = \dfrac{m_s + V_v \rho_w}{V}$	$\rho_{sat} = \dfrac{G_s + e}{1+e}\rho_w$	g/cm³	1.8~2.3
浮密度	ρ'	$\rho' = \dfrac{m_s - V_s \rho_w}{V}$	$\rho' = \rho_{sat} - \rho_w$ $\rho' = \dfrac{G_s - 1}{1+e}\rho_w$	g/cm³	0.8~1.3
重度	γ	$\lambda = \gamma = \rho \cdot g$	$\Delta = \gamma = \dfrac{G_s(1+w)}{1+e}\gamma_w$	kN/m³	16~20
干重度	γ_d	$\gamma_d = \rho_d \cdot g$	$\gamma_d = \dfrac{G_s}{1+e}\gamma_w$	kN/m³	13~18
饱和重度	γ_{sat}	$\gamma_{sat} \cdot g$	$\gamma_{sat} = \dfrac{G_s + e}{1+e}\gamma_w$	kN/m³	18~23
浮重度	γ'	$\gamma' = \rho' \cdot g$	$\gamma' = \dfrac{G_s - 1}{1+e}\gamma_w$	kN/m³	8~13
孔隙比	e	$e = \dfrac{V_v}{V_s}$	$e = \dfrac{G_s \rho_w}{\rho_d} - 1$ $e = \dfrac{G_s(1+w)\rho_w}{\rho} - 1$	—	黏性土和粉土:0.40~1.20 砂土:0.30~0.90
孔隙率	n	$n = \dfrac{V_v}{V} \times 100\%$	$n = \dfrac{e}{1+e}$ $n = 1 - \dfrac{\rho_d}{G_s \rho_w}$	—	黏性土和粉土:30%~60% 砂土:25%~45%

续上表

名称	符号	三相比例表达式	常用换算公式	单位	常用的数值范围
饱和度	S_r	$S_r = \dfrac{V_w}{V_v} \times 100\%$	$S_r = \dfrac{wG_s}{e}$ $S_r e = \dfrac{w\rho_d}{n\rho_w}$	—	$0 \leqslant S_r \leqslant 50\%$ 稍湿 $50\% < S_r \leqslant 80\%$ 很湿 $80\% < S_r \leqslant 100\%$ 饱和

【例题 5-1】 已知土的试验指标为 $\gamma = 17\text{kN/m}^3$、$\gamma_s = 27.2\text{kN/m}^3$ 和 $w = 10\%$，求 e、S_r 和 γ_d。

可以有两种解法，第一种方法直接按照换算公式计算；第二种方法利用试验指标定义分别求出三相指标，然后按定义计算。

第一种方法：

$$e = \frac{\gamma_s(1+w)}{\gamma} - 1 = \frac{27.2(1+0.10)}{17} - 1 = 0.76$$

$$S_r = \frac{\gamma_s w}{e \gamma_w} = \frac{27.2 \times 0.10}{0.76 \times 10} = 36\%$$

$$\gamma = \frac{\gamma}{1+w} = \frac{17}{1+0.1} = 15.5(\text{kN/m}^3)$$

第二种方法：

设土的体积等于 1，则土的重量 $M = \gamma V = 17\text{kN}$。又已知土粒的重量 M_s 与水的重量 M_w 之和等于土的重量 M，即 $M = M_s + M_w$；又水的重量 M_w 与土粒的重量 M_s 之比等于含水率 w，则 $M_w = w \times M_s$；由此可得土粒的重量 $M_s = 15.5\text{kN}$ 和水的重量 $M_w = 15.5\text{kN}$。而土粒体积 V_s 可由土粒的重度 γ_s 和水的重量 γ_w 求得，其值为 0.57m^3，孔隙体积为 V_v 为 0.43m^3，水的体积 V_w 由水的重量 M_w 求得，其值为 0.15m^3，求得三相物质的重量和体积以后就可根据定义计算孔隙比 e、饱和度 S_r 和干重度 γ_d 的数值。

从上述两种方法计算的结果看出，在尾数上有一个单位的误差，这是第二种方法计算误差累计的缘故，在工程实际中一般都用第一种方法计算。这里介绍第二种方法的目的是使读者通过例题熟悉三相指标的定义。

二 无黏性土的密实度

无黏性土一般是指砂类土和碎石类土。这两类土中一般黏粒含量甚少，不具有可塑性，呈单粒结构。这两类土的物理状态主要取决于土的密实程度。

无黏性土的密实状态是判定其工程性质的重要指标，它综合地反映了无黏性土颗粒的岩石和矿物组成、粒度组成（级配）、颗粒形状和排列等对其工程性质的影响。一般来说，无黏性土呈密实状态时，强度较大，是良好的天然地基；呈松散状态则是一种软弱地基，尤其是饱和的粉、细砂，稳定性很差，在振动荷载作用下，可能发生液化。

1. 砂土的密实度

1) 按砂土的天然孔隙比划分

砂土的密实度可用天然孔隙比衡量。一般 e 小于 0.6 属密实的砂土，是良好的天然地基；当 e 大于 0.95 时，为松散状态，不宜做天然地基。

我国学者收集了大量砂土资料,得出了按天然孔隙比 e 确定砂土密实度标准,详见表 5-4。

按天然孔隙比 e 划分砂土的密实状态　　　　表 5-4

土类	密实度			
	密实	中密	稍密	松散
砾砂,粗砂,中砂	$e<0.60$	$0.60 \leqslant e \leqslant 0.75$	$0.75 < e \leqslant 0.85$	$e>0.85$
细砂,粉砂	$e<0.70$	$0.70 \leqslant e \leqslant 0.85$	$0.85 < e \leqslant 0.95$	$e>0.95$

2) 按砂土的相对密实度划分

对级配相差较大的不同类土,天然孔隙比 e 难以有效判定密实度的相对高低。因此,若考虑级配因素,可采用相对密实度 D_r 来表示砂土的密实度。D_r 的表达式为:

$$D_r = \frac{e_{max} - e}{e_{max} - e_{min}} \tag{5-20}$$

式中:e_{max}——砂土在最松散状态时的孔隙比,即最大孔隙比;

e_{min}——砂土在最紧密状态时的孔隙比,即最小孔隙比;

e——砂土在天然状态时的孔隙比。

按 D_r 值可将砂土的密实状态划分如下 3 类:

$0 < D_r \leqslant 0.33$,疏松的;

$0.33 < D_r \leqslant 0.66$,中密的;

$0.66 < D_r \leqslant 1$,密实的。

根据三相比例指标间换算,e、e_{max} 和 e_{min} 分别对应有 ρ_d、ρ_{dmin} 和 ρ_{dmax},由此得到:

$$D_r = \frac{(\rho_d - \rho_{dmin})\rho_{dmax}}{(\rho_{dmax} - \rho_{dmin})\rho_d} \tag{5-21}$$

从理论上讲,相对密度度的理论比较完善,也是国际上通用的划分砂类土密实度的方法。但测定 e_{max}(或 ρ_{dmin})和 e_{min}(或 ρ_{dmax})的试验方法存在人为因素的影响,对同一种砂土的试验结果往往离散性很大。

由于无论是按天然孔隙比 e 还是按相对密实度 D_r 来评定砂土的紧密状态,都要采取原状砂样,经过土工试验来测定砂土天然孔隙比,所以,目前国内外,已广泛使用标准贯入试验的锤击数来划分砂土的密实度。

3) 按标准贯入击数 N 划分

为了避免采取原状砂样的困难,在《建筑地基基础设计规范》(GB 50007—2011)和《公路桥涵地基与基础设计规范》(JTG 3363—2019)中,均用按原位标准贯入试验的锤击数 N 来划分砂土的密实度,详见表 5-5。

砂土的密实度　　　　表 5-5

密实度	密实	中密	稍密	松散
标准贯入击数 N	$N>30$	$30 \geqslant N>15$	$15 \geqslant N>10$	$N \leqslant 10$

2. 碎石土密实度的野外鉴别

对大颗粒含量较多的碎石土,其密实度很难做室内试验或原位触探试验。根据《建筑地基基础设计规范》(GB 50007—2011),可按野外鉴别方法来划分密实度,详见表 5-6。

碎石土密实度的野外鉴别方法　　　　　　　　　　　表 5-6

密实度	骨架颗粒含量和排列	可挖性	可钻性
密实	骨架颗粒质量大于总质量的 70%,呈交错排列,连续接触	锹、镐挖困难,用撬棍方能松动;井壁一般较稳定	钻进极困难;冲击钻探时,钻杆、吊锤跳动剧烈;孔壁较稳定
中密	骨架颗粒质量等于总质量的 60%~70%,呈交错排列,大部分接触	锹、镐可挖掘;井壁有掉块现象,从井壁取出大颗粒处,能保持颗粒凹面形状	钻进较困难;冲击钻探时,钻杆、吊锤跳动不剧烈;孔壁有坍塌现象
稍密	骨架颗粒质量小于总质量的 55%~60%,排列混乱,大部分不接触	锹可以挖掘;井壁易坍塌,从井壁取出大颗粒后,充填物砂土即坍落	钻进较容易;冲击钻探时,钻杆稍有跳动,孔壁易坍塌
松散	骨架颗粒质量小于总质量的 55%,排列十分混乱,绝大部分不接触	锹易挖掘;井壁极易坍塌	钻进较容易;冲击钻探时,钻杆无跳动;孔壁极易坍塌

三 黏性土的物理特征

1. 黏性土的可塑性及界限含水率

同一种黏性土随其含水率的不同,而分别处于固态、半固态、可塑状态及流动状态,其界限含水率分别为缩限、塑限和液限。所谓可塑状态,就是当黏性土在某含水率范围内,可用外力塑成任何形状而不发生裂纹,并当外力移去后仍能保持既得的形状,土的这种性能叫作可塑性。

黏性土由一种状态转到另一种状态的分界点的含水率称为界限含水率,也称为稠度界限或阿太堡界限含水率(Atterberg 界限)。它对黏性土的分类及工程性质的评价有重要意义,而且各种黏性土有着各自并不相同的界限含水率。

土由可塑态状态转变到流动状态的界限含水率称为液限(或塑性上限含水率或流限),用符号 w_L 表示;土由半固态转变到可塑状态的界限含水率,称为塑限(或塑性下限含水率),用符号 w_P 表示;土由半固体状态不断蒸发水分,则体积继续逐渐缩小,直到体积不再收缩时,对应土的界限含水率叫缩限,用符号 w_s 表示。界限含水率都以百分数表示。如图 5-15 所示。

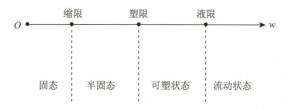

图 5-15　黏性土的物理状态与含水率的关系

我国目前一般采用锥式液限仪(图 5-16)来测定黏性土的液限。将调成均匀的浓糊状试样装满盛土杯内,盛土杯置于底座上,刮平杯口表面,将 76g 重的圆锥体轻放在试样表面的中

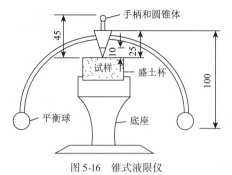

图 5-16 锥式液限仪

心,使其在自重作用下沉入试样。若圆锥体经 5s 恰好沉入 10mm 深度,这时杯内土样的含水率就是液限 w_L 值。为了避免放锥时的人为晃动影响,可采用电磁放锥的方法,以提高测定精度,实践证明其效果较好。

美国、日本等国家使用碟式液限仪来测定黏性土的液限。它是将调成均匀的浓糊状的试样装在碟内,刮平表面,用开槽器在土中成槽,槽底宽度为 2mm,如图 5-17 所示。然后将碟子抬高 10mm,使碟自由下落,连续下落 25 次后,如土槽合拢长度为 13mm,这时试样的含水率就是液限 w_L。

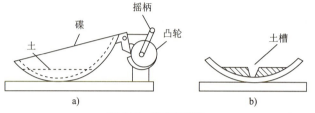

图 5-17 碟式液限仪

黏性土的塑限 w_P,采用"搓条法"测定。即用双手将天然湿度的土样搓成小圆球(球径小于 10mm),放在毛玻璃板上,再用手掌慢慢搓滚成小土条,用力均匀,搓到土条直径为 3mm,出现裂纹,自然断开,这时土条的含水率就是塑限 w_P 值。搓条法受人为因素的影响较大,因而成果不稳定。利用锥式液限仪联合测定液限、塑限,实践证明可以取代搓条法。

联合测定法求液限、塑限是采用锥式液限仪以电磁放锥法对黏性土试样以不同的含水率进行若干次试验(一般为 3 组),并按测定结果在双对数坐标纸上作出 76g 圆锥体的入土深度与含水率的关系曲线(图 5-18)。

根据大量试验资料,它接近于一根直线。如同时采用圆锥仪法及搓条法分别作液限、塑限试验进行比较,则对应圆锥体入土深度为 10mm 和 2mm 时土样的含水率分别为该土的液限和塑限。20 世纪 50 年代以来,我国一直以 76g 圆锥仪下沉深度 10mm 作为液限标准,但这与碟式液限仪测得的液限值不一致。国内外研究成果分析表明,取 76g 圆锥仪下沉深度 17mm 时的含水率与碟式液限仪来测出的液限值相当。《公路土工试验规程》(JTG 3430—2020)规定:采用 100g 圆锥仪下沉深度 20mm 与碟式液限仪测出的液限值相当。

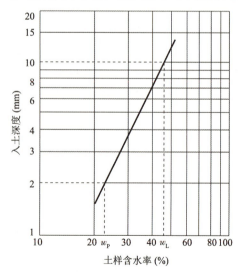

图 5-18 圆锥入土深度与含水率关系曲线

2. 黏性土的可塑性指标

黏性土的可塑性指标除了上述塑限、液限及缩限外,还有塑性指数、液性指数等。

1）塑性指数

塑性指数 I_P 是指液限和塑限的差值（省去%符号），即土处在可塑状态的含水率变化范围。即：

$$I_P = w_L - w_P \tag{5-22}$$

显然，塑性指数 I_P 表示土处于可塑状态的含水率范围大小。它与颗粒粗细、矿物成分和水中离子成分的浓度有关。从土的颗粒来说，土粒越细且含量越多，则其比表面越大，土的结合水含量越高，因而 I_P 也随之增大。从矿物成分来说，黏土矿物（蒙脱石类）含量越多，水化作用剧烈，结合水含量越高，因而 I_P 也大。从土中水的离子成分和浓度来说，当水中高价阳离子的浓度增加时，土粒表面吸附的反离子层中阳离子数量减少，层厚变薄，结合水含量相应减少，I_P 也小；反之随着反离子层中的低价阳离子的增加，I_P 变大。在一定程度上，塑性指数综合反映了黏性土及其组成的基本特性。因此，在工程上常采用按塑性指数对黏性土进行分类。

2）液性指数

液性指数是指黏性土的天然含水率和塑限的差值与塑性指数之比。即：

$$I_L = \frac{w - w_P}{w_L - w_P} = \frac{w - w_P}{I_P} \tag{5-23}$$

从式中可见，当土的天然含水率 w 小于 w_P 时，I_L 小于 0，天然土处于坚硬状态；当 w 大于 w_L 时，I_L 大于 1，天然土处于流动状态；当 w 在 w_P 与 w_L 之间时，即 I_L 在 0~1 之间，则天然土处于可塑状态。因此，可以将液性指数 I_L 作为黏性土状态的划分指标。I_L 值越大，土质越软；反之，土质越硬。

国家标准《建筑地基基础设计规范》(GB 50007—2011) 规定黏性土的状态，可根据液性指数划分为坚硬、硬塑、可塑、软塑及流塑 5 种，其划分标准详见表 5-7。

黏性土的状态划分 表 5-7

状态	坚硬	硬塑	可塑	软塑	流塑
液限指数	$I_L \leq 0$	$0 < I_L \leq 0.25$	$0.25 < I_L \leq 0.75$	$0.75 < I_L \leq 1.0$	$I_L > 1.0$

应当指出，由于塑限和液限都是用扰动土进行测定的，土的结构已彻底破坏，而天然土一般在自重作用下已有很长的历史，具有一定的结构强度，以致土的天然含水率即使大于它的液限，一般也不发生流塑。含水率大于液限只是意味着，若土的结构遭到破坏，它将转变为流塑状态。因此，上海市标准《岩土工程勘察规范》(DGJ 08-37—2002) 规定，黏性土的天然状态根据 76g 瓦氏圆锥仪下沉深度 H(mm)，按表 5-8 判定是比较符合实际的。

黏性土的天然状态 表 5-8

状态	坚硬	硬塑	可塑	软塑	流塑
H(mm)	$H \leq 2$	$2 < H \leq 3$	$3 < H \leq 7$	$7 < H \leq 10$	$H > 10$

3. 黏性土的结构性和触变性

天然状态下的黏性土通常都具有一定的结构性，土的结构性是指天然土的结构受到扰动影响而改变的特性。当受到外来因素的扰动时，土粒间胶结物质以及土粒、离子、水分子所组成的平衡体系受到破坏，土的强度降低和压缩性增大。土的结构性对强度的这种影响，一般用灵敏度

S_t 来衡量。灵敏度反映黏性土结构性的强弱。土的灵敏度是以原状土的强度与土经重塑(土的结构性彻底破坏)后的强度之比来表示。重塑试样具有与原状试样相同的尺寸、密度和含水率。强度测定通常采用无侧限抗压强度试验。饱和黏性土的灵敏度 S_t 可按下式计算：

$$S_t = \frac{q_u}{q_0} \tag{5-24}$$

式中：S_t——黏性土的灵敏度；

q_u——原状试样的无侧限抗压强度，kPa；

q_0——重塑试样的无侧限抗压强度，kPa。

根据灵敏度可将饱和黏性土分下列 3 类：低灵敏($1 < S_t \leq 2$)、中灵敏($2 < S_t \leq 4$)和高灵敏($S_t > 4$)。

灵敏度高的土，其结构性越高，受扰动后土的强度降低就越多，所以在基础施工中应特别注意保护基坑或基槽，尽量减少对坑底土结构的扰动，避免降低地基强度。

饱和黏性土的结构受扰动时，土的强度降低。但扰动停止一段时间后，土的强度又随时间而逐渐(部分)恢复，黏性土这种抗剪强度随时间恢复的胶体化学性质称为土的触变性，这是由于土粒、离子和水分子体系随时间变化趋于新的平衡状态。在黏性土中沉桩时，往往利用扰动的方法，破坏桩侧土与桩尖土的结构，以降低沉桩的阻力。但在沉桩完成后，土的强度可随时间部分恢复，使桩的承载力逐渐增强，这就是利用了土的触变性机理。

4. 黏性土的胀缩性、湿陷性和冻胀性

1) 土的胀缩性

土的胀缩性是指黏性土具有吸水膨胀，失水收缩的两种变形特性。黏粒成分主要由亲水性矿物组成。具有吸水膨胀、失水收缩和反复胀缩变形、浸水承载力衰减、干缩裂隙发育等特性的高塑性黏土，称为膨胀土。它在天然条件下一般强度较高，压缩性低，易被误认为是建筑性能较好的地基土，但当其浸水后，常使建筑物尤其是低层轻型的房屋或构筑物产生不均匀的竖向或水平的胀缩变形，造成位移、开裂、倾斜甚至破坏。我国广西、云南、湖北、安徽、四川、河北、山东、陕西、江苏、贵州和广东等地均有不同范围的膨胀土分布。

研究表明：自由膨胀率能较好反映土中的黏土矿物成分、颗粒组成、化学成分和交换阳离子性质的基本特征。自由膨胀率大于或等于 40%，且具有下列条件的土可判定为膨胀土：

(1) 裂隙发育，常见光滑面和擦痕，有的裂隙中充填着灰白、灰绿色黏土，在自然条件下呈坚硬或硬塑状态；

(2) 多出露于二级或二级以上阶地、山前和盆地边缘丘陵地带，地形平缓，无明显自然陡坎；

(3) 常见浅层塑性滑坡、地裂，新开挖坑(槽)壁易发生崩塌等；

(4) 建筑物裂缝随气候变化而张开和闭合。

2) 土的湿陷性

土的湿陷性是指土在自重压力作用下或自重压力和附加压力综合作用下，受到水(雨水、生产、生活废水)的浸湿后，使土的结构迅速破坏而发生显著的附加下沉的特征。湿陷性黄土在我国分布很广，除湿陷性黄土外，在干旱或半干旱地区，特别是在山前洪、坡积扇中常遇到湿陷性的碎石类土和砂类土，在一定压力下浸水后也常具有强烈的湿陷性。由于产生大量不均

匀下沉(陷),造成建(构)筑物裂缝、倾斜甚至倒塌。

遍布在我国甘、陕、晋大部分地区以及豫、鲁、宁夏、辽宁、新疆等部分地区的是一种在第四纪时期形成的、颗粒组成以粉粒(0.075～0.005mm)为主的黄色或褐黄色粉性土。它含有大量的碳酸盐类,往往具有肉眼可见的大孔隙。具有天然含水率的黄土,如未受水浸湿,一般强度较高,压缩性较小。黄土湿陷的发生是由于管道(或水池)漏水、地面积水、生产和生活用水等渗入地下,或由于降雨量较大,灌溉渠和水库的渗漏或回水使地下水位上升而引起的。然而受水浸湿只不过是湿陷发生所必需的外界条件。研究表明,黄土的多孔隙结构特征及胶结物质成分(碳酸盐类)是产生湿陷性的内在原因。

3)土的冻胀性

土的冻胀性是指土的冻胀和冻融给建筑物或土工建筑物带来危害的变形特性。在冰冻季节,因大气负温影响,使土中水分冻结成为冻土。冻土根据其冻融情况分为:季节性冻土、隔年冻土和多年冻土。季节性冻土是指冬季冻结,夏季全部融化的冻土;若冬季冻结,1～2年内不融化的土层称为隔年冻土;凡冻结状况持续3年或3年以上的土层称为多年冻土。季节性冻土在我国分布甚广。东北、华北和西北地区是我国季节性冻土的主要分布区。多年冻土主要分布在纬度较高的黑龙江省大、小兴安岭和海拔较高的青藏高原和甘新高山区。

冻土的冻胀会使路基隆起,使柔性路面鼓包、开裂,使刚性路面错缝或折断;冻土还使修建在其上的建筑物抬起,引起建筑物开裂、倾斜、倒塌。对工程危害更大的是春暖土层解冻融化后,由于土层上部积聚的冰晶体融化,使土中含水率大大增加,加之细粒土排水能力差,土层软化,冻融后承载力大大减弱,压缩性增高,产生大量融沉,对地基的稳定性影响很大,引起建筑物开裂破坏。

具有冻胀性的土又称为冻土。土的冻胀性与土的颗粒大小和含水率有关,土颗粒越粗,含水率越小,冻胀融沉就越小(如砂类土基本不冻胀),反之就越大(如粉土)。

四 土的力学性质

土的力学性质是指土在外力作用下所表现的性质,主要为变形和强度特性。建筑物的建造使地基土中原有的应力状态发生变化,从而引起地基变形,出现基础沉降;当建筑荷载过大,地基会发生大的塑性变形,甚至地基失稳,而决定地基变形、失稳危险性的主要因素除上部荷载的性质、大小、分布面积与形状及时间因素等条件外,还在于地基土的力学性质。

对土的变形和强度性质,必须从土的应力与应变的基本关系出发来研究。根据土样的单轴压缩试验资料,当应力很小时,土的应力—应变关系曲线就不是一根直线了(图5-19)。就是说,土的变形具有明显的非线性特征。然而,考虑到一般建筑物荷载作用下地基中应力的变化范围(应力增量$\Delta\sigma$)还不是很大,如果用一条割线来近似地代替相应的曲线段,其误差可能不超过实用的允许范围。这样,就可以把土看成是一种线性变形体。而

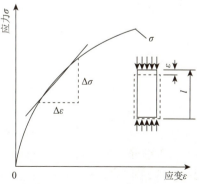

图5-19 土的应力—应变关系曲线

土的强度峰值则是按其应变不超过某个界限的相应应力值确定的。

天然地基一般由成层土组成,还可能具有尖灭和透镜体等交错层理的构造,即使是同一厚层土,其变形和强度性质也随深度而变。因此,地基土的非均质性是很显著的。但目前在一般工程中计算地基变形和强度的方法,都还是先把地基土看成是均质体,再利用某些假设条件,最后结合建筑经验加以修正的办法进行的。

1. 土的压缩性

1) 基本概念

土在压力作用下体积缩小的特性称为土的压缩性。从理论上,土的压缩变形可能有以下几种原因:①土粒本身的压缩变形;②孔隙中不同形态的水和气体的压缩变形;③孔隙中水和气体有一部分被挤出,土的颗粒相互靠拢使孔隙体积减小。试验研究表明,在一般压力(100~600kPa)作用下,土粒和水的压缩与土的总压缩量之比是很微小的,因此完全可以忽略不计,所以把土的压缩看作土中孔隙体积的减小。此时,土粒调整位置,重新排列,互相挤紧。饱和土压缩时,随着孔隙体积的减少,土中孔隙水则被排出。

在荷载作用下,透水性大的饱和无黏性土,其压缩过程在短时间内就可以结束。然而,黏性土的透水性低,饱和黏性土中的水分只能慢慢排出,因此其压缩稳定所需的时间要比砂土长得多。土的压缩随时间而增长的过程,称为土的固结。饱和软黏性土的固结变形往往需要几年甚至几十年时间才能完成,因此必须考虑变形与时间的关系,以便控制施工加荷速率,确定建筑物的使用安全措施;所以,对饱和软黏性土而言,土的固结问题是十分重要的。

计算地基沉降量时,必须取得土的压缩性指标。在一般工程中,常用不允许土样产生侧向变形(完全侧限条件)的室内压缩试验来测定土的压缩性指标,其试验条件虽未能完全符合土的实际工作情况,但有其实用价值。

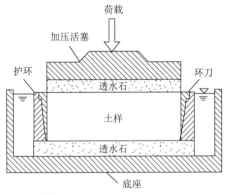

图 5-20 压缩仪的压缩容器简图

2) 室内压缩试验和压缩性指标

室内压缩试验是用金属环刀切取钻探取得的保持天然结构的原状土样,并置于圆筒形压缩容器(图 5-20)的刚性护环内,土样上下各垫有一块透水石,土样受压后土中水可以自由排出。由于金属环刀和刚性护环的限制,土样在压力作用下只可能发生竖向压缩,而无侧向变形。土样在天然状态下或经人工饱和后,进行逐级加压固结,常规压缩试验的加荷等级土样 p 为:50kPa、100kPa、200kPa、300kPa、400kPa。每一级荷载要求恒压 24h 或当在 1h 内的压缩量不超过 0.005mm 时,认为变形已经稳定,并测定稳定时的总压缩量,换算成相应压力下的孔隙比 e。根据不同压力 p 作用下,达到稳定的孔隙比 e,绘制 e-p 曲线,即土的压缩曲线,如图 5-21 所示。

压缩曲线按工程需要及试验条件,可用两种方式绘制:一种是采用普通直角坐标绘制的 e-p 曲线[图 5-21a)],另一种的横坐标则取 p 的常用对数取值,即采用半对数直角坐标纸绘制成 e-lg p 曲线[图 5-21b)]。

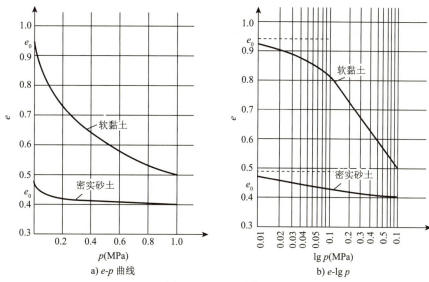

图 5-21　土的压缩曲线

（1）压缩系数（α）

从图 5-21a）可以看出，由于软黏土的压缩性大，当发生压力变化 Δp 时，相应的孔隙比的变化 Δe 也大，因而曲线就比较陡；反之，像密实砂土的压缩性小，当发生相同压力变化 Δp 时，则相应的孔隙比的变化 Δe 就小，因而曲线比较平缓。因此，可用曲线的斜率来反映土的压缩性的大小。所以，曲线上任一点的切线斜率 α 就表示了相应于压力 p 作用下土的压缩性，故称 α 为压缩系数。

$$\alpha = -\frac{de}{dp} \tag{5-25}$$

式中负号表示随着压力 p 的增加，e 逐渐减小。在压缩曲线中，实际采用割线斜率表示土的压缩性。设压力由 p_1 增至 p_2，相应的孔隙比由 e_1 减小到 e_2，则与应力增量 $\Delta p = p_2 - p_1$，对应的孔隙比变化为 $\Delta e = e_1 - e_2$。实际上，一般研究土中某点由原来的自重应力 p_1 增加到外荷作用下的土中应力 p_2（自重应力与附加应力之和）这一压力间隔所表征的压缩性。如图 5-22 所示，此时，土的压缩性可用图中割线 M_1、M_2 的斜率表示。

设割线与横坐标的夹角为 α，则土的压缩系数 α 表示土体在侧限条件下孔隙比减少量 Δe 与竖向压应力增量 Δp 的比值，则：

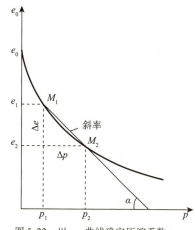

图 5-22　以 e-p 曲线确定压缩系数

$$\alpha = \frac{\Delta e}{\Delta p} = \frac{e_1 - e_2}{p_1 - p_2} \tag{5-26}$$

式中：α——土的压缩系数，MPa^{-1}；

p_1——一般是指地基某深度处土中竖向自重应力，MPa；

p_2——地基某深度处土中竖向自重应力与附加应力之和，MPa；

e_1——相应于 p_1 作用下压缩稳定后的孔隙比;

e_2——相应于 p_2 作用下压缩稳定后的孔隙比。

压缩系数越大,表明在同一压力变化范围内土的孔隙比减小得越多,也就是土的压缩性越大。为了便于应用和比较,并考虑到一般建筑物地基通常受到的压力变化范围,一般采用压力间隔由 $p_1=100\text{kPa}$ 增加到 $p_2=200\text{kPa}$ 时所得的压缩系数 α_{1-2} 来评定土的压缩性:

低压缩性土:$\alpha_{1-2}<0.1\text{MPa}^{-1}$;

中压缩性土:$0.1\text{MPa}^{-1} \leqslant \alpha_{1-2} < 0.5\text{MPa}^{-1}$;

高压缩性土:$\alpha_{1-2} \geqslant 0.5\text{MPa}^{-1}$。

(2) 压缩指数(C_c)

土的 e-p 曲线改绘成半对数压缩曲线 e-$\lg p$ 曲线时,它的后段接近直线[图 5-21b)]。其斜率 C_c 为:

$$C_c = \frac{e_1 - e_2}{\lg p_2 / p_1} \tag{5-27}$$

式中:C_c——土的压缩指数;

其他符号意义同式(5-26)。

同压缩系数 α 一样,压缩指数 C_c 值越大,土的压缩性越高。从图 5-21 可见 C_c 与 α 不同,它在直线段范围内并不随压力而变,试验时要求斜率确定得仔细,否则出入很大。当 $C_c<0.2$ 时,属于低压缩性土;当 $C_c>0.4$ 时,属于高压缩性土。采用 e-$\lg p$ 曲线可分析研究应力历史对土的压缩性的影响,这对重要建筑物的沉降计算具有现实意义。

(3) 压缩模量(E_s)

根据 e-p 曲线,可以求算另一个压缩性指标——压缩模量 E_s。它的定义是指在完全侧限条件下的竖向附加压应力与相应的应变增量之比值。土的压缩模量计算式可由其定义导得:

$$E_s = \frac{1+e_1}{\alpha} \tag{5-28}$$

式中:E_s——土的压缩模量,MPa;

α、e_1——意义同式(5-26)。

土的压缩模量 E_s 是以另一种方式表示土的压缩性指标,它与压缩系数 α 成反比,即越小土的压缩性越高。要与一般材料在无侧限条件下简单拉伸或压缩时的弹性模量 E 相区别。

(4) 变形模量(E_0)

土在无侧限条件下竖向压应力与竖向总应变的比值叫变形模量,用符号 E_0 表示。

通过现场载荷试验所测得地基沉降(或土的变形)与压力之间近似的比例关系,绘制 p-s 关系曲线,在该曲线直线段或接近直线段任取一压力 p_1 值和它对应的沉降 s_1 值,从而利用地基沉降的弹性力学公式来反算土的变形模量。即:

$$E_0 = \frac{\omega(1-\mu^2)bp_1}{s_1} \tag{5-29}$$

式中:E_0——土的变形模量,MPa;

ω——沉降影响系数,方形承压板取 0.88,圆形承压板取 0.79;

μ——地基土的泊松比;

b——承压板的直径或边长,mm;

s_1——与所取定的 p_1 值相对应的沉降值,mm,有时 p-s 关系曲线不出现起始的直线段,可取 $s_1 = (0.010 \sim 0.015)b$(低压缩性土取低值,高压缩性土取高值)及其对应的荷载为 p_1 代入式中。

3)土的变形模量与压缩模量的关系

根据材料力学广义胡克定律推导得：

$$E_0 = \beta E_s \quad (5\text{-}30)$$

$$\beta = 1 - \frac{2\mu^2}{1-\mu} = 1 - 2\mu K_0 \quad (5\text{-}31)$$

式中:$K_0 = \mu/(1-\mu)$,为土的静止侧压力系数。

必须指出,上式只不过是 E_0 与 E_s 之间的理论关系。一般来说,土越坚硬,则倍数越大,而软土的 E_0 值与 β 值比较接近。

2. 土的抗剪强度

土的强度问题是土的力学性质的基本问题之一。在工程实践中,土的强度问题涉及地基承载力;涉及路堤、土坝的边坡和天然土坡的稳定性以及土作为工程结构物的环境时,作用于结构物上的土压力和山岩压力等问题,如图 5-23 所示。土体在通常应力状态下的破坏,表现为塑性破坏,或称剪切破坏。即在土的自重或外荷载作用下,在土体中某一个曲面上产生的剪应力值达到了土对剪切破坏的极限抗力(这个极限抗力称为土的抗剪强度),于是土体沿着该曲面发生相对滑移,土体失稳。所以,土的强度问题实质上是土的抗剪强度问题。

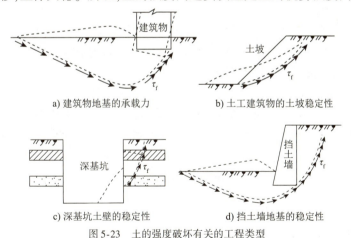

图 5-23 土的强度破坏有关的工程类型

这些问题进行计算时,必须选用合适的抗剪强度指标。土的抗剪强度指标不仅与土的种类及其性状有关,还与土样的天然结构是否被破坏、抗剪强度试验时的排水条件(受剪前固结状况和受剪时排水状况)是否符合现场条件有关。因此,抗剪强度指标并不是固定不变的。

1)无黏性土的抗剪强度

测定土抗剪强度最简单的方法是直接剪切试验。图 5-24 为直接剪切仪示意图。该仪器的主要部分由固定的上盒和活动的下盒组成,试样放在盒内上下两块透水石之间。试验时,先通过压板加法向力 P,然后在下盒施加水平力 T,使它发生水平位移而使试样沿上下盒之间的

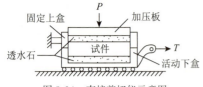

图 5-24 直接剪切仪示意图

水平面上剪切直至破坏。设在一定法向力 P 作用下,土样达到剪切破坏的水平作用力为 T,若试样的水平截面积为 A,则正压应力 $\sigma = P/A$,此时,土的抗剪强度公式 $\tau = P/A$。

试验时,通常用 4 个相同的试样,使它们分别在不同的正压应力作用下剪切破坏,得到相应的抗剪强度 t_1、t_2、t_3、t_4,将试验结果绘成如图 5-25 所示的抗剪强度与正压应力关系曲线。无黏性土的试验结果表明,它是通过坐标原点而与横坐标成角的[图 5-25a)]。

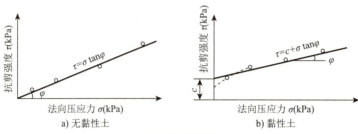

a) 无黏性土　　　　　b) 黏性土

图 5-25　抗剪强度与正压应力之间的关系

因此,抗剪强度与正压应力之间的关系[图 5-25a)]可用以下直线方程表示。

无黏性土:

$$\tau = \sigma \cdot \tan\varphi \tag{5-32}$$

式中:τ——土的抗剪强度,kPa;

σ——作用于剪切面上的法向正应力,kPa;

φ——土的内摩擦角,°。

由式(5-32)可知,无黏性土一般没有黏结力,抗剪力主要由土颗粒粗糙产生的表面摩擦力以及凹凸面间镶嵌、连锁作用所产生的咬合力组成,指标"内摩擦角 φ"值的大小,体现了土粒间摩擦力的强弱,也反映了土的抗剪能力。

2) 黏性土的抗剪强度

在一定排水条件下,对黏性土试样进行剪切试验,其结果如图 5-25b) 所示。试验结果表明,黏性土的正压应力与抗剪强度之间基本上仍呈直线关系,但不通过原点,其方程如下:

黏性土:

$$\tau_f = \sigma \cdot \tan\varphi + c \tag{5-33}$$

式中:c——土的黏聚力,kPa;

其余符号意义同前。

黏性土的抗剪力不仅有颗粒间的摩擦力,还有相互黏聚力,不同种类的黏性土,具有不同的黏结力,指标"黏聚力 c"值的大小,体现了黏结力的强弱。黏聚力主要来源于土颗粒之间的电分子吸引力和土中天然胶结物质(硅、铁物质和碳酸盐等)对土粒的胶结作用。

表达土的抗剪强度特性一般规律的式(5-32)和式(5-33)是库仑(Coulomb)在 1773 年提出的,故称为抗剪强度的库仑定律。在一定试验条件下得出的黏聚力 c 和内摩擦角 φ,一般能反映土的抗剪强度的大小,故称 c 和 φ 为土的抗剪强度指标。

经过长期的试验表明:土的抗剪强度指标 c 和 φ 是随试验时的若干条件而变化的,其中最重要的是试验时的排水条件。也就是说,同一种土在不同排水条件下进行试验,可以得到不同

的 c 和 φ 值。c 和 φ 值的测定不仅可用以上的直接剪切试验,还可使用三轴剪切试验测定。

3. 土的击实性

土的击实性是指土在反复冲击荷载作用下能被压密的特性。击实土是最简单易行的土质改良方法,常用于填土压实。通过研究土的最优含水率和最大干密度,来提高击实效果。最优含水率和最大干密度采用现场或室内击实试验测定。

在工程建设中,经常遇到填土压实的问题,例如修筑道路、堤坝、飞机厂、运动场、挡土墙,埋设管道,建筑物地基的回填等。为了提高填土的强度,增加土的密实度,降低其透水性和压缩性,通常用分层压实的办法来处理地基。实践经验表明,对过湿的土进行夯实或碾压时就会出现软弹现象(俗称"橡皮土"),此时土的密度是不会增大的。对很干的土进行夯实或碾压,显然也不能把土充分压实。所以,要使土的压实效果最好,其含水率一定要适当。在一定的压实能量下使土最容易压实,并能达到最大干密度时的含水率,称为土的最优含水率(或称最佳含水率),用 w_{op} 表示。相对应的干密度叫作最大密度,以 ρ_{dmax} 表示。土的最优含水率可在试验室内进行击实试验测得。试验时,将同一种土,配制成若干份不同含水率的试样;用同样的压实能量分别对每一份试样进行击实,然后测定各试样击实后的含水率 w 和干密度 ρ_d,从而绘制含水率与干密度关系曲线,称为压实曲线(又称击实曲线)如图 5-26 所示。

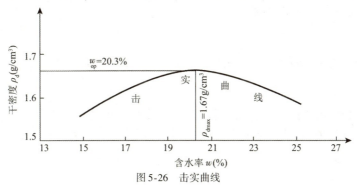

图 5-26 击实曲线

4. 关于土的动力特性

前面所述为土体在静荷载作用下的压缩性和抗剪强度等力学性质问题,而在地震、爆破、机械震动、车辆运行、机器基础等动力作用下,土体会发生一系列不同于静力作用下的物理力学现象。一般而言,土体在动荷载作用下抗剪强度将有所降低,并且往往产生附加变形。土在动力作用下的变形可分为弹性变形与残余变形。

当动荷载强度较小不超过土的弹性极限时,它所引起的变形主要为弹性变形。弹性模量、泊松比、振动阻尼系数等为其主要动力参数。

当动力强度较大时,它所引起的变形为残余变形。动力越大,变形越大,结果使土的结构破坏,土体压缩沉降,强度减弱,严重者可使土体失去强度而威胁建筑物及边坡等稳定性。

1)振动力作用下土的密度

在动力作用下,颗粒活动能力增大,致使土的颗粒间连接力削弱,土的压缩性增大,特别对砂土来说尤为显著。砂土在静荷载作用下压缩性小,在一般建筑物荷载下可不予考虑,但在振动荷载作用下,具有较大的压缩性。

在振动荷载作用下,砂土的压缩、饱和砂的液化及软黏土的触变为它们的主要动力特性。

2)振动力作用下的抗剪强度

振动力作用下土的抗剪强度降低,对砂土来说尤为显著。因为在振动力作用下,砂土颗粒间摩擦力降低,当振动加速度达到某一起始加速度时,砂土的强度随着加速度增大而不断降低。

动荷载对一般黏性土的强度影响不大,而对饱水软黏土(如淤泥及淤泥质亚黏土、黏土等)则影响显著。在振动作用下饱和软黏土的结构会遭到破坏,而使其强度及黏滞性剧烈降低。

任务四 土的工程分类

一 土的工程分类原则和体系

在我国,土的种类很多,工程性质各异。为评价土的工程性质及进行地基基础设计与施工,必须对土进行工程分类。土的分类体系就是根据土的工程性质差异将土划分成一定的类别。其目的在于通过一种通用的鉴别标准,以便在不同土类间做有价值的比较、评价、积累以及学术与经验的交流。目前国内各部门也根据各自的用途特点和实践经验,制定有各自的分类方法,但一般遵循下列基本原则:

1. 分类指标便于测定的原则

即采用的分类指标,既能综合反映土的基本工程特性,又要测定方法简便。

2. 工程特性差异性的原则

即分类应综合考虑土的各种主要工程特性(强度与变形特性等),用影响土的工程特性的主要因素作为分类的依据,从而使所划分的不同土类之间,在其主要的工程特性方面有一定质的或显著量的差别。

3. 以成因、地质年代为基础的原则

因为土是自然历史的产物,土的工程性质受土的成因(包括形成环境)与形成年代控制。在一定的形成条件,并经过某些变化过程的土,必然有与之相适应的物质成分和结构以及一定的空间分布规律和土层组合,因而决定了土的工程特性。形成年代不同,则使土的固结状态和结构强度有显著的差异。

4. 土的工程分类体系

目前国内外主要有两种分类体系:

1)建筑工程系统的分类体系

侧重于把土作为建筑地基和环境,故以原状土为基本对象。因此,对土的分类除考虑土的组成外,很注重土的天然结构性,即土粒联结与空间排列特征。例如我国国家标准《建筑地基基础设计规范》(GB 50007—2011)和《岩土工程勘察规范》(GB 50021—2001)中的地基土的分类。

2)工程材料系统的分类体系

侧重于把土作为建筑材料,用于路堤、土坝和填土地基等工程。故以扰动土为基本对象,注重土的组成,而不考虑土的天然结构性。例如,我国国家标准《土的工程分类标准》(GB/T

50145—2007)工程用土的分类和《公路土工试验规程》(JTG 3430—2020)土的工程分类。

二 土的分类标准

世界各国家、地区、部门,根据自己的传统和经验,都有自己的分类标准。在我国,为了统一工程用土的鉴别、定名和描述,同时也便于对土的性状做出一般定性的评价,制定了国标《土的工程分类标准》(GB/T 50145—2007)。它的分类体系基本上采用与卡氏相似的分类原则。土的总分类体系如图 5-27 所示。

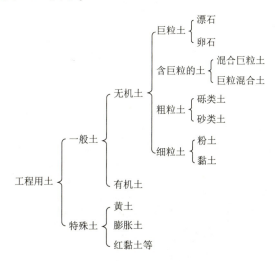

图 5-27 土的总分类体系

1. 巨粒土和粗粒土的分类标准

按粒组含量、级配指标(不均匀系数 C_u 和曲率系数 C_c)和所含细粒的塑性高低,划分为 16 种土,详见表 5-9 ~ 表 5-11。

巨粒土和粗粒土的分类　　　　表 5-9

土类	粒组含量		土类代号	土名称
巨粒土	巨粒含量>75%	漂石含量>卵石含量	B	漂石
		漂石含量≤卵石含量	Cb	卵石
混合巨粒土	50%<巨粒含量≤75%	漂石含量>卵石含量	BSl	混合土漂石
		漂石含量≤卵石含量	CbSl	混合土卵石
巨粒混合土	15%<巨粒含量≤50%	漂石含量>卵石含量	SlB	漂石混合土
		漂石含量≤卵石含量	SlCb	卵石混合土

砾类土的分类(砾粒组含量>50%)　　　　表 5-10

土类	粒组含量		土类代号	土名称
砾	细粒含量<5%	级配 $C_u \geq 5$　$1 \leq C_c \leq 3$	GW	级配良好砾
		级配:不同时满足上述要求	GP	级配不良砾
含细粒土砾	细粒含量 5% ~ 15%		GF	含细粒土砾
细粒土质砾	15%≤细粒含量<50%	细粒土中粉粒含量不大于 50%	GC	黏土质砾
		细粒土中粉粒含量大于 50%	GM	粉土质砾

注:细粒粒组包括粉粒(0.005mm<d≤0.075mm)和黏粒(d≤0.005mm)。

砂类土的分类（砾粒组含量≤50%） 表 5-11

土类	粒组含量		土代号	土名称
砂	细粒含量<5%	级配 $C_u \geq 5$　$1 \leq C_c \leq 3$	SW	级配良好砂
		级配：不同时满足上述要求	SP	级配不良砂
含细粒土砂	细粒含量 5%～15%		SF	含细粒土砂
细粒土质砂	15%≤细粒含量<50%	细粒土中粉粒含量不大于50%	SC	黏土质砾
		细粒土中粉粒含量大于50%	SM	粉土质砂

2. 细粒土的分类标准

细粒土是指粗粒（0.075mm＜d≤60mm）的含量少于 25%的土，根据塑性图可进一步细分。如图 5-28 和表 5-12 所示。

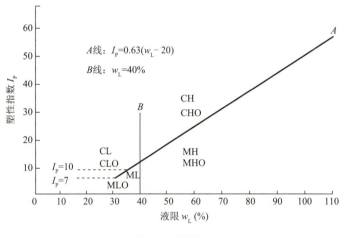

图 5-28　塑性图

细粒土的分类 表 5-12

土的塑性指标在塑性图中的位置		土代号	土名称
塑性指标 I_P	液限 w_L（%）		
$I_P \geq 0.63(w_L - 20)$ 和 $I_P \geq 10$	$w_L \geq 40$	CH	高液限黏土
	$w_L < 40$	CL	低液限黏土
$I_P < 0.63(W_L - 20)$ 和 $I_P < 10$	$w_L \geq 40$	MH	高液限粉土
	$w_L < 40$	ML	低液限粉土

细粒土内粗粒含量为 25%～50%，则该土属于含粗粒的细粒土。这类土的分类仍按上述塑性图进行划分，并根据所含粗粒类型进行如下分类：

（1）当粗粒中砾粒占优势，称为含砾细粒土，在细粒土代号后缀以代号 G，例如含砾低液限黏土，代号 CLG。

（2）当粗粒中砂粒占优势，称为含砂细粒土，在细粒土代号后缀以代号 S，例如含砂高液限黏土，代号 CHS。

若细粒土内含部分有机质，则土名前加"有机质"，对有机质细粒土的代号后缀以代号 O，例如低液限有机质粉土,代号 MLO。

三 地基土的工程分类

1. 建筑地基土的分类

在《建筑地基基础设计规范》(GB 50007—2011)和《岩土工程勘察规范》(GB 50021—2001)中,地基土的分类体系的主要特点是:注重土的天然结构特性和强度,并始终与土的主要工程特性——变形和强度特征紧密联系。

1) 按沉积年代和地质成因划分

老沉积土是第四纪晚更新世 Q_3 及其以前沉积的土。一般呈超固结状态,具有较高的结构强度;新近沉积土是第四纪全新世近期沉积的土。一般呈欠固结状态,结构强度较低。

根据地质成因,土可分为残积土、坡积土、洪积土、冲积土、湖积土、海积土、淤积土、风积土和冰积土。

2) 按颗粒级配(粒度成分)和塑性指数划分

(1) 碎石土

粒径大于 2mm 的颗粒含量超过全重 50% 的土称为碎石土。根据颗粒级配和颗粒形状按表 5-13 分为漂石、块石、卵石、碎石、圆砾和角砾。

碎石土分类　　　　　　　　　　　　　　　　　　　　表 5-13

碎石土的名称	颗粒形状	颗粒组配
漂石	圆形及亚圆形为主	粒径大于 200mm 的颗粒含量超过全重 50%
块石	棱角形为主	
卵石	圆形及亚圆形为主	粒径大于 20mm 的颗粒含量超过全重 50%
碎石	棱角形为主	
圆砾	圆形及亚圆形为主	粒径大于 2mm 的颗粒含量超过全重 50%
角砾	棱角形为主	

注:定名时应根据颗粒级配由大到小以最先符合者确定。

(2) 砂土

粒径大于 2mm 的颗粒含量不超过全重 50%,且粒径大于 0.075mm 的颗粒含量超过全重 50% 的土称为砂土。根据颗粒级配按表 5-14 分为砾砂、粗砂、中砂、细砂和粉砂。

(3) 粉土

粒径大于 0.075mm 的颗粒含量不超过全重 50%,且塑性指数小于或等于 10 的土称为粉土。根据颗粒级配(黏粒含量)按表 5-15 分为黏质粉土和砂质粉土。

粉土密实度和湿度分别根据孔隙比和含水率划分,详见表 5-16 和表 5-17。

砂土分类　　　　　　　　　　　　　　　　　　　　表 5-14

砂土的名称	颗粒级配
砾砂	粒径大于 2mm 的颗粒含量占全重 25%~50%
粗砂	粒径大于 0.5mm 的颗粒含量超过全重 50%

续上表

砂土的名称	颗粒级配
中砂	粒径大于0.25mm的颗粒含量超过全重50%
细砂	粒径大于0.075mm的颗粒含量超过全重85%
粉砂	粒径大于0.075mm的颗粒含量超过全重50%

注：定名时应根据颗粒级配由大到小以最先符合者确定。

粉土分类　　　　　　　　　　　　　　　　　　　　　　　表5-15

土的名称	颗粒级配
砂质粉土	粒径小于0.005mm的颗粒含量不超过全重10%
黏质粉土	粒径小于0.005mm的颗粒含量超过全重10%

粉土密实度的分类　　　　　　　　　　　　　　　　　　　表5-16

密实度	密度	中密	稍密
孔隙比$e(\%)$	$e<20$	$20\leqslant e\leqslant 30$	$e>30$

粉土湿度的分类　　　　　　　　　　　　　　　　　　　表5-17

湿度	稍湿	湿	很湿
含水率$w(\%)$	$w<20$	$20\leqslant w\leqslant 30$	$w>30$

（4）黏性土

塑性指数大于10的土称为黏性土，根据塑性指数I_p按表5-18分为黏土和粉质黏土。

黏性分类　　　　　　　　　　　　　　　　　　　　　　表5-18

黏性土的名称	塑性指标
粉质黏土	$10<I_p\leqslant 17$
黏土	$I_p>17$

3）其他

具有一定分布区域或工程意义，由于地理环境、气候条件、地质成因、物质成分及次生变化等原因而与一般土类具有显著不同的特殊工程性质的土称为特殊土，如湿陷性黄土、红黏土、软土、冻土、膨胀土、填土污染土等（详见任务五）。

2. 公路桥涵地基土的分类

公路桥涵地基土的分类，目前仍沿用《公路桥涵地基与基础设计规范》（JTG 3363—2019）的规定。其中碎石土的分类与《建筑地基基础设计规范》（GB 50007—2011）完全相同（表5-13）。砂土和黏性土的分类名称和标准详见表5-19、表5-20。

砂土分类　　　　　　　　　　　　　　　　　　　　　　表5-19

砂土的名称	颗粒级配
砾砂	粒径大于2mm的颗粒含量占全重25%~50%
粗砂	粒径大于0.5mm的颗粒含量超过全重50%

续上表

砂土的名称	颗粒级配
中砂	粒径大于0.25mm的颗粒含量超过全重50%
细砂	粒径大于0.1mm的颗粒含量超过全重75%
粉砂	粒径大于0.1mm的颗粒含量不超过全重75%

注：定名时应根据颗粒级配由大到小以最先符合者确定。

黏性土（细粒土）的塑性指数划分　　表 5-20

《建筑地基基础设计规范》		《公路土工试验规程》		
土名	塑性指数 I_p	土名	塑性指数 I_p	分类符号
亚砂土	$1 < I_p \leq 7$	低塑性黏土	$I_p > 2$	CL
		粉质低塑性黏土	$I_p > 2$	CLM
		粉土	$I_p > 2$	ML
亚黏土	$7 < I_p \leq 17$	中塑性黏土	$I_p > 10$	MI
		粉质中塑性黏土	$I_p > 10$	CI
黏土	$I_p > 17$	高塑性黏土	$I_p > 26$	CIM
		极高塑性黏土	$I_p > 40$	CH

任务五　特殊土的工程性质

我国幅员辽阔，地质条件复杂，分布土类繁多，工程性质各异。有些土类，由于地质、地理环境、气候条件、物质成分及次生变化等原因而具有与一般土类显著不同的特殊工程性质。当其作为建筑场地、地基及建筑环境时，如果不注意它们的这些特点，并采取相应的治理措施，就会造成工程事故。因此，将这些具有特殊工程性质的土称为特殊土。各种天然或人为形成的特殊土的分布，都具有一定的规律，表现出一定的区域性。

在我国，具有一定分布区域和特殊工程意义的特殊土包括：静水环境沉积的软土；主要分布于西北、华北等干旱、半干旱气候区的湿陷性黄土，西南亚热带湿热气候区的红黏土；主要分布于南方和中南地区的膨胀土；高纬度、高海拔地区的多年冻土及盐渍土、人工填土和污染土等。

一　软土

软土泛指淤泥及淤泥质土，是第四纪后期于沿海地区的滨海相、潟湖相、三角洲相和溺谷相，内陆平原区或山区湖相和冲击洪积沼泽相等静水或非常缓慢的流水环境中沉积，并经生物化学作用形成的饱和软黏性土。它富含有机质，天然含水率 w 大于液限 w_L，天然孔隙比 e 大于或等于1.0。其中：当 $e \geq 1.5$ 时，称为淤泥。当 $1.5 > e \geq 1.0$ 时，称为淤泥质土，它是淤泥与一般黏性土的过渡类型。当土中有机质含量5%～10%时，称为有机质土；当土中有机质含量10%～60%时，称为泥炭质土；当土中有机质含量≥60%时，称为泥炭。

视频：软土

泥炭是未充分分解的植物遗体堆积而成的一种高有机质土,呈深褐—黑色。其含水率极高。压缩性很大且不均匀,往往以夹层或透镜体构造存在于一般黏性土或淤泥质土层中,对工程性质极为不利。

1. 软土的物质组成和结构特征

软土的组成成分和状态特征是由其生成环境决定的。由于它在水流缓慢、不通畅、缺氧和饱水条件下的环境中沉积,在有微生物参与作用的条件下,含有较多的有机质。我国软土有下列特征:

(1)软土呈灰、灰蓝、灰绿和灰黑等暗淡的颜色,手摸有滑腻感,能染指,有机质含量高时有腥臭味。

(2)软土的颗粒成分主要由黏粒和粉粒等细小颗粒组成;黏粒的黏土矿物成分以水云母和蒙脱石为主;粉粒中含石英、长石、云母。

(3)软土中含一定量的有机质,一般达5%~15%。

(4)软土结构常为蜂窝状、疏松多孔,含水率高,透水性小,压缩性大,是软土强度低的主要原因。

(5)软土常具薄层状构造,软土、薄层粉砂、泥炭层等相互交替沉积,或呈透镜体相间沉积,形成性质复杂的土体。

我国淤泥类土基本上可以分为两大类:一类是沿海沉积淤泥类土,一类是内陆和山区湖盆地及山前谷地沉积地淤泥类土。

2. 软土的物理力学特性

由于软土的生成环境及上述粒度、矿物组成和结构特征,故具有以下工程特征:

1) 含水率和孔隙比高

软土的天然含水率总是大于液限,据统计:软土的天然含水率一般为50%~70%,天然含水率随液限的增大成正比增大。天然孔隙比常见值为1.0~2.0,其饱和度一般大于90%。软土的如此高含水率和高孔隙性特征是决定其压缩性和抗剪强度的重要因素。

2) 渗透性低

软土的渗透系数一般在$(i \times 10^{-6} \sim i \times 10^{-8})$cm/s之间,所以,在荷载作用下固结速率很低,一般垂直方向的渗透系数较水平方向小些。

3) 压缩性高

软土均属高压缩性土,其压缩系数α_{1-2}一般为0.7~1.5MPa^{-1},且随土的液限和天然含水率的增大而增高。

由于该类土具有上述高含水率、低渗透性及高压缩性等特性,因此,就其土质本身的因素(还有上部结构的荷重、基础面积和形状、加荷速度、施工条件等因素)而言,该类土在建筑荷载作用下的变形有以下两个特征:

(1)变形大而不均匀:在相同建筑荷载及其分布面积与形式条件下,软土地基的变形量比一般黏性土地基要大几倍至十几倍。因此上部荷重的差异和复杂的体型都会引起严重的差异沉降和倾斜。

(2)变形稳定历时长:因软土的渗透性很弱,水分不易排出,故使建筑物沉降稳定历时较长。例如沿海闽、浙一带,这种软黏土地基上的大部分建筑物在建成约 5 年之后,往往仍保持着每年 1cm 左右的沉降速率,其中有些建筑物则每年下沉 3~4cm。

4)抗剪强度低

软土的抗剪强度低且与加荷速度和排水固结条件有密切关系。不排水三轴试验所得抗剪强度值很小,且与其侧压力大小无关,其内摩擦角为零,其黏聚力 c 一般都小于 20kPa;直剪快剪内摩擦角为 2°~5°,黏聚力 $c = 10~15$kPa;在排水条件下,抗剪强度随固结程度提高而增大,固结快剪的内摩擦角可达 10°~15°,黏聚力 c 为 20kPa 左右。这是因为在土体受荷时,其中孔隙水在充分排出的条件下,使土体得到正常的压密,从而逐步提高其强度。因此,要提高软土地基的强度,必须控制施工和使用时的加荷速度,特别是在开始阶段加荷不能过大,以便每增加一级荷重与土体在新的受荷条件下强度的提高相适应。如果相反,则土中水分将来不及排出,土体强度不但来不及得到提高,反而会由于土中孔隙水压力的急剧增大,有效应力降低,而产生土体的挤出破坏。

5)触变性和蠕变性较显著

由于软土的结构性在其强度的形式中占据相当重要的地位,所以触变性也是它的一个突出的性质,详见任务三中黏性土的物理特征。我国沿海软土的灵敏度一般为 4~10,属于高灵敏度的土。软土未扰动时,处于软塑状态,一经扰动,结构破坏,处于流动状态。

软土的蠕变性是比较明显的。表现在长期恒定应力作用下,软土将产生缓慢的剪切变形,并导致抗剪强度的衰减;在主固结沉降完成之后,软土还可能继续产生可观的次固结沉降。上海等许多工程的现场实测结果表明:当土中孔隙水压力完全消散后,建筑物还在继续沉降。

综上所述,软土强度低,压缩性高,渗透性小,且具有高灵敏度和蠕变性等特点。因而,软土地基上建筑物沉降量大,沉降稳定历时长。如不认真对待,常会因沉降差过大而导致建筑物开裂破坏,甚至产生地基整体滑动的危险。因此,在软土地基上建造建筑物时,往往要对软土地基进行加固处理。

3. 软土地区地质条件选线原则

(1)路线应避开软土分布广、厚度大、处治困难的地带。无法避开时,应选择软土厚度较小、下卧硬层横坡较缓的地带,以最短的距离通过。

(2)在平原区选线,路线宜远离湖塘,避免近距离平行河流、水渠等布线;应避开古牛轭湖、古湖盆等有软土分布的地带,避免从其中部通过。

(3)在丘陵和山间谷地选线,路线宜选择在地势较高、硬壳层较厚的地带,避开有软土分布的沟谷、洼地或下卧硬层、横坡较陡的地带。

(4)软土地区的路堤高度宜控制在设计临界高度以内。

(5)桥位选择应避开软土厚度大、土层结构复杂、岸坡稳定存在隐患的部位。

4. 软土路基加固与处理方法

在公路工程建设中,不可避免地会遇到软土地基问题。由于软土具有含水率高、孔隙比大、压缩性高等不利的工程性质,导致地基承载力往往不能满足工程设计的要求,因此,需要对地基进行人工加固处理。在实际工作中,选择处理方法应考虑地基条件、道路条件、施工条件及周围环境等影响,软土地基的加固与处理措施详见表 5-21。

软土地基的加固与处理方法　　　　　表 5-21

方法	施工要点	适用范围
换土	将软土挖除,换填以砂、砾、卵石、片石等透水性材料或强度较高的黏性土,从根本上改善地基土的性质	适用软土深度不超过 2m
强夯	采用 10~20t 重锤,从 10~40m 高处自由落下,夯实土层,致使土体局部压缩,夯击点周围一定深度内产生裂隙良好的排水通道,使土中的孔隙水(气)顺利排出,土体迅速固结	适用于小于 12m 的软土层
砂垫层	在软土层顶面铺设排水砂层,以增加排水面,使软土地基在填土荷载的作用下加速排水固结,提高其强度,满足稳定性的需要	适用于软土深度不超过 2m,砂料较丰富地区
抛石挤淤	在路基底部,从中部开始向两边抛投一定数量的片石,将淤泥挤出基底范围,以提高地基强度	适用于石料丰富,软土厚度为 3~4m 的地区
反压护道	在路堤两侧填筑一定宽度和高度的护坡道,使路堤下的淤泥向两侧隆起的趋势得到平衡,从而保证路堤的稳定性	适用于非耕作区和取土不困难的地区
砂井排水	在软土地基中,按一定规律设计排水砂井,井孔直径多在 0.4~2.0m,井孔中灌入中、粗砂,砂井顶部要用砂沟或砂垫层连通,构成排水系统,在路堤荷载的作用下加速排水固结,从而提高强度,保证路堤的稳定	适用于软土层厚度大于 5m,路堤高度大于极限高度 2 倍的情况,或地处农田和填料来源较困难的地区
深层挤密	在软土中成孔,在孔内填以水泥、砂、碎石、素土、石灰或其他材料(粉煤灰等),形成桩土复合地基(水泥砂桩或石灰桩),从而使较大深度范围内的松软地基得以挤密和加固	适用于软土层较厚地区
化学加固	通过气压、液压等将水泥浆、黏土浆或其他化学浆液压入、注入、拌入土体后,与土体发生化学反应,吸收和挤出土中部分水与空气,形成具有较高承载力的复合地基	适用于软土层较厚地区
土工织物加固	将具有较大抗拉强度的土工织物、塑料格栅或筋条等铺设在路堤的底部,以增加路堤的强度,扩散基底压力,阻止土体侧向挤出,从而提高地基承载力和减小路基不均匀沉降	土工合成材料适用于矿土、黏性土和软土,或用于过滤、排水和隔离材料;加筋适用于人工填土的路堤和挡土墙结构

二 膨胀土

视频:膨胀土

膨胀土是指含有大量的强亲水性黏土矿物成分,具有显著的吸水膨胀和失水收缩,且胀缩变形往复可逆的高塑性黏土。它一般强度较高、压缩性低,故易被误认为工程性能较好的土。但由于其具有膨胀和收缩特性,在膨胀土地区进行工程建筑,如果不采取必要的设计和施工措施,会导致大批建筑物的开裂和损坏,并往往造成坡地建筑场地崩塌、滑坡、地裂等严重的不稳定因素。

1. 膨胀土的分布和成因

膨胀土在全世界分布广泛,我国是膨胀土分布广、面积大的国家之一。据现有资料,在广西、云南、湖北、河南、安徽、四川、河北、山东、陕西、浙江、江苏、贵州和广东等 20 多个省(区、市)都有分布。

按膨胀土的成因,大体有残积—坡积、湖积、冲积—洪积和冰水沉积4个类型,其中以残积—坡积型和湖积型者涨缩性最强。从形成年代看,一般为上更新统及其以前形成的土层。从分布的气候条件看,在亚热带气候区的云南、广西等地的膨胀土与全国其他温带地区者比较,其胀缩性明显强烈。

2. 膨胀土的工程地质特征及其判别

(1)膨胀土的颜色多为灰白、棕黄、棕红、褐色等。多分布于Ⅱ级以上的河谷阶地或山前丘陵地区,个别处于Ⅰ级阶地。

(2)膨胀土的颗粒成分以黏粒为主(含量在35%~85%),粉粒次之,砂粒很少,其中粒径小于0.002mm的胶粒含量一般也在30%~40%范围内。黏土矿物多为蒙脱石、伊利石和高岭石。蒙脱石含量越多,膨胀性越强烈。常富含铁、锰结核和钙质结核。

(3)天然状态下,膨胀土结构紧密,孔隙比小,变化范围在0.50~0.80之间。同时,其天然孔隙比随土体湿度的增减而变化,即土体增湿膨胀,孔隙比变大,土体失水收缩,孔隙比变小。其天然含水率接近或略小于塑限,一般呈坚硬或硬塑状态,强度较高,黏聚力较大。

(4)膨胀土中裂隙发育,竖向、斜交和水平三种均有,近地表部分常有不规则的网状裂隙。常因失水而张开,雨季又会因浸水而重新闭合。裂隙面光滑,呈蜡状或油脂光泽,时有擦痕或水迹,并有灰白色黏土(主要为蒙脱石或伊利石矿物)充填,构成膨胀土中的软弱面,膨胀土边坡失稳滑动常沿灰白色软弱面发生。

(5)膨胀土的强度和压缩性:膨胀土在天然条件下一般处于硬塑或坚硬状态,强度较高,压缩性较低。但这种土层往往由于干缩,裂隙发育,呈现不规则网状与条带状结构,破坏了土体的整体性,降低承载力,并可能使土体丧失稳定性。因此,特别对浅基础、重荷载的情况,不能单纯从"平衡膨胀力"的角度,或小块试样的强度考虑膨胀土地基的整体强度问题。

同时,当膨胀土的含水率剧烈增大(例如由于地表浸水或地下水位上升)或土的原状结构被扰动时,土体强度会突然降低,压缩性增高。这显然是由于土的内摩擦角和黏聚力都相应减小及结构强度破坏的缘故。已有的国内外技术资料表明,膨胀土被浸湿后,其抗剪强度将降低1/3~2/3。而由于结构破坏,将使其抗剪强度减小2/3~3/4,压缩系数增高1/4~2/3。

对已有建筑物地区,根据建于同一地貌单元的相同土层上的已有建筑物的某些特定变形、开裂情况,是发现、判断膨胀土的一种比较准确的方法。如建筑物裂缝具有随季节变化而往复伸缩的性质;低、轻房屋最易破坏,4层楼损坏者是个别的。

(6)膨胀土的判别是解决膨胀土问题的前提。因为只有确认了膨胀土及其胀缩性等级,才可能有针对性地研究、确定需要采取的防治措施问题。

膨胀土的判别方法,应采用现场调查与室内物理性质和胀缩特性试验指标鉴定相结合的原则。即首先必须根据土体及其埋藏、分布条件的工程地质特征和建于同一地貌单元的已有建筑物的变形,开裂情况做初步判断,然后再根据试验指标进一步验证,综合判别。

凡具有上述土体的工程地质特征以及已有建筑物变形、开裂特征的场地,且土的自由膨胀率大于或等于40%的土,应判定为膨胀土。

3. 影响膨胀土胀缩变形的主要因素

(1)影响土体胀缩变形的主要内在因素有土的黏粒含量和蒙脱石含量,土的天然含水率和密实度及结构强度等。黏粒含量越多,亲水性强的蒙脱石含量越高,土的膨胀性和收缩性就越大;天然含水率越小,可能的吸水量越大,故膨胀率越大,但失水收缩率则越小。同样成分的土,吸水膨胀率将随天然孔隙比的增大而减小,而收缩则相反;但是,土的结构强度越大,土体抵制胀缩变形的能力也越大。当土的结构受到破坏以后,土的胀缩性随之增强。

(2)影响土体胀缩变形的主要外部因素为气候条件、地形地貌及建筑物地基不同部位的日照、通风及局部渗水影响等各种引起地基土含水率剧烈或反复变化的各种因素。

例如在丘陵和山前区,不同地形和高程地段地基上的初始含水率和密实度状态及其水与蒸发条件的不同,其地基土产生胀缩变形的程度也各不相同。凡建在高旷地段膨胀土层上的单层浅基建筑物裂缝最多,而建在低洼处,附近有水田、水塘的单层房屋裂缝就少。这是由于高旷地带排水和蒸发条件好,地基土容易干缩,而低洼地带土中水分不易散失,且补给有源,湿度较能保持相对稳定的缘故。

此外,在膨胀土地基上建造冷库或高温构筑物如无隔热措施,也会因不均匀胀缩变形而开裂。

4. 膨胀土的胀缩性指标

评价膨胀土胀缩性的常用指标及其测定方法如下。

1)自由膨胀率

指研磨成粉末的干燥土样,浸泡于水中,经充分吸水膨胀后所增加的体积与原干体积的百分比。试验时将烘干土样经无颈漏斗注入量土杯(容积10mL),盛满刮平后,将试样倒入盛有蒸馏水的量筒(容积50mL)内。然后加入凝聚剂并用搅拌器上下均匀搅拌10次。土粒下沉后每隔一定时间读取土样体积数,直至认为膨胀达到稳定为止。自由膨胀率按下式计算:

$$\delta = \frac{V_w - V_0}{V_0} \cdot 100\% \tag{5-34}$$

式中:V_0——试样初始体积,取量土杯的容积为10mL;

V_w——膨胀稳定后测得50mL容积的量筒内试样体积,mL。

2)膨胀率

指不同压力作用下,处于侧限条件下的原状土样在浸水后,其单位体积的膨胀量(以百分数表示)。试验时,将原状土置于压缩仪中,按工程实际需要确定对试样施加的最大压力。对试样逐级加荷至最大压力,待下沉稳定后,浸水使其膨胀并测得膨胀稳定值。然后按加荷等级逐级卸荷至零,测定各级压力下膨胀稳定时的土样高度变化值,按下式计算:

$$\delta = \frac{h_w - h_0}{h_0} \cdot 100\% \tag{5-35}$$

式中:h_w——在侧限条件下土样浸水膨胀稳定后的高度;

h_0——试验开始时土样的原始高度。

3)膨胀力

膨胀力 p 是指原状土样在体积不变时,由于浸水膨胀产生的最大内应力,如图5-29所示,曲线 AB 为压缩曲线,在压力内时开始浸水,由于土吸水膨胀,孔隙比增大,膨胀稳定后开始逐级卸荷至零。这样得到膨胀变形曲线 BC 及 CD。过初始孔隙比 e_0 作水平线 AE,与卸荷曲线交于 E 点。在 AE 以下各线段 AB、BC、CE 上各点,其孔隙比皆小于 e_0。这表示只要压力大于

p，土样只会压缩，不会膨胀。

p 即为土的膨胀力，通常为 10~110kPa。

4) 土的收缩率

土的收缩率亦称线收缩率，是指土的垂直收缩变形与原始高度之百分比。试验时把土样从环刀中推出后，置于 20℃ 恒温条件下，或 15~40℃ 自然条件下干缩，按规定时间测读试样高度，并同时测定其含水率。用下式计算土的线收缩率：

$$\delta = \frac{h_0 - h}{h_0} \times 100\% \qquad (5-36)$$

式中：h_0——试验开始时的土样高度；

h——试验中某次测得的土样高度。

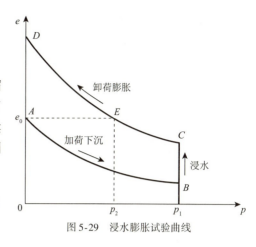

图 5-29 浸水膨胀试验曲线

5) 收缩系数

绘制收缩曲线如图 5-30 所示。原状土样在直线收缩阶段中含水率每降低 1% 时，所对应的竖向收缩率的改变即为收缩系数，即：

$$\lambda = \frac{\Delta \sigma_s}{\Delta w} \qquad (5-37)$$

式中：$\Delta \sigma_s$——AB 直线段中与两点含水率之差对应的竖向收缩率之差；

Δw——AB 直线段上任意两点含水率之差。

从图 5-30 可以看出，在土体开始失水的 AB 段，因土体处于饱和状态，其收缩体积等于干燥蒸发时的失水体积，故与之呈线性关系，AB 为直线；当土体干燥到一定程度时，土的结构对其收缩有阻碍作用，土体便从饱和状态变为非饱和状态，土体的收缩体积将

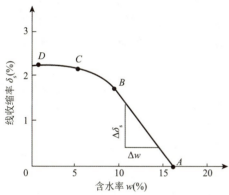

图 5-30 含水率 w 与线收缩率 σ 关系曲线

小于失水体积，故 BC 段为曲线；到达 C 点后，若继续蒸发，土体的收缩甚微，CD 又近似地变为直线。w-δ_s 曲线上的上述 3 种线形组合，是黏性土的共同特点。

5. 膨胀土地区工程建设防治措施

1) 地基的防治措施

(1) 防水保湿措施

防止地表水下渗和土中水分蒸发，保持地基土湿度稳定，控制胀缩变形。为此，必须做好排水工作，如挖好地面排水系统；当地下水位高于基坑底部时，坑内必须挖排水沟和集水井，并及时抽水。同时选择合理的施工方法，基坑不宜暴晒或浸泡，应及时处理夯实。

(2) 地基土的改良措施

地基土改良的目的是消除或减少土的胀缩性能，常采用以下方法：

①换土法：挖除膨胀土，换填砂、砾石等非膨胀土。形成碳酸钙，起胶结土粒的作用。

②压入石灰水法：石灰与水相互作用产生氢氧化钙，吸收周围水分，氢氧化钙与二氧化碳形成碳酸钙，起胶结土粒的作用。

③钙离子与土粒表面的阳离子进行离子交换法:可使水膜变薄脱水,使土的强度和抗性提高。
2)边坡的防治措施
(1)地表水防护
防止水渗入土体、冲蚀坡面,设截排水天沟、平台纵向排水沟、侧沟等排水系统。
(2)坡面加固
植被防护,植草皮、小乔木、灌木,形成植物覆盖层,防止地表水冲刷。
(3)骨架护坡
采用浆砌片石方形及拱形骨架护坡,骨架内植草效果更好。
(4)支挡措施
采用抗滑挡墙、抗滑桩、片石垛等。

三 湿陷性黄土

视频:黄土

1. 湿陷性黄土的特征和分布

黄土是第四纪干旱或半干旱气候条件下形成的一种特殊沉积物。颜色多呈黄色、淡灰黄色或褐黄色;颗粒组成以粉土粒(其中尤以粗粉土粒,粒径为0.05~0.01mm)为主,约占60%~70%,粒度大小较均匀;黏粒含量较少,一般仅占10%~20%;含碳酸盐、硫酸盐及少量易溶盐;含水率小,一般仅8%~20%;孔隙比大,一般在1.0左右,且具有肉眼可见的大孔隙;具有垂直节理,常呈现直立的天然边坡。

黄土按其成因可分为原生黄土和次生黄土。一般认为,具有上述典型特征,没有层理的风成黄土为原生黄土。原生黄土经过水流冲刷、搬运和重新沉积而形成的为次生黄土。次生黄土有坡积、洪积、冲积、坡积—洪积、冲积—洪积及冰水沉积等多种类型。它一般不完全具备上述黄土特征,具有层理,并含有较多的砂粒以至细砾,故也称为黄土状土。

黄土和黄土状土(以下统称黄土)在天然含水率时一般呈坚硬或硬塑状态,具有较高的强度和低的或中等偏低的压缩性,但遇水浸湿后,有的即使在其自重作用下也会发生剧烈而大的沉陷(称为湿陷性),强度也随之迅速降低;而有些地区的黄土却并不发生湿陷。可见,同是黄土,但遇水浸湿后的反应却有很大差别。

凡天然黄土在上覆土的自重压力作用下,或在上覆土的自重压力与附加压力共同作用下,受水浸湿后土的结构迅速破坏而发生显著附加下沉的,称为湿陷性黄土;否则,称为非湿陷性黄土。而非湿陷性黄土的工程性质接近一般黏性土。因此,如何分析、判断黄土是否属于湿陷性的,其湿陷性强弱程度以及地基湿陷类型和湿陷等级,是黄土地区工程勘察与评价的核心问题。

我国的黄土分布很广,面积约63.4万km²。其中湿陷性黄土约占3/4,遍及甘、陕、晋的大部分地区以及豫、宁、冀等部分地区。此外,新疆和鲁、辽等地也有局部分布。由于各地的地理、地质和气候条件的差别,湿陷性黄土的组成成分、分布地带、沉积厚度、湿陷特征和物理力学性质也因地而异,其湿陷性由西北向东南逐渐减弱,厚度变薄。

我国黄土按形成年代的早晚,有老黄土和新黄土之分。黄土形成年代越久,由于盐分溶滤较充分,固结成岩程度大,大孔结构退化,土质越趋密实,强度高而压缩性小,湿陷性减弱甚至不具湿陷性。反之,形成年代越短,其特性相反。

老黄土包括早更新世的午城黄土和中更新世的离石黄土,土质密实,颗粒均匀,无大孔或略具大孔结构,一般无湿陷性,承载力高,常可达 400kPa 以上。

新黄土包括晚更新世的马兰黄土和全新世的次生黄土,它广泛覆盖在老黄土之上的河岸阶地,颗粒均匀或较为均匀,结构疏松,大孔发育,一般具有湿陷性,其承载力一般在 150~250kPa。一般湿陷性黄土大多指这类黄土。

全新世新近堆积黄土,形成历史较短,只有几十至几百年历史,多分布于河漫滩、低阶地、山间洼地的表层及洪积、坡积地带,厚度仅数米,但结构松散,大孔排列杂乱,多虫孔,常具有高压缩性和湿陷性,承载力较低,一般仅为 75~130kPa。

2. 黄土湿陷性的形成及影响因素

1) 黄土湿陷性的形成原因

对于黄土具有湿陷性的原因,研究表明,黄土的结构特征及其物质组成是产生湿陷的内在因素,而水的浸润和压力作用仅是产生湿陷的外部条件。

黄土的结构是在形成黄土的整个历史过程中造成的,干旱和半干旱的气候是黄土形成的必要条件。季节性的短期降雨把松散的粉粒黏聚起来,而长期的干旱气候又使土中水分不断蒸发,于是,少量的水分连同溶于其中的盐类便集中在粗粉粒的接触点处。可溶盐类逐渐浓缩沉淀而成为胶结物。随着含水率的减少,土粒彼此靠近,颗粒间的分子引力及结合水和毛细水的联结力也逐渐加大,这些因素都增加了土粒之间抵抗滑移的能力,阻止了土体的自重压密,形成了以粗粉粒为主体骨架的多孔隙及大孔隙。结构(图 5-31)。当黄土受水浸湿时,结合水膜增厚楔入颗粒之间,于是,结合水联结消失,盐类溶于水中,骨架强度随着降低,土体在上覆土层的自重压力或自重压力与附加压力共同作用下,其结构迅速破坏,土粒向大孔滑移,粒间孔隙减小,从而导致大量的附加沉陷。这就是黄土湿陷现象的内在原因。

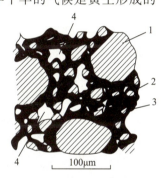

图 5-31 黄土结构示意图
1-砂粒;2-粗粉粒;
3-胶结物;4-大孔隙

2) 黄土湿陷性的影响因素

黄土湿陷性强弱与其微结构特征、颗粒组成、化学成分等因素有关。在同一地区,土的湿陷性又与其天然孔隙比和天然含水率有关,并取决于浸水程度和压力大小。

(1)根据对黄土的微结构的研究,黄土中骨架颗粒的大小、含量和胶结物的聚集形式,对于黄土湿陷性的强弱有着重要的影响。骨架颗粒越多,彼此接触,则粒间孔隙大,胶结物含量较少,成薄膜状包围颗粒,粒间联结脆弱,因而湿陷性越强;相反,骨架颗粒较细,胶结物丰富,颗粒被完全胶结,则粒间联结牢固,结构致密,湿陷性弱或无湿陷性。

(2)黄土中黏土粒的含量越多,并均匀分布在骨架颗粒之间,则具有较大的胶结作用,土的湿陷性越弱。

(3)黄土中盐类,如以较难溶解的碳酸钙为主而具有胶结作用时,湿陷性减弱,而石膏及易溶盐含量越大,土的湿陷性越强。

(4)影响黄土湿陷性的主要物理性质指标为天然含水率和天然孔隙比。当其他条件相同时,黄土的天然孔隙比越大,则湿陷性越强,随其天然含水率的增加而减弱。

(5) 在一定的天然含水率和天然孔隙比情况下,黄土的湿陷变形量将随浸湿程度和压力的增加而增加,但当压力增加到某一个定值以后,湿陷量却又随着压力的增加而减少。

(6) 黄土的湿陷性从根本上与其堆积年代和成因有密切关系。按成因而言,风成的原生黄土及暂时性流水作用形成的洪积、坡积黄土均具有大的孔隙性,且可溶盐未及充分溶滤,故均具有较大的湿陷性;冲积黄土一般湿陷性较小或无湿陷性。

3. 黄土湿陷性及湿陷类型判别

在黄土地区勘察中,湿陷性评价正确与否直接影响设计措施的采取黄土的湿陷性计算与评价,按一般的工作次序,其内容主要有:判别湿陷性与非湿陷性黄土;判别自重与非自重湿陷性黄土;判别湿陷性黄土场地的湿陷类型;判别湿陷等级;确定湿陷起始压力等。

1) 湿陷性与非湿陷性黄土的判别

黄土的湿陷性试验是在室内的固结仪内进行的。其方法是:分级加荷至规定压力,当下沉稳定后,使土样浸水直至湿陷稳定为止,其湿陷系数的计算式是:

$$\delta = \frac{h_p - h'_p}{h_0} \tag{5-38}$$

式中:h_0——原状土样的原始高度,cm;

h_p——原状土样在规定压力下,下沉稳定后的高度,cm;

h'_p——上述加压稳定后的土样,在浸水作用下,下沉稳定后的高度,cm。

《湿陷性黄土地区建筑标准》(GB 50025—2018)规定:当湿陷系数 $\delta<0.015$ 时,定为非湿陷性黄土;当湿陷系数 $\delta \geqslant 0.015$ 时,定为湿陷性黄土。

2) 自重与非自重湿陷性黄土的判别

自重湿陷性黄土:当某一深处的黄土层被水浸湿后,仅在其上覆土层的饱和自重压力(饱和度 $s_r=85\%$)下产生湿陷变形的,称自重湿陷性黄土。非自重湿陷性黄土:当某一深度处的黄土层浸水后,除上覆土的饱和自重外,尚需要一定的附加荷载(压力)才发生湿陷的,称非自重湿陷性黄土。测定方法:也是在室内固结仪上进行,即分级加荷至上覆土层的饱和自重压力,当下沉稳定后,使土样浸水湿陷达稳定为止。

自重湿陷系数 δ_{zs} 的计算公式:

$$\delta_{zs} = \frac{h_z - h'_z}{h_0} \tag{5-39}$$

式中:h_z——原始土样加压至土的饱和自重压力时,下沉稳定后的高度,cm;

h'_z——上述加压稳定后的土样,在浸水作用下,下沉稳定后的高度,cm。

当 $\delta_{zs}<0.015$ 时,定为非自重湿陷性黄土;$\delta_{zs} \geqslant 0.015$ 时,定为自重湿陷性黄土。

黄土的湿陷性一般是自地表以下逐渐减弱,埋深七、八米以上的黄土湿陷性较强。不同地区、不同时代的黄土是不同的,这与土的成因、固结成岩作用、所处的环境等条件有关。

3) 湿陷性黄土场地的湿陷类型的划分

在黄土地区地基勘察中,应按照实测自重湿陷量或计算自重湿陷量制定建筑物场地的湿陷类型,实测自重湿陷量应根据现场试坑浸水试验确定。

计算自重湿陷量按下列公式计算：

$$\Delta_{zs} = \beta_0 \sum_{i=1}^{n} \delta_{si} \cdot h_i \tag{5-40}$$

式中：δ_{si}——第 i 层土在上覆土的饱和（$s_r = 85\%$）自重应力作用下的湿陷系数；

　　　h_i——第 i 层土的厚度，cm；

　　　n——总计算厚度内湿陷土层的数目；总计算厚度应从天然地面算起（当挖、填方厚度及面积较大时，自设计地面算起）至其下全部湿陷性黄土层的底面为止，但其中 $\delta_{zs} < 0.015$ 土层不计；

　　　β_0——修正系数，对陕西地区取 1.5，陇东地区取 1.2，关中地区取 0.7，其他地区取 0.5。

实际工程中当 $\Delta_{zs} \leq 7\text{cm}$，定为非自重湿陷性黄土场地；$\Delta_{zs} > 7\text{cm}$，定为自重湿陷性黄土场地。

4）黄土地基的湿陷等级

湿陷等级应根据基底下各土层累积的总湿陷量和计算自重湿陷量的大小等因素按表 5-22 判定。

总湿陷量计算公式：

$$\Delta_s = \beta \sum_{i=1}^{n} \delta_{si} \cdot h_i \tag{5-41}$$

式中：δ_{si}——第 i 层土的湿陷系数；

　　　h_i——第 i 层土的厚度，cm；计算时，土层厚度自基础底面（初勘时从地面下 1.5m）算起；对非自重湿陷性黄土地基，累计算至其下 5m 深度或沉降计算深度为止；对自重湿陷性黄土，应根据建筑物类别和地区建筑经验决定，其中非湿陷性土层不累计；

　　　β——考虑黄土地基侧向挤出和浸水概率等因素的修正系数；无浸水概率时，β 可取 0。有浸水概率，基底下 5m 深度内可取 1.5；5m 深度以下，在非自重湿陷性黄土场地，可不计算；在自重湿陷性黄土场地，按 β_0 值取用。

总湿陷量 Δ_s：仅表示湿陷性黄土地基在规定的压力作用下，经充分浸水后可能发生的陷量，它只概括地反映出地基湿陷的严重程度，而并非是建筑物地基的实际湿陷量。在地基勘察时，根据总湿陷量和自重湿陷量来划分地基的湿陷等级，供建筑物设计时按湿陷等级考虑相应的措施。在相同情况下，湿陷等级越高，设计措施要求也越高。湿陷性黄土地基的湿陷等级为 4 级，详见表 5-22。

湿陷性黄土地基的湿陷等级 表 5-22

湿陷类型	非自重湿陷性场地	自重湿陷性场地	
	$\Delta_{zs} \leq 7$	$7 < \Delta_{zs} \leq 35$	$\Delta_{zs} > 35$
$5 < \Delta_s \leq 30$	Ⅰ	Ⅱ	—
$30 < \Delta_s \leq 60$	Ⅱ	Ⅱ 或 Ⅲ	Ⅲ
$\Delta_s > 60$	—	—	Ⅳ

注：湿陷量单位为 cm。当总湿陷量 $\Delta_s > 50\text{cm}$，自重湿陷量的计算值 $\Delta_{zs} > 30\text{cm}$ 时，可判为 Ⅲ 级，其他情况为 Ⅱ 级。

四 红黏土

红黏土是指亚热带湿热气候条件下,碳酸盐类岩石(石灰岩、白云岩、泥质泥岩等)经强烈风化后形成的残积、坡积或残—坡积的褐红色、棕红色或黄褐色的一种高塑性黏土。

1. 红黏土的成因和分布

成因类型:残积、坡积和残—坡积;上部为坡积,下部为残积的情况居多。

主要分布在云南、贵州、广西、湖南、四川东部、广东等地区。云南、贵州和广西的红黏土最为典型,分布最广,土层厚度分布极为不均,与下卧基岩面的状态和风化深度密切相关,常因岩面起伏变化较大,或因石灰岩表面的石芽、溶沟、溶洞或土洞等的存在,致使在水平距离很近时,上覆红黏土层的厚度也可相差数米,给地基勘察和设计工作造成困难。

红黏土的一般特点是天然含水率和孔隙比很大,但其强度高、压缩性低,工程性能良好。它的物理力学性质间具有独特的变化规律,不能用其他地区的、其他黏性土的物理、力学性质相关关系来评价红黏土的工程性能。

2. 红黏土的组成成分和结构特征

由于红黏土系碳酸盐类及其他类岩石的风化后的产物,母岩中的较具活动性的成分和离子 SO_4^{2-}、Ca^{2+}、Na^+、K^+ 等经长期风化淋滤作用相继流失,SiO_2 部分流失,此时地表则多集聚含水铁铝氧化物及硅酸盐矿物,并继而脱水变为氧化铁铝 Fe_2O_3 和 Al_2O_3 或 $Al(OH)_3$,使土染成褐红至砖红色。因此,红黏土的矿物成分除含有一定数量的石英颗粒外,大量的黏土颗粒则主要由多水高岭石、水云母类、胶体 SiO_2 及赤铁矿、三水铝土矿等组成,不含或极少含有机质。

其中多水高岭石的性质与高岭石基本相同,它具有不活动的结晶格架,当被浸湿时,晶格间距极少改变,故与水结合能力很弱。而三水铝土矿、赤铁矿、石英及胶体二氧化硅等铝、铁、硅氧化物,也都是不溶于水的矿物,它们的性质比多水高岭石更稳定。红黏土颗粒周围的吸附阳离子成分也以水化程度很弱的 Fe^{3+}、Al^{3+} 为主。

红黏土的粒度较均匀,呈高分散性。黏粒含量一般为60%~70%,最大达80%。红黏土一般常呈絮状结构,常有很多裂隙(网状裂隙)、结核和土洞。

3. 红黏土的一般物理力学特征

1) 高含水率、低密度

天然含水率一般为40%~60%,甚至高达90%;饱和度一般大于90%,密度小,大孔隙明显,天然孔隙比一般为1.4~1.7,最高2.0,具有大孔隙性。

2) 高塑性和分散性

液限一般为50%~80%,塑限为40%~60%,塑性指数一般为20~50,液性指数一般都小于0.25;由于塑限很高,所以尽管天然含水率高,一般仍处于坚硬或硬塑状态。但是其饱和度一般在90%以上,因此,甚至坚硬黏土也处于饱水状态。

3) 强度较高,压缩性较低

固结快剪内摩擦角 $\varphi = 8° \sim 18°$,黏聚力 $c = 40 \sim 90\text{kPa}$;载荷试验比例极限 $P_0 = 200 \sim 300\text{kPa}$;压缩系数 $\alpha_{0.2-0.3} = (0.1 \sim 0.4)\text{MPa}^{-1}$;变形模量 $E_0 = 10 \sim 30\text{MPa}$,最高可达50MPa,属

中压缩性土或低压缩性土。

4) 不具湿陷性

原状土浸水后膨胀量很小,但收缩性明显,失水后强烈收缩,原状土体积收缩率可达25%,而扰动土可达40%~50%。

红黏土的上述物理力学特征和由此决定的特殊工程性质,主要在于其生成环境及其相应的组成物质和坚固的粒间联结特性。

红黏土的高孔隙性来源于其颗粒组成的高分散性,黏粒含量多,且组成这些细小黏粒的含水铁铝硅氧化物在高温条件下很快失水而相互凝聚胶结,从而保存了絮状结构的结果。红黏土的天然含水率很高,同样由于它的高分散性,黏粒表面能吸附大量水分子的结果。在土中孔隙被结合水,主要是强结合水所充填,这种强结合水由于受土颗粒的吸附力很大,分子排列很密,具有很大的黏滞性和抗剪强度。由可塑状态转为半固体状态时塑限含水率高。由于红黏土地区地表温度高,又处于明显的地壳上升阶段,那些分布于山坡、山岭或坡脚地势较高地段的红黏土,其地表水和地下水排泄条件好,土虽处于饱和状态,但天然含水率也只接近于塑限,故常处于硬塑或坚硬状态,而呈现较好的力学性能。

红黏土具有高强度性是由多种因素决定的。从矿物组成而言,多水高岭石与高岭石的性质基本相同,其结晶格架活动性差,当被水浸湿后,晶格间距改变极少,与水结合的能力也就很弱;而三水铝土矿、赤铁矿、石英及胶体二氧化硅等铁铝硅氧化物,也都是不溶于水的矿物,它们的性质比多水高岭石更稳定。从黏性土的结构而言,稳定颗粒之间的联结是相互胶结的,特别是在风化后期,有些氧化物的胶体颗粒会变成结晶的铁铝硅氧化物,它们是抗水的,不可逆的,其粒间连接强度更大。从黏土颗粒周围吸附的阳离子来看,因主要为Fe^{3+}和Al^{3+},它们的水化程度也很弱,其外围的结合水膜很薄,这就增加了粒间的联结强度。

上述红黏土的组成成分、粒间联结和含水特性,也是它虽呈现高孔隙性和大孔隙性的特征,但又不具有浸水湿陷性的主要原因。

红黏土的一般物理力学特征,说明它具有压缩性低而强度高的良好工程性能,但作为建筑物地基中的红黏土,由于地形、地貌、气候等外部环境的不同,红黏土的物理力学特征指标变化范围却很大。据统计资料表明,贵州省几个地区红黏土的物理力学指标,天然含水率的变化范围为25%~88%,天然孔隙比为0.7~2.4,液限为36%~125%,塑性指数为20~50,液性指数为0.45~1.4,内摩擦角为2°~31°,黏聚力为10~1400kPa,变形模量为4~35.8MPa。因其物理力学指标变化如此之大,地基承载力必有显著的差别。貌似均一的红黏土,其工程性能的变化却十分复杂,这也是红黏土的一个重要特点。因此,在研究红黏土的工程性质和解决工程实际问题要特别注意,决不能把不同地层中红黏土的工程性质视为一成不变的,必须弄清决定其物理力学性质的因素,掌握其变化规律。

(1) 沿深度方向自上而下,随着深度的加大,红黏土的天然含水率、孔隙比、压缩系数都有较大的增高,状态由坚硬、硬塑可变为可塑以至软塑状态,因而强度则大幅度降低。

(2) 在水平方向上,由于地形地貌和下伏基岩起伏变化,红黏土的物理力学指标也有明显差别。地势较高的,由于排水条件好,天然含水率、孔隙比和压缩性均较低,强度较高,而地势较低的则相反。

(3)裂隙对红黏土强度和稳定性的影响:红黏土具有较小的吸水膨胀性,但具有强烈的失水收缩性。故裂隙发育也是红黏土的一大特征。坚硬、硬塑或可塑状态的红黏土,在近地表部位或边坡地带,往往裂隙发育,土体内保存许多光滑的裂隙面。这种土体的单独土块强度很高,但是裂隙破坏了土体的整体性和连续性,使土体强度显著降低,试样沿裂隙面呈脆性破坏。但地基承受较大水平荷载、基础埋置过浅、外侧地面倾斜或有临空面等情况时,对地基的稳定性有很大影响。并且裂隙发育对边坡和基槽稳定与土洞形成等有直接或间接的关系。

4. 确定红黏土地基承载力的几个原则问题

(1)在确定红黏土地基承载力时,应按地区的不同,随埋深变化的湿度和上部结构情况,分别确定之。因为各地区的地质地理条件有一定的差异,使得同一省内各地区同一成因和埋藏条件下的红黏土的地基承载力也有所不同。

(2)为了有效地利用红黏土作为天然地基,针对其强度具有随深度递减的特征,在无冻胀影响地区、无特殊地质地貌条件和无特殊使用要求的情况下,基础宜尽量浅埋,把上层坚硬或硬可塑状态的土层作为地基的持力层,既可充分利用表层红黏土的承载能力,又可节约基础材料,便于施工。

根据红黏土大气影响带的野外实测结果,雨季同旱季相比,土的含水率变化深度最大为60cm。在40cm以下,含水率的变化不超过3%。而实际基础下大气影响带深度要比野外暴露地区为小。因此,基础浅埋也不致由于地基土受大气变化影响而产生附加变形和强度问题。

(3)红黏土一般强度高,压缩性低。对一般建筑物,地基承载力往往由地基强度控制而不考虑地基变形。但从贵州地区的情况来看,由于地形和基岩面起伏往往造成在同一建筑地基上各部分红黏土厚度和性质很不均匀,从而形成过大的差异沉降,往往是天然地基上建筑物产生裂缝的主要原因。在这种情况下,按变形计算地基对于合理地利用地基强度,正确反映上部结构及使用要求具有特别重要的意义,特别对5层以上建筑物及重要建筑物应按变形计算地基。同时,还需根据地基、基础与上部结构共同作用原理,适当配合以加强上部结构刚度的措施,提高建筑物对不均匀沉降的适应能力。

(4)不论按强度还是按变形考虑地基承载力,必须考虑红黏土物理力学性质指标的垂直向变化,划分土质单元,分层统计、确定设计参数,按多层地基进行计算。

五 填土

视频:填土

1. 填土分布概况与研究意义

填土是一定的地质、地貌和社会历史条件下,由于人类活动而堆填的土。由于我国幅员辽阔,历史悠久,因此在我国大多数古老城市的地表面,广泛覆盖着各种类别的填土层。这种填土层无论从堆填方式、组成成分、分布特征及其工程性质等方面,均表现出一定的复杂性。各地区填土的分布和物质组成特征,在一定程度上可反映出城市地形、地貌变迁及发展历史,例如在我国的上海、天津、杭州、宁波、福州等地,填土分布和特征都各有其特点。上海地区多暗浜、暗塘、暗井,常用素土和垃圾回填,回填前没有清除水草,含有大量腐殖质。在黄浦江沿岸,则多分布由水力冲填泥砂形成的冲填土。

浙江杭州、宁波等地,由于城市的发展、建筑物的变迁,地表是以碎砖瓦砾等建筑垃圾为主填积而成,一般厚度2~3m左右,个别地方厚达4~5m。天津的旧城区和海河两岸一般表层都有填土,主要成分有素土、瓦砾、炉渣、炉灰、煤灰等杂物,有些地区是几种杂土混合填成。福建福州市填土分布较普遍,厚度1~5m,表层多为瓦砾填土,其瓦砾含量不一,如以瓦砾为主的称瓦砾层,如以黏性土为主称瓦砾填土。瓦砾填土层下部常见一种黏土质填土。在傍山地带则分布一种高挖低填、未经夯实堆积在斜坡上的黏性土,当地称其为松填土;经过夯实的称为夯填土。

在一般的岩土工程勘察与设计工作中,如何正确评价、利用和处理填土层,将直接影响到基本建设的经济效益和环境效益。在我国20世纪30~40年代,对填土常不分情况一律采取挖除换土,或采用其他人工地基,大大增加了工程造价,并给环境条件带来麻烦。到50年代,随着我国国民经济的发展,在利用表层填土作为天然地基方面取得不少有益的经验,这些经验已逐步反映在一些地区的地基设计规范或技术条例中。在几经修订的《建筑地基基础设计规范》(GB 50007—2011)中,对填土的分类及评价都有了不同程度的反映。

根据国内外资料,对填土的分类与评价主要是考虑其堆积方式、年限、组成物质和密实度等几个因素。关于按密实度划分问题,由于填土本身的复杂性,目前尚无统一的标准。在国内有些地区和单位曾用针探或其他动力触探的方法判定杂填土的密实程度及其均匀性,有关经验资料尚待进一步积累、总结、研究。

2. 填土的工程分类及工程地质问题

在《建筑地基基础设计规范》(GB 50007—2011)中,对填土根据其组成物质和堆填方式形成的工程性质的差异,划分为素填土、杂填土和冲填土3类。

1)素填土

素填土为由碎石、砂土、粉土或黏性土等一种或几种材料组成的填土,其中不含杂质或杂质很少。按其组成物质分为碎石素填土、砂性素填土、粉性素填土和黏性素填土。素填土经分层压实者,称为压实填土。

在一些古老城市中,由于地形的起伏或有沟、塘存在,在历史上已将这些低洼地段用较均一的素土进行了回填;在地形起伏较大的山区或丘陵地带建设中,平整场地的结果必然出现大量的填方地段,利用填方地段作为建筑场地不但可以节约用地、降低工程造价,而且往往是工程实践中难以避免的问题。过去,由于经验不足,在填方地区的工程,有时不论填方质量一律将基础穿过填土层而砌置在较好的天然土层上,大大增加了工程造价,延长了施工时间。但也有的工程由于对填土质量不够重视,结果因填土变形而造成地坪严重开裂或设备基础倾斜,影响了生产,花费了大量处理费用。为了解决这个问题,近30年来,建工、冶金、铁道系统的有关单位,采取了适当提高填土质量的方法,不但保证了地坪和设备基础的质量,而且利用分层压实的填土作地基,建成了具有30t、50t吊车的单层工业厂房、振动荷载较大的大型设备基础、铁路桥梁等重要工程和其他建筑,并进行了相应的试验研究,积累了较多的经验。

利用素填土作为地基应注意下列工程地质问题:

(1)素填土的工程性质取决于它的密实度和均匀性。在堆填过程中,未经人工压实的土一般密实度较差,但堆积时间较长,由于土的自重压密作用,也能达到一定密实度。如堆填时间超过10年的黏性土,超过5年的粉土,超过2年的砂土,均具有一定的密实度和强度,可以作为一般建筑物的天然地基。

（2）素填土地基的不均匀性，反映在同一建筑场地内，填土的各指标（干重度、强度、压缩模量）一般均具有较大的分散性，因而防止建筑物不均匀沉降问题是利用填土地基的关键。

（3）对压实填土应保证压实质量，保证其密实度。有关质量检验标准与工作要求详见《建筑地基基础设计规范》（GB 50007—2011）。

2）杂填土

杂填土为含有大量杂物的填土。按其组成物质成分和特征分为以下几种。

（1）建筑垃圾土：主要为碎砖、瓦砾、朽木等建筑垃圾夹土石组成，有机质含量较少。

（2）工业废料土：由工业废渣、废料，诸如矿渣、煤渣、电石渣等夹少量土石组成。

（3）生活垃圾土：由居民生活中抛弃的废物，诸如炉灰、菜皮、陶瓷片等杂物夹土类组成。一般含有机质和未分解的腐殖质较多，组成物质混杂、松散。

对以上各类杂填土进行大量试验研究，认为：以生活垃圾和腐蚀性、易变性工业废料为主要成分的杂填土，一般不宜作为建筑物地基；对以建筑垃圾或一般工业废料主要组成的杂填土，采用适当（简单、易行、收效好）的措施进行处理后可作为一般建筑物地基；当其均匀性和密实度较好，能满足建筑物对地基承载力要求时，可不做处理直接利用。

在利用杂填土作为地基时应该注意下列工程地质问题：

（1）不均匀性

杂填土的不均匀性表现在颗粒成分、密实度和平面分布及厚度的不均匀性。杂填土颗粒成分复杂，有天然土的颗粒、有碎砖、瓦片、石块以及人类生产、生活所抛弃的各种垃圾，而且有些成分是不稳定的，如某些岩石碎块的风化，或炉渣的崩解以及有机质的腐烂等。另外，对杂填土地基的变形问题，还应考虑颗粒本身强度，如炉砖之类工业垃圾颗粒本身多孔质弱，在不是很高的压力下即可能破碎；而含大量瓦片的杂填土，除瓦片间空隙很大可压密外，当压力达到一定程度时，往往由于瓦片的破坏而引起建筑物的沉陷。

由于杂填土颗粒成分复杂，排列无规律，而瓦砾、石块、炉渣间常有较大空隙，且充填程度不一，造成杂填土密实程度的特殊不均匀性。杂填土的分布和厚度往往变化悬殊，但杂填土的分布和厚度变化一般与填积前的原始地形密切相关。

（2）工程性质随堆填时间而变化

堆填时间越久，则土越密实，其有机质含量相对减少。堆填时间较短的杂填土往往在自重的作用下沉降尚未稳定。杂填土在自重下的沉降稳定速度决定于其组成颗粒大小、级配填土厚度、降雨及地下水情况。一般认为，填龄达5年左右其性质才逐渐趋于稳定，承载力则随填龄增大而提高。

（3）浸水湿陷性

由于杂填土形成时间短，结构松散，干或稍湿的杂填土一般具有浸水湿陷性。这是杂填土地区雨后地基下沉和局部积水引起房屋裂缝的主要原因。

（4）含腐殖质及水化物问题

以生活垃圾为主的填土，其中腐殖质的含量常较高。随着有机质的腐化，地基的沉降将增大；以工业废渣为主的填土，要注意其中可能含有水化物，因而遇水后容易发生膨胀和崩解，使填土的强度迅速降低，地基产生严重的不均匀变形。

3）冲填土

冲填土（亦称吹填土）系由水力冲填泥砂形成的沉积土，即在整理和疏浚江河航道时，有计划地用挖泥船，通过泥浆泵将泥砂夹大量水分，吹送至江河两岸而形成的一种填土。在我国长江、上海黄浦江、广州珠江两岸，都分布有不同性质的冲填土。由于冲填土的形成方式特殊，因而具有不同于其他类填土的工程特性，具体如下。

（1）冲填土的颗粒组成和分布规律与所冲填泥砂的来源及冲填时的水力条件有着密切的关系。在大多数情况下，冲填的物质是黏土和粉砂。在吹填的入口处，沉积的土粒较粗，顺出口处方向则逐渐变细。如果为多次冲填而成，由于泥砂的来源有所变化，则更加造成在纵横方向上的不均匀性，土层多呈透镜体状或薄层状构造。

（2）冲填土的含水率大，透水性较弱，排水固结差，一般呈软塑或流塑状态。特别是当黏粒含量较多时，水分不易排出，土体形成初期呈流塑状态，后来土层表面虽经蒸发干缩龟裂，但下面土层仍处于流塑状态，稍加扰动即发生触变现象。因此冲填土多属未完成自重固结的高压缩性的软土。而在越近于外围方向，组成土粒越细，排水固结越差。

（3）冲填土一般比同类自然沉积饱和土的强度低，压缩性高。冲填土的工程性质与其颗粒组成、均匀性、排水固结条件以及冲填形成的时间均有密切关系。对含砂量较多的冲填土，它的固结情况和力学性质较好；对含黏土颗粒较多的冲填土，评估其地基的变形和承载力时，应考虑欠固结的影响，对桩基则应考虑桩侧负摩擦力的影响。

六 冻土

冻土是指温度等于或低于零摄氏度，并含有冰的各类土。冻土可分为季节冻土和多年冻土：季节冻土是随季节变化周期性冻结融化的土，多年冻土是冻结状态持续3年以上的土。

1. 季节冻土及其冻融现象

我国季节冻土主要分布在华北、西北和东北地区。随着纬度和地面高度的增加，冬季气温越来越低，季节冻土厚度增加。季节冻土对建筑物的危害表现在冻胀和融沉两个方面。冻胀是冻结时水分向冻结部位转移、集中、体积膨胀，对建筑物产生危害；融化时，地基土局部含水率增大，土呈软塑或流塑状态，出现融沉，严重时使建筑物开裂变形。

季节冻土的冻胀和融沉与土的颗粒成分和含水率有关。按土的颗粒成分可将土的冻胀性分为4类，详见表5-23；按土的含水率可将土的冻胀性分为4类，详见表5-24。

土的冻胀性分类　　表5-23

分类	土的名称	冻胀		融化后土的状态
		冻结期内胀起(cm)	为2m冻土层厚的百分数(%)	
不冻胀土	碎石、砾石层，胶结砂砾层	—	—	固态外部特征不变
稍冻胀土	小碎石、砾石、粗砂、中砂	3~7	1.5~3.5	致密的或松散的，外部特征不变
中等冻胀土	细砂、粉质黏土、黏土	10~20	5~10	致密的或松散的，可塑结构常被破坏
极冻胀土	粉土、粉质黄土、粉质黏土	30~50	15~25	塑性流动，结构扰动，在压力下变为流砂

土的冻胀性分级   表 5-24

土的名称	天然含水率 $w(\%)$	潮湿程度	冻结期间地下水位低于冻深的最小距离 $h_w(m)$	冻胀性分级
粉、黏粒含量≤15%的粗颗粒土	$w \leq 12$	稍湿、潮湿	不考虑	不冻胀土
	$w > 12$	饱和		弱冻胀土
粉、黏粒含量为15%的粗颗粒土，细砂、粉砂	$w \leq 12$	稍湿	$h_w > 1.5$	不冻胀土
	$12 < w \leq 17$	潮湿		弱冻胀土
	$w > 17$	饱和		冻胀土
黏性土	$w < w_p$	半坚硬	$h_w > 2.0$	不冻胀土
	$w_p < w \leq w_p + 7$	硬塑		弱冻胀土
	$w_p + 7 < w < w_p + 15$	软塑		冻胀土
	$w > w_p + 15$	流塑	不考虑	强冻胀土

冻土结构有整体结构、网状结构和层状结构三种。

整体结构是温度降低很快，冻结时水分来不及迁移和集中，冰晶在水中均匀分布，构成整体结构。明显冻胀隆起，形成冻胀土丘，(又称冰丘)，是冻土区的一种不良地质现象。

2. 多年冻土及其工程性质

1）多年冻土的分布及其特征

我国多年冻土可分为高原冻土和高纬度冻土。高原冻土主要分布在青藏高原及西部高山(天山、阿尔泰山、祁连山等)地区；高纬度冻土主要分布在大、小兴安岭，满洲里—牙克山—黑河以北地区。多年冻土埋藏在地表面以下一定深度。从地表到多年冻土，中间常有季节冻土分布。高纬度冻土由北向南厚度逐渐变薄。从连续的多年冻土区到岛状多年冻土区，最后尖灭于非多年冻土区，其分布剖面如图 5-32 所示。

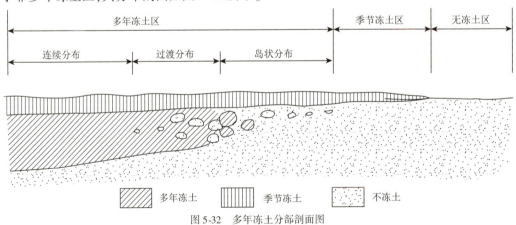

图 5-32　多年冻土分部剖面图

多年冻土具有以下特征：

(1) 多年冻土组成特征

冻土由矿物颗粒、冰、未冻结的水和空气组成。其中矿物颗粒是主体，它的大小、形状、成分比表面积、表面活动性等对冻土性质及冻土中发生的各种作用都有重要影响。冻土中的冰是冻土存在的基本条件,也是冻土各种工程性质的形成基础。

(2)多年冻土的结构特征

网状结构是在冻结过程中,由于水分转移和集中,在土中形成网状交错冰晶。这种结构对土原状结构有破坏,融冻后土呈软塑或流塑状态,对建筑物稳定性有不良影响。

层状结构是在冻结速度较慢的单向冻结条件下,伴随水分转移和外界水的充分补给,形成土层、冰透镜体和薄冰层相间的结构,原有土结构完全被分割破坏,融化时产生强烈融沉。

(3)多年冻土的构造特征

多年冻土的构造是指多年冻土层与季节冻土层之间的接触关系,如图 5-33 所示。

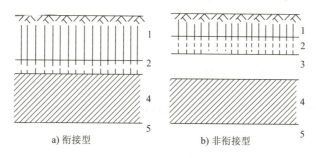

图 5-33 多年冻土构造类型
1-季节冻土层;2-季节冻土最大冻结深度变化范围;3-融土层;4-多年冻土层;5-不冻层

衔接型构造是指季节冻土的下限,达到或超过了多年冻土层的上限的构造。这是稳定的和发展的多年冻土区的构造。

非衔接型构造是指季节冻土的下限与多年冻土上限之间有一层不冻土。这种构造属退化的多年冻土区。

2)多年冻土的工程性质

(1)物理及水理性质:为了评价多年冻土的工程性质,必须测定天然冻土结构下的重度、密度、总含水率(冰及未冻水)和相对含冰量(土中冰重与总含水率之比)4 项指标。

(2)力学性质:多年冻土的强度和变形主要反映在抗压强度、抗剪强度和压缩系数等方面。由于多年冻土中冰的存在,使冻土的力学性质随温度和加载时间而变化的敏感性大大增加。在长期荷载作用下,冻土强度明显衰减,变形显著增大。温度降低时,土中含冰量增加,未冻结水减少,冻土在短期荷载作用下强度大增,变形可忽略不计。

3)多年冻土的分类

多年冻土的冻胀和融沉是重要的工程性质,按冻土的冻胀率和融沉情况对其进行分类。冻胀率 n 是土在冻结过程中土体积的相对膨胀量,以百分数表示:

$$n = \frac{h_2 - h_1}{h_1} \times 100\% \tag{5-42}$$

式中:h_1、h_2——分别表示土体冻结前、后高度,cm。

按冻胀率 n 值的大小,可将多年冻土分为 4 类:强冻胀土($n > 6\%$)、冻胀土($6\% \geq n >$

3.5%)、弱冻胀土(3.5%≥n>2%)和不冻胀土(n≤2%)。

4) 多年冻土的工程地质问题

(1) 道路边坡及基底稳定问题：在融沉性多年冻土区开挖道路路堑,使多年冻土上限下降,由于融沉可能产生基底下沉、边坡滑塌;如果修筑路堤,则多年冻土上限上升,路堤内形成冻土结核,发生冻胀变形,融化后路堤外部沿冻土上限发生局部滑塌。

(2) 建筑物地基问题:桥梁、房屋等建筑物地基的主要工程地质问题包括冻胀、融沉及长期荷载作用下的流变,以及人为活动引起的热融下沉等问题。

(3) 多年冻土区主要不良地质现象——冰丘和冰锥:多年冻土区的冰丘、冰锥和季节冻土区类似,但规模更大,而且可能延续数年不融。它们对工程建筑有严重危害,基坑工程和路堑应尽量绕避之。

3. 冻土危害的防治措施

1) 排水

水是影响冻胀融沉的重要因素,必须严格控制土中的水分。在地面修建一系列排水沟、排水管,用以拦截地表周围流来的水,汇集、排除建筑物地区和建筑物内部的水,防止这些地表水渗入地下。在地下修建芒沟、渗沟等拦截周围流来的地下水,降低地下水位,防止地下水向地基土集聚。

2) 保温

应用各种保温隔热材料,防止地基土温度受人为因素和建筑物的影响,最大限度地防止冻胀融沉。如在基坑或路堑的底部和边坡上或在填土路堤底面上铺设一定厚度的草皮、泥炭、苔藓、炉渣或黏土等,都有保温隔热作用,使多年冻土上限保持稳定。

3) 改善土的性质

(1) 换填土

用粗砂、砾石、卵石等不冻胀土代替天然地基的细颗粒冻胀土,是最常采用的防治冻的措施。一般基底砂垫层厚度0.8～1.5m,基侧面为0.2～0.5m。在铁路路基下常用这种砂垫层,但在砂垫层上要设置0.2～0.3m厚的隔热层,以免地表水渗入基底。

(2) 物理化学法

在土中加某种化学物质,使土粒、水和化学物质相互作用,降低土中水的冰点,使水分转移受到影响,从而削弱和防止土的冻胀。

思 考 题

1. 土的粒度成分如何影响土的工程性质?
2. 土中不同类别矿物(原生矿物、不溶于水的次生矿物、可溶盐、有机物)各如何影响土的工程性质?
3. 土中结合水、毛细水和重力水的性质对土的工程性质的主要影响有哪些?
4. 简述土的结构的含义,不同土的结构特征。
5. 由土的基本物理性质指标的定义及相互换算关系,则已知w、G_s、e,试求S_r、γ、γ_d

γ_{sat}、γ'。

6. 为什么无黏性土的紧密状态和黏性土的塑性指数与液性指数是综合反映它们各自工程性质特征的指标?

7. 简述土的压缩性和抗剪强度指标的含义及计算式。

8. 根据我国土的工程分类体系,试述碎石土、砂土、粉土和黏性土等四大类土及其亚类的划分依据及标准。

9. 膨胀土的防治措施有哪些?

10. 常见的特殊土有哪些? 简述他们的工程性质。

项目六

不良地质作用认知

1. 知识目标

(1) 掌握影响风化作用的工程意义及防治方法;
(2) 掌握滑坡影响因素及防治措施;
(3) 掌握崩塌影响因素及防治措施;
(4) 掌握泥石流影响因素及防治措施;
(5) 掌握地震震级、烈度及效应和防震的原则与措施。

2. 技能目标

(1) 会结合岩石风化程度不同采取相应的防治措施;
(2) 会识别影响滑坡形成的因素,尽量避开大型滑坡所影响的位置;
(3) 学会查清崩塌形成的条件和规模及其危害程度,有针对性地采取防治措施;
(4) 学会泥石流形成的条件,有针对性地采取防治措施;
(5) 学会不同建筑物岩溶处理办法;
(6) 学会防震原则和措施。

3. 素质目标

(1) 培养学生针对不同不良地质作用的实际应用能力;
(2) 培养学生踏实、细致、认真的工作态度和作风。

4. 学习重点

风化、滑坡、崩塌、泥石流、岩溶的概念;震级与烈度;不良地质作用的影响因素及防治措施。

5. 学习难点

风化、滑坡、崩塌、泥石流、岩溶、地震的发生机理、影响因素及防治措施。

动画:地质作用

地表是人类工程活动的主要场所。地表附近的地质作用所引发的地质现象形式多样,对人类工程活动的影响巨大,例如内动力地质作用引发地震、火山爆发等,外动力地质作用引发滑坡、崩塌、泥石流、岩溶等。我们把这些对工程建设不利或有不良影响的动力地质现象称为不良地质现象。另外除了内外地质作用外,人类的工程建设活动也同样也会诱发山体松动、滑坡、崩塌等不良地质现象的发生。这些不良地质现象或给路线的合理布局、工程设计和施工带来困难,或给建筑物的稳定和正常使用造成危害,更可能对人民的生命财产带来威胁。因此,学习不良地质现象,掌握它们的形成的条件和影响因素,以便及早采取相应的措施,是防灾减灾,提高工程建设质量、减少工程病害,高质量完成工程建设的一个重要课题。

我国幅员辽阔,不良地质现象繁多。本项目主要介绍风化、滑坡、崩塌、泥石流、岩溶与地震等常见的几种地质现象。

任务一 认识风化作用

一 基本概念

风化作用指分布在地表或地表附近的岩石,经受太阳辐射、大气、水溶液及生物等因素的侵袭,逐渐破碎、松散或矿物成分发生化学变化,甚至生成新的矿物的现象。被风化的岩石圈表层称为风化壳。在风化壳中,岩石经过风化作用后,形成松散的岩屑和土层,残留在原地的堆积物称为残积土;尚保留原岩结构和构造的风化岩石称为风化岩。

动画:风化作用

风化作用导致岩石强度、稳定性降低,促使滑坡等不良地质现象的形成和发展。在各种工程建设中所遇到的岩石,绝大多数是经受过不同风化程度的岩石。

二 风化作用的类型

1. 物理风化

指地表岩石因温度变化和孔隙中水的冻融及盐类的结晶而产生的机械崩解过程(图6-1)。它使岩石从比较完整固结的状态变为松散破碎状态,产生单纯的仅是机械性破坏,而不发生化学成分的变化。因此,物理风化又称机械风化。

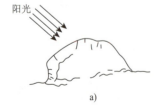
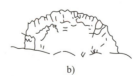

图6-1 气温变化引起岩石膨胀收缩的崩解过程示意图

1)热力风化

地球表面所受太阳辐射有昼夜和季节的变化,因而气温与地表温度均有相应的变化。岩石是不良导热体,所以受阳光影响的岩石昼夜温度变化仅限于很浅的表层;而由温度变化引起岩体膨胀所产生的压应力和收缩所产生的张应力也仅限于表层。这两种过程的频繁交替遂使岩石表层产生裂缝以致呈片状剥落。

2) 冻融风化

岩石孔隙或裂隙中的水在冻结成冰时,体积膨胀(约增大9%),因而对围限它的岩石裂隙壁施加很大的压应力(可达200MPa),使岩石裂隙加宽加深。当冰融化时,水沿扩大了的裂隙渗入到岩石更深的内部,并再次冻结成冰。这样冻结、融化频繁进行,不断使裂隙加深扩大,以致使岩石崩裂成为岩屑,这种作用又叫冰劈作用(图6-2)。

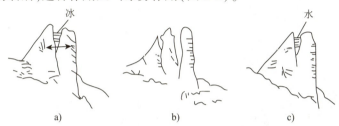

图6-2 水的冻结扩大岩石裂缝示意图

2. 化学风化

化学风化指岩石在水、水溶液和空气中的氧与二氧化碳等风化因素侵袭下,发生的溶解、水化、水解、碳酸化和氧化等一系列复杂的化学变化。它使岩石中的矿物成分发生化学变化,改变或破坏岩石的性状并可形成次生矿物的作用过程。

化学风化使岩石中的裂隙加大,孔隙增多,这样就破坏了原来岩石的结构和成分,使岩层变成松散的土层。

1) 溶解作用

溶解作用是指水直接溶解岩石矿物的作用,使岩石遭到破坏。水是一种好的溶剂。所以矿物遇水后,就会不同程度地被溶解,一些质点(离子或分子)逐步离开矿物表面,进入水中,形成水溶液而流失。

最容易发生溶解的是卤化岩类(岩盐、钾盐),其次是硫酸盐(石膏、硬石膏),再就是碳酸岩类(石灰岩、白云岩等)。

2) 水化作用

有些矿物(特别是极易溶解和易溶解盐类的矿物)和水接触后,其离子与水分子互相吸引结合得相当牢固,形成了新的含水矿物。一定分量的水加入矿物成分里,改变了其原有的分子式,引起了体积膨胀,岩石破坏。例如硬石膏($CaSO_4$)水化成为石膏($CaSO_4 \cdot 2H_2O$),硬度降低,相对密度减小,体积增大60%,对围岩会产生巨大的压力。

3) 水解作用

水解作用是指矿物与水的成分起化学作用形成新的化合物。岩石中大部分矿物属于硅酸盐和铝硅酸盐,它们是弱酸强碱化合物,因而水解作用较普遍,如正长石水解成为高岭土、石英和氢氧化钾。

4) 碳酸化作用

大气中和水中含有CO_2,它们与盐类矿物中的K、Na、Ca等金属离子结合成易溶的碳酸盐而随水迁移,使原有矿物分解,这种变化称为碳酸化作用。

5) 氧化作用

氧化作用常在有水存在时发生。大气中含有约21%的氧,而溶在水里的空气含量达33%~35%,所以氧化作用是化学风化最常见的一种,它通过空气和水中的游离氧而实现。氧化作用有两方面的表现:一是矿物中的某种元素与氧结合形成新矿物;二是许多变价元素在缺氧条件下形成的低价矿物,在地表氧化环境下转变成高价化合物,原有矿物被解体。含有低价铁的硅酸盐、硫化物最易受氧化作用影响。如黄铁矿(FeS_2)氧化形成硫酸亚铁($FeSO_4$)和硫酸(H_2SO_4),其中的硫酸腐蚀岩石中的某些矿物,致使岩石破坏。

3. 生物风化

生物风化是指生物在其生长和分解过程中,直接或间接地对岩石矿物所起的物理和化学的风化作用。

生物的物理风化如生长在岩石裂缝中的植物,在成长过程中,根系变粗、增长和加多,它像楔子一样对裂隙壁施以强大的压力(1~1.5MPa),将岩石劈裂(图6-3)。其他如动物的挖掘和穿凿活动也会加速岩石的破碎。

图6-3 根劈作用

三 风化作用类型之间的相互关系

由上可知,岩石的风化作用,实质上只有物理风化和化学风化两种基本类型,它们彼此是互相紧密联系的。物理风化作用加大了岩石的孔隙度,使岩石获得较好的渗透性,这样就更有利于水分、气体和微生物等的侵入。岩石崩解为较小的颗粒,使表面积增加,更有利于化学风化作用的进行。从这种意义上来说,物理风化是化学风化的前驱和必要条件。在化学风化过程中,不仅岩石的化学性质发生变化,也包含着岩石的物理性质的变化。

物理风化只能使颗粒破碎到一定的粒径,大致在中—细砂粒之间,从这种意义上说,化学风化是物理风化的继续和深入。实际上,物理风化和化学风化在自然界往往是同时进行、互相影响、互相促进的。因此,风化作用是一个复杂的、统一的过程,只有在具体条件和阶段上,物理风化和化学风化才有主次之分。

四 影响风化作用的因素

1. 气候因素

气候对风化的影响主要是通过温度和雨量变化及生物繁殖状况来实现的。在昼夜温差或寒暑变化幅度较大的地区,有利于物理风化作用的进行。特别是温度变化的频率,比温度变化的幅度更为重要,因此昼夜温差大的地区,对岩石的破坏作用也大。

炎夏的暴雨对岩石的破坏更剧烈。温度的高低,不仅影响热胀冷缩和水的物态,而且对矿物在水中的溶解度、生物的新陈代谢、各种水溶液的浓度和化学反应的速度等都有很大的影响。各地区降雨量的大小,在化学风化中有着非常重要的地位。雨水少的地区,某些易溶矿物也不能完全溶解,并且溶液容易达到饱和,发生沉淀和结晶,从而限制了元素迁移的可能性;而多雨地区就有利于各种化学风化作用的进行。化学风化的速度在很大程度上取决于淋溶的水量,而且雨水多又有利于生物的繁殖,从而也加速了生物风化。因此,气候基本上决定了风化作用的主要类型及其发育的程度。

2. 地形因素

在不同的地形条件(高度、坡度和切割程度)下,风化作用也有明显的差异,它影响着风化的强度,保存风化物的厚度及分布情况。

在地形高差很大的山区,风化的深度和强度一般大于平缓的地区,但因斜坡上岩石破碎后很容易被剥落、冲刷而移离原地,所以风化层一般都很薄,颗粒较粗,黏粒很少。

在平原或低缓的丘陵地区,由于坡度缓,地表水和地下水流动都比较慢,风化层容易被保存下来,特别是平缓低凹的地区风化层更厚。

一般说来,在宽缓的分水岭地区,潜水面离地表较河谷地区深,风化层厚度往往比河谷地区的厚。强烈的剥蚀区和强烈的堆积区,都不利于化学风化作用的进行。沟谷密集的侵蚀切割地区,地表水和地下水循环条件虽好,风化作用也强烈,但因剥蚀强烈,所以风化层厚度不大。山地向阳坡的昼夜温差较阴坡大,故风化作用较强烈,风化层厚度也较厚。

3. 地质因素

岩石的矿物组成、结构和构造都直接影响风化的速度、深度和风化阶段。

岩石的抗风化能力,主要是由组成岩石的矿物成分决定的。造岩矿物对化学风化的抵抗能力是不同的,也就是说,它们在地表环境下的稳定性是有差异的。

从岩石的结构上看,粗粒的岩石比细粒的容易风化,多种矿物组成的岩石比单一矿物岩石容易风化,粒度相差大的和有斑晶的都比均粒的岩石容易风化。就岩石的构造而言,断裂破碎带的裂隙、节理、层理与页理等都是便于风化营力侵入岩石内部的通道。

所以,这些不连续面(也可以称为岩石的软弱面)在岩石中的密度越大,岩石遭受风化就越强烈。风化作用会沿着某些张性的长大断裂深入到地下很深的地方,形成所谓的风化囊袋。

五 岩石风化的勘查评价与防治

1. 风化作用的工程意义

岩石受风化作用后,改变了物理、化学性质,其变化的情况随着风化程度的轻重而不同。如岩石的裂隙度、隙度、透水性、亲水性、胀缩性和可塑性等都随风化程度加深而增加,岩石的抗压和抗剪强度等都随风化程度加深而降低,风化壳成分的不均匀性、产状和厚度的不规则性都随风化程度加深而增大。所以,岩石风化程度愈深的地区,工程建筑物的地基承载力越低,岩石的边坡越不稳定。风化程度对工程设计和施工都有直接影响,如矿山建设、场址选择、水库坝基、大桥桥基和铁路路基等地基开挖深度、浇灌基础应到达的深度和厚度、边坡开挖的坡度及防护或加固的方法等,都将随岩石风化程度的不同而异。因此,工程建设前必须对岩石的风化程度、速度、深度和分布情况进行调查和研究。

2. 岩石风化的勘查与评价

岩石风化的调查内容主要有：

(1) 查明风化程度，确定风化层的工程性质，以便考虑建筑物的结构和施工的方法。根据岩石的颜色、结构和破碎程度等宏观地质特征和强度，将风化层分为 5 个带（表 6-1）。

风化层分带　　　　　　　　　　　　　　　表 6-1

风化程度	岩石结构	矿物成分	破碎性
未风化	未变	未变	—
微风化	基本未变	基本未变	无疏松物质
弱风化	部分破坏	稍微变质	有松散物质
强风化	大部分破坏	显著变化	疏松物与坚硬体混杂
全风化	全部破坏	风化成土状	不含坚硬块体

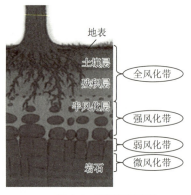

图 6-4　岩石壳剖面图

在野外工作基础上，还需对风化岩进行矿物组分、化学成分分析或声波测试等进一步研究，以便准确划分风化带（图 6-4）。

(2) 查明风化厚度和分布，以便选择最适当的建筑地点，合理地确定风化层的清基和刷方的土石方量，确定加固处理的有效措施。

(3) 查明风化速度和引起风化的主要因素，对那些直接影响工程质量和风化速度快的岩层，必须制定预防风化的正确措施。

(4) 对风化层的划分，特别是黏土的含量和成分（蒙脱石、高岭石、水云母等）进行必要分析，因为它直接影响地基的稳定性。

六　岩石风化的防治

岩石风化的防治方法主要有：

1. 挖除法

适用于风化层较薄的情况，当厚度较大时通常只将严重影响建筑物稳定的部分剥除。

2. 抹面法

用使水和空气不能透过的材料如沥青、水泥、黏土层等覆盖岩层。

3. 胶结灌浆法

用水泥、黏土等浆液灌入岩层或裂隙中，以加强岩层的强度，降低其透水性。

4. 排水法

为了减少具有侵蚀性的地表水和地下水对岩石中可溶性矿物的溶解，适当做一些排水工作。只有在进行详细调查研究以后，才能提出切合实际的防止岩石风化的处理措施。

任务二 认识滑坡和崩塌

一 滑坡

1. 滑坡典型案例

1) 库区滑坡

意大利瓦伊昂水库(图6-5),位于意大利北部阿尔卑斯山地的瓦伊昂河谷中。距离威尼斯市约100km,坝高265m,是当时世界上最高的混凝土双曲拱坝。

瓦伊昂水库库岸由白垩系及侏罗系的石灰岩组成,其中有泥灰岩和夹泥层。河谷岸坡陡峭,节理发育。大坝始建于1956年,1960年9月建成,1960年2月开始蓄水。大坝蓄水后,至1963年10月晚10时,左岸托克山(Toc)山体突然以高达25~30m/s的速度沿层面下滑,约2.7亿m³的岩土体向北滑动了500m,滑入水库并推至对岸。掀起的库水高出坝顶125m(图6-6)。约2500万m³的库水宣泄而下,摧毁了下游3km处的隆加罗市(Longamne)及其下游数个村镇,造成2000余人丧生。造成了数亿美元的经济损失。

图6-5 瓦伊昂水库

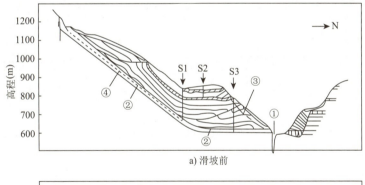

a) 滑坡前

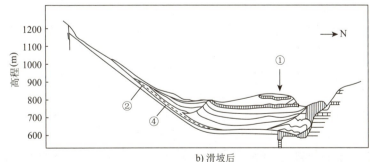

b) 滑坡后

图6-6 瓦伊昂水库滑坡滑前、后剖面示意图
①-瓦伊昂河谷;②-老滑坡滑动面;③-1960年滑坡滑动面;
④-1960年滑坡滑动面;S1-钻孔及编号

2)库区滑坡

白灰厂滑坡位于包头市石拐矿区召沟河床西侧(图6-7),滑坡体沿召沟河床西侧展布,东300~370m,南北最大长度约600m,总面积约$1.6 \times 10^5 m^2$,滑坡体体积近$5.0 \times 10^6 m^3$。灰厂滑坡为该地区召沟大型古滑坡的一部分,自1979年底复活以来,滑坡体前缘向前滑了约30m左右,覆盖淹埋公路600余m,毁民房5000m²,并有可能堵塞召沟河床,使洪改道,威胁东岸长汊沟的安全。

滑坡为何会复活呢?主要有以下几点原因:

(1)在1979年滑坡复活前几年平均雨量为470mm,比历年高出129mm;导致其水文条件发生变化。

(2)地下采矿使上覆岩体完整遭到显著破坏,开采煤层引起扰动导致强度下降。

(3)滑坡为顺层滑坡,软弱的黏土岩为滑坡的滑动面,软弱黏土岩层含水率增高导致强度的衰减。

(4)滑坡前缘的切层开挖。

(5)地表生活用水及工业用水的渗入,在古滑体上修筑了民用住宅及供水管道。

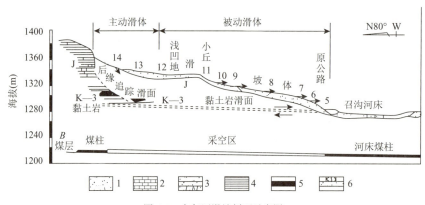

图6-7 白灰厂滑坡剖面示意图
1-第四系;2-石灰岩;3-砂岩;4-页岩;5-煤层;6-油页岩

2. 基本概念

根据《地质灾害分类分级标准(试行)》(T/CAGHP 001—2018)规定滑坡是指斜坡岩土体在重力作用下或其他因素参与影响下,沿地质弱面发生向下向外滑动并以向外滑动为主的变形破坏。

视频:滑坡

滑坡是山区铁路、公路等工程建设中常见的一种不良地质现象。传统的滑坡滑动的岩土体具有整体性,除了滑坡边缘线一带和局部一些地方有较少的崩塌和产生裂隙外,总的来看大体上保持着原有岩土体的整体性。其次,斜坡上岩土体的移动方式为滑动,不是倾倒或滚动,因而滑坡体的下缘常为滑动面或滑动带的位置。此外,规模大的滑坡一般是缓慢地往下滑动,其位移速度多在突变加速阶段才显著。但值得注意的是,近年来发生的诸多滑坡,表现出了高速、远程滑动的特征,同时滑坡经常是在滑坡体的表层发生翻滚现象,因而称这种滑坡为崩塌性滑坡。

滑坡的存在迫使交通中断,影响公路的正常运输。大规模的滑坡,甚至可以堵塞河道、摧毁公路、破坏厂矿、掩埋村庄，对山区建设危害极大。

3. 滑坡的形态特征

为避免滑坡带来的危害，正确识别和判断滑坡，就显得尤为重要（图 6-8）。

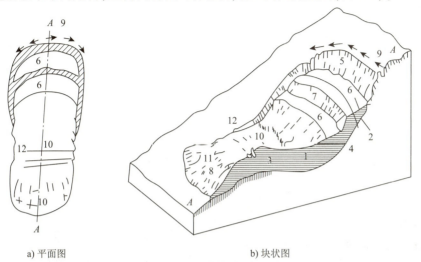

a）平面图　　　　　　　b）块状图

图 6-8　滑坡形态和构造示意

1-滑坡体；2-滑动面；3-滑动带；4-滑坡床；5-滑坡后壁；6-滑坡台地；7-滑坡台地陡坎；
8-滑坡舌；9-张拉裂缝；10-滑坡鼓丘；11-扇形张裂缝；12-剪切裂缝

（1）滑坡体

沿滑动面向下滑动的那部分岩、土体，简称滑体。滑坡体的规模不等，体积小的只有十几立方米，大的可达几百万甚至几千万立方米。

（2）滑动面

滑坡体沿其下滑的面，是滑动体与下面不动的滑床之间的分界面。

滑坡床是滑坡周界滑动面下稳定不动的岩土体。平面上，滑坡体与周围稳定不动的岩土体的分界线被称为滑坡周界。

（3）滑坡壁

滑体后缘与母体脱开的分界面，平面上多呈围椅状，是滑动面上部出露地表的部分。

（4）滑坡台阶

滑坡体各部分运动速度的差异，致使其断开或沿不同滑面多次滑动，都会在滑坡上形成多级台阶，由滑坡平台及陡壁组成。

（5）滑坡舌和滑坡鼓丘

滑坡体前缘伸入沟堑或河道中的舌状部分叫滑坡舌。如滑坡体前缘受阻，被挤压鼓起形成丘状，被称为滑坡鼓丘。

（6）滑坡裂隙

滑坡体内出现的裂隙，在张拉力或剪切力的作用下形成，多呈环形、放射状以及羽毛状。常发生在滑坡的初期和中期。

此外，斜坡发生滑动之后会出现一些特殊的地貌、地物特征，它们也可作为判断滑坡存在的重要参考依据。如:滑坡体上房屋开裂甚至倒塌,滑坡周界处"双沟同源"现象,滑坡体表面坡度比周围未滑动斜坡坡度变缓,滑坡体上的"醉林""马刀树"等现象。树木东倒西歪称为醉林(图6-9),它表明不久前曾发生过比较剧烈的滑坡。滑坡体上因受滑坡滑动影响而歪斜的树体,当滑坡体固定后继续向上生长,导致树体下部歪斜而上部直立,称为马刀树(图6-10)。

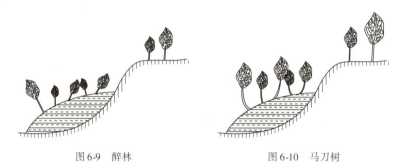

图6-9　醉林　　　　　　图6-10　马刀树

4. 滑坡的形成条件和影响因素

1) 滑坡形成的力学条件

当斜坡岩土体平衡被破坏时即会发生滑坡。现以图6-11圆弧形滑动面滑坡进行受力状态分析。常见的滑动面的形态除了弧形还包括有直线形、折线形等。图中圆心为 O,OD 为圆半径,滑体的自重 W 是使滑坡体产生滑动的力,沿滑动面 AD 弧存在着抵抗滑动的抗剪应力 τ_f。

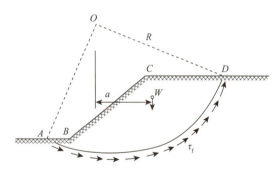

图6-11　滑坡的受力状态

当斜坡岩土体处于极限平衡状态时,所有作用在滑动体上的力矩应处于平衡状态,即抗滑力矩 = 下滑力矩:

$$W \cdot a = \sum \tau_f \cdot R$$

令:

$$k = \frac{抗滑力矩}{下滑力矩} = \frac{\sum \tau_f \cdot R}{W \cdot a}$$

式中:k——稳定系数,有时也被称作安全系数。当 $k>1$ 时,斜坡稳定;当 $k=1$ 时,斜坡处于极限平衡状态;当 $k<1$ 时,滑体下滑。

由此可知滑坡产生的力学条件是：在贯通的滑动面上，总下滑力矩大于总抗滑力矩。

2）滑坡影响因素

影响滑坡形成和发展的因素比较复杂，包括如地层岩性、地形地貌、地质构造等内部条件和水、地震、人为因素等外部因素。其中内部条件对滑坡形成起控制作用。

（1）地层岩性

在硬质岩的地层中，一般不易发生滑坡。滑坡主要发生在易亲水软化的土层和一些软岩中。如黏土与黄土、黄土类土、风化岩及遇水易膨胀软化的土层以及页岩、页岩、泥岩、泥灰岩、千枚岩等软岩中。当组成斜坡的岩石性质不一，特别是当上层为松散堆积层，而下部是坚硬岩石时，则沿两者接触面最容易产生滑坡。

（2）地形地貌

斜坡的高度、坡度和表面起伏的形态影响着斜坡的稳定性。坡越平缓、高度越低，边坡稳定性越好。而陡峻的斜坡较不稳定，因为地形上的有效临空面提供了滑动的空间，成为滑坡形成的重要条件。高低起伏的丘陵地貌、山间盆地边缘、山地和平原地貌交界处的坡积和洪积地貌是滑坡集中分布的地貌单元。

（3）地质构造

滑坡的产生与地质构造关系极为密切。滑动面常常是构造软弱面，如层面、断层面、断层破碎带、节理面、不整合面等。另外，岩层的产状也影响滑坡的发育。如果岩层向斜坡内部倾斜，斜坡比较稳定；如果岩层的倾向和斜坡坡向相同，就有利于滑坡发育，特别是当倾斜岩层中有含水层存在时，滑坡最易形成。

（4）水的作用

水使岩土软化、强度降低、使岩土体加速风化。有关资料显示，90%以上滑坡都和水有关。丰富的雨水和雪融水，可润湿斜坡上的岩土，当水进入滑动体，会使滑动体自重增大；当水下浸到达滑动面，会使滑动面抗剪强度降低，再加上水对滑动体的静、动水压力，都成为诱发滑坡形成和发展的重要因素。

（5）地震

地震可以诱发滑坡，这种现象在山区尤为明显。例如，发生于2008年5月12日的汶川地震，诱发了至少2万处滑坡，造成了严重的灾难。地震对斜坡稳定性的影响主要包括以下几方面。地震产生地震力，同时，地表物体和建筑物内部将产生一种与地震力大小相等、方向相反的惯性力，因此地震总会在斜坡内引起一种附加应力，这种附加应力存在的时间如同引起它的地震振动的延续时间一样，也是很短的，但足以导致整个斜坡体的失稳，此外，地震还会使饱水的砂质斜坡因震动液化而移动，使抗滑力减小。

（6）人为因素及其他因素

人为因素主要是指人类工程活动不当引起滑坡，如人工切坡、开挖渠道等工程活动。若设计施工不当，也可造成斜坡平衡破坏而引起滑坡。

此外，地震、海啸、风暴潮、冻融、大爆破以及各种机械振动都可诱发滑坡。因为地面震动不仅增加了土体下滑力，而且破坏了土体的内部结构。

当上述条件同时具备时，滑坡几乎是难以避免的。

5. 滑坡分类

为更好地研究、治理滑坡,需要对滑坡进行分类。《地质灾害分类分级标准(试行)》(T/CAGHP 001—2018)中对滑坡的分类方法如下。

1)按滑坡体的物质组成分类

滑坡按滑坡体的物质组成可分为土质滑坡和岩质滑坡两类。

(1)土质滑坡:是指滑坡物质主要由土体或松散堆积物质组成的滑坡。这类滑坡常发生于第四系与第三系地层中未成岩或成岩不良及有不同风化程度以黏土层为主的地层中,滑坡地貌明显,滑床坡度较缓,规模较小,滑速较慢,多成群出现。此类滑坡还存在一些特殊土滑坡,并具有自身的特征,如黄土滑坡多属于崩塌性滑坡,滑动速度快,变形急剧,规模及动能巨大,常群集出现。土质滑坡按照滑体颗粒大小和物质成分又可以分为粗粒土滑坡和细粒土滑坡两大类,详细分类见表6-2。

(2)岩质滑坡:滑体主要由各种完整岩体组成的滑坡,岩体中有节理裂隙切割。主要发育在两种地区,一种是受软弱岩层或具有软弱夹层控制的岩层中,另一种是在硬质岩层沿岩体结构而滑坡。

基于物质颗粒大小和成分的土质滑坡分类　　　　表6-2

滑坡类型	物质成分分类	特征描述
粗颗粒滑坡	堆积层滑坡	滑体由各种成因的块碎石堆积体(如滑坡、崩塌、泥石流、冰水等)构成,沿基覆界面或堆积体内部剪切面滑动
	残坡积层滑坡	滑体由基岩风化壳、残坡积土等构成,沿基覆界面或残坡积层内部剪切面滑动
	人工堆积层滑坡	滑体由人工开挖堆填土、弃渣等构成,沿基覆界面或残坡积层内部剪切面滑动
细粒土滑坡	黄土滑坡	发生在不同时期的黄土层中的滑坡,滑体主要由黄土构成,在黄土体内或沿基覆界面滑动
	黏性土滑坡	发生在黏性土层中的滑坡
	软土滑坡	滑坡土体以淤泥、泥炭、淤泥质土等抗剪强度极低的土为主,塑流变形较大
	膨胀土滑坡	滑坡土体富含蒙脱石等易膨胀矿物,内摩擦角很小,干湿效应明显
	其他细粒土滑坡	发生于其他类型的细粒土(砂性土、淤泥土等)中的滑坡

2)按滑坡受力形式特征分类

滑坡按力学特征可分为推移式滑坡、平移式滑坡和牵引式滑坡。

(1)推移式滑坡(图6-12):滑坡的滑动面前缓后陡,其滑动力主要来自于坡体的中后部,前部具有抗滑作用。滑体中后部局部破坏,上部滑动面局部贯通,来自滑体中后部的滑动力推动坡体下滑,在后缘先出现拉裂、下错变形,并逐渐挤压前部产生隆起、开裂变形等,最后整个滑体滑动。推移式滑坡多是由于滑体上部增加荷载或地表水沿拉张裂隙渗入滑体等原因所引起的。

(2)牵引式滑坡(图6-13):滑体前部因临空条件较好,或受其他外在因素(如人工开挖、库水位升降等)影响,先出现滑动变形,使中后部坡体失去支撑而变形滑动,由此产生逐级后退变形,也称为渐进后退式滑坡。

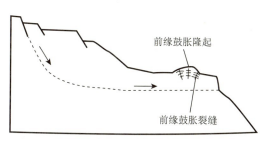

图 6-12 推移式滑坡   图 6-13 牵引式滑坡

除上述分类外,还有以下几种分类分式:

3)按滑面与岩层层面关系的分类

按滑面与岩层层面关系可分为均质滑坡、顺层滑坡和切层滑坡三类(图 6-14)。这种分类最为普遍,应用颇广。

(1)均质滑坡发生在均质、无明显层理的岩土体中,滑坡面一般呈圆弧形。在黏土岩和土体中常见。

(2)顺层滑坡是沿岩层层面发生的,当岩层倾向与斜坡倾向一致,且其倾角小于坡角的条件下,往往顺层间软弱结构面滑动而形成滑坡。

(3)切层滑坡是滑动面切过岩层面的滑坡,多发生在沿倾向坡外的一组或两组节理而形成贯通滑动而的滑坡。

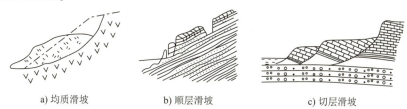

a) 均质滑坡   b) 顺层滑坡   c) 切层滑坡

图 6-14 滑坡滑面与地质结构关系示意

4)按滑坡体厚度划分

滑坡按滑坡体厚度 h 可分为浅层滑坡($h<6m$)、中层滑坡($6m \leqslant h<20m$)、深层滑坡($20m \leqslant h<30m$)和超深层滑坡($h \geqslant 30m$)四类。

5)按滑坡规模大小划分

滑坡按规模大小(滑坡体体积 V)可分为小型滑坡($V<10$ 万 m^3)、中型滑坡(10 万 $m^3 \leqslant V<100$ 万 m^3)、大型滑坡(100 万 $m^3 \leqslant V<1000$ 万 m^3)、特大型滑坡(1000 万 $m^3 \leqslant V<10000$ 万 m^3)、巨型滑坡($V \geqslant 10000$ 万 m^3)五类。

6)按形成的年代划分

(1)新近滑坡:现今发生或正在发生滑移变形的滑坡;

(2)老滑坡:全新世以来发生滑动,现今整体稳定的滑坡;

(3)古滑坡:全新世以前发生滑动,现今整体稳定的滑坡,其中又可分为死滑坡、活滑坡及处于极限平衡状态的滑坡。

7)按照成因类型划分

(1)工程滑坡,指人类工程活动引发的滑坡;
(2)自然滑坡,指自然作用产生的滑坡。
8)按照滑体变形发展过程中的运动速度划分
按照运动速度 v 对破坏进行分类,见表6-3。

按照运动速度对破坏进行分类　　　　表6-3

滑坡类型	速度限值	破坏力描述
超高速滑坡	$v \geqslant 5\text{m/s}$	灾害破坏力大,地标建筑完全毁灭,滑体的冲击或崩解造成巨大人员伤亡
高速滑坡	$3\text{m/min} \leqslant v < 5\text{m/s}$	灾害破坏力大,因速度快而无法转移所有人员,造成部分死亡
快速滑坡	$1.8\text{m/h} \leqslant v < 3\text{m/min}$	有时间进行逃生和疏散;房屋、财产和设备被滑体破坏
中速滑坡	$13\text{m/月} \leqslant v < 1.8\text{m/h}$	距离坡脚一定距离的固定建筑能够幸免;位于滑体上部的建筑破坏极其严重
慢速滑坡	$1.6\text{m/年} \leqslant v < 13\text{m/月}$	如果滑动时间短并且滑坡边缘的运动分布于广泛的区域,则经过多次的大型维修措施,通路与固定建筑可以得到保留
缓慢滑坡	$0.016\text{m/年} \leqslant v < 1.6\text{m/年}$	一些永久建筑未产生破坏,即使因滑动产生破裂也是可修复的
极慢速滑坡	$v < 0.016\text{m/年}$	事先采取了防护措施的建筑不会产生破坏

6. 滑坡防治

对滑坡的防治应当贯彻以防为主、整治为辅的原则;尽量避开大型滑坡所影响的位置;对大型复杂的滑坡,应采用多项工程综合治理;对中小型滑坡,应注意调整建筑物或构筑物的平面位置,以求经济技术指标最优;对发展中的滑坡要进行整治,对古滑坡要防止复活,对可能发生滑坡的地段要防止滑坡的发生;整治措施应在查明滑动原因、滑动面位置等主要问题的基础上有针对性地提出。常用的整治措施有以下几方面:

1)排水

(1)排除地表水是整治滑坡不可缺少的辅助措施,而且应是首先采取并长期运用的措施。其目的在于拦截、旁引滑坡外的地表水,避免地表水流入滑坡区,或将滑坡范围内的雨水及泉水尽快排除,阻止雨水、泉水进入滑坡体内。因此可在滑坡边界处设环形截水沟,滑坡内修筑树枝状排水沟。此外还应整平地面,堵塞、夯实滑坡裂缝,防止地表水渗入滑坡内。在滑坡体及四周植树种草等方法也有显著效果。

(2)排除地下水。对地下水,可疏而不可堵。其主要工程措施是采用截水盲沟,用于拦截和旁引滑坡外围的地下水。盲沟的迎水面应是渗水的,并作反滤层;背水面是隔水的,防止水渗入滑坡体内,为了防止地表水和泥砂渗入盲沟内,沟顶部可设隔水层。另外还可设置支撑盲沟,支撑盲沟既有支撑作用又有排水作用,这种方法一般在滑坡床较浅、滑坡体内有大量积水或地下水分布层次多的滑坡中采用。支撑盲沟常见的结构类型有拱形、"Y"形和其他类型等。此外还有盲洞、渗管、渗井、垂直钻孔等排除滑体内地下水的工程措施。

2)刷方减载

可将斜坡上部的岩土体削去一部分,减轻上部荷载,这样可减小滑坡或斜坡上的滑动力,因而增加了稳定性。若将上部削除的岩土砌筑在坡脚,还可以增加滑坡或斜坡内的抗滑力,进一步提高滑坡或斜坡的稳定性,起到反压抗滑的作用。

3)修建支挡工程

修筑支挡工程,是指在滑坡下部修筑挡土墙、抗滑桩或锚固工程等增加滑坡下部的抗滑力。

(1)抗滑挡土墙应用广泛,属重型支挡工程,是防治滑坡常用的有效措施之一,常与排水等措施联合使用(图6-15)。它借助自身的重量支挡滑体的下滑力,因此采用抗滑挡墙时必须计算出滑坡的滑动推力、查明滑动面的位置,将抗滑挡墙的基础砌置于最低的滑动面之下,以避免其本身滑动而失去抗滑作用。

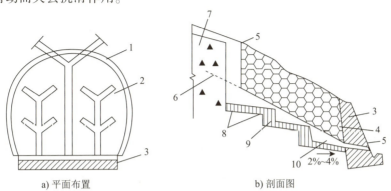

图6-15 支撑盲沟与挡土墙联合结构
1-截水天沟;2-支撑盲沟;3-挡土墙;4-块石,片石;5-融水孔;6-滑动面位置;
7-砂砾石反滤层;8-有孔混凝土盖板;9-浆砌片石;10-纵向盲沟

抗滑桩是用以支挡滑体下滑力的桩柱,是近20多年来逐渐发展起来的抗滑工程,已被广泛采用。桩材料多用钢筋混凝土,桩横断面可为方形、矩形或圆形。抗滑桩一般集中设置在滑坡的前缘附近。这种支挡工程对正在活动的浅层和中厚层滑坡效果较好。

(2)锚固工程也是近20多年来发展起来的新型抗滑加固工程,包括锚杆加固和锚索加固。通过对锚杆或锚索预加应力,增大了垂直滑动面的法向压应力,增加了滑动面的抗剪强度,从而阻止滑坡的发生。

4)改善土质

改善土质的目的在于提高岩土体的抗滑能力,主要用于土体性质、结构的改善。对岩质滑坡采用固结灌浆,对土质滑坡采用电化学加固、冻结、焙烧等。

5)防御绕避

当线路工程(如铁路、公路)遇到严重不稳定斜坡地段,处理又很困难时,则可采用防御绕避措施。

值得注意的是,一个滑坡并非一定采用某一治理方式,一般来说,根据滑坡形成的原因,常采用综合法治理。

二 崩塌

2006年6月18日1时50分左右,四川省甘孜藏族自治州康定市,由自然条件下岩石风化、剥离而形成危岩体,长时间受雨水浸泡,导致泥土软化,晴天气温升高,夜间气温下降,热胀冷缩,诱发崩塌,沿山坡呈散状飞落形成灾害造成1人死亡,6人受伤,其中重伤3人,直接经济损失2000多万元。

2. 基本概念

《地质灾害分类分级标准(试行)》(T/CAGHP 001—2018)中规定,崩塌是指陡坡上的岩土体在重力作用下或其他外力参与下,突然脱离母体,发生以竖向为主的运动,顺山坡猛烈地翻滚跳跃,岩块相互撞击破碎,最后堆积于坡脚的动力地质现象和过程。堆积于坡脚的物质为崩塌堆积物。

崩塌的发生是突然的、猛烈的,具有强烈的冲击破坏力,常发生在新近上升的山体边缘、坚硬岩石组成的悬崖峡谷地带,河、湖、海岸的陡岸等。大规模的崩塌能摧毁铁路、公路、隧道、桥梁,破坏工厂、矿山、城镇、村庄和农田,直至危及人民的生命安全,造成巨大灾害,被视为"山区病害"之一。

3. 崩塌的形成条件及影响因素

1)地形地貌条件

规模较大的崩塌,一般多发生在高度大于30m,坡度大于45°(大多数为55°~75°)的陡峻斜坡上。如果坡面凹凸不平,则其突出部分可能发生崩塌,因此山坡的坡度及其表面的构造特征是高陡斜坡形成崩塌的必要条件。

2)岩土类型

一般而言,各类岩、土都可以形成崩塌,但类型不同,所形成崩塌的规模大小不同。通常,岩性坚硬的各类岩浆岩、变质岩,沉积岩类的碳酸盐岩、石英砂岩、砂砾岩,初具成岩性的石质黄土,结构密实的黄土等,易形成规模较大的崩塌;页岩、泥灰岩等互层岩石及松散土层等,往往以小型坠落和剥落为主。另外,硬、软岩相间构成的边坡,因风化的差异性造成硬岩突出、软岩内凹,这样突出悬空的硬岩也易于发生崩塌(图6-16)。

3)地质构造

节理、断层发育的山坡,岩石破碎,岩块间的联结力弱,很容易发生崩塌,如图6-17所示。当岩层的倾向与山坡的坡向相同,岩层的倾角小于山坡的坡角时,常沿岩层的层面发生崩塌。

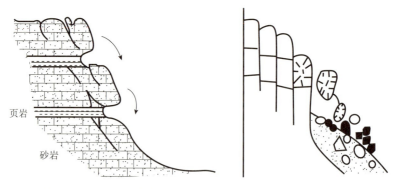

图6-16 软硬互层坡体局部崩塌　　图6-17 节理与崩塌

4)气候及水的作用

气候变化导致风化加快,水的入渗降低岩土体的强度,地表水冲刷斜坡坡脚等均可能引起崩塌。

5)人类活动

如开挖坡脚、地下采空、水库蓄水、泄水等改变坡体原始平衡状态的人类活动,都会诱发崩塌活动。

6）其他诱发因素

其他诱发因素有地震、暴雨、洪水等，特别是地震。地震可能触发崩塌、滑坡等地质灾害。

4. 崩塌分类

1）按物质组成、诱发因素分类

《地质灾害分类分级标准》(T/CAGHP 001—2018)做了如下划分，见表6-4。

按物质组成、诱发因素的崩塌分类表　　表6-4

分类因子	崩塌类型	特征描述
物质组成	土质崩塌	发生在土体中的崩塌，也称为土崩
	岩质崩塌	发生在岩体中的崩塌，也称为崩塌
诱发因素	自然动力型崩塌	由降水、冲蚀、风化剥蚀、地震等自然作用形成的崩塌
	人为动力型崩塌	由工程扰动、爆破、人工加载等人为作用形成的崩塌

2）按失稳后的运动方式分类

按失稳后的运动方式划分5大类为：倾倒式崩塌、滑移式崩塌、鼓胀式崩塌、拉裂式崩塌和错断式崩塌（表6-5）。

按失稳后的运动方式的崩塌分类　　表6-5

类型	倾倒式崩塌	滑移式崩塌	鼓胀式崩塌	拉裂式崩塌	错断式崩塌
岩性	黄土、自立或陡倾坡内的岩层	多为软硬相间的岩层	黄土、黏土、坚硬岩层下伏软弱岩层	多见于软硬相间的岩层	坚硬岩层、黄土
结构面	多为垂直节理，陡倾坡内自立的层面	有倾向临空面的结构面	上部为垂直节理，下部为近水平结构面	多为风化裂隙和垂直拉张裂隙	垂直裂隙发育，通常无倾向临空的结构面
地貌	峡谷、自立岸坡、悬崖	陡坡通常大于55°	陡坡	上部突出的悬崖	大于45°的陡坡
受力状态	主要受倾覆力矩作用	滑移面主要受剪力	下部软岩受垂直挤压	拉张	自重引起的剪力
起始运动方式	倾倒	滑移、坠落	鼓胀伴有下沉、滑移、倾倒	拉裂、坠落	下错、坠落
示意图	J_2S-S_s				

3)按规模分类

危岩崩塌按规模(体积)大小可分为:特大型崩塌(≥100万 m³)、大型崩塌(10万~100万 m³)、中型崩塌(1万~10万 m³)、小型崩塌(<1万 m³)。

4)按危岩顶端距离陡崖坡脚高差大小分类

可分为:特高位危岩($H \geq 100 \text{m}$)、高位危岩($50\text{m} \leq H < 100\text{m}$)、中位危岩($15\text{m} \leq H < 50\text{m}$)、低位危岩($H < 15\text{m}$)。

5. 崩塌的防治

要有效地防治崩塌,首先必须先查清崩塌形成的条件和诱因、发生的规模及其危害程度,有针对性地采取防治措施。

1)绕避

对可能发生的大规模崩塌地段,即使是采用坚固的建筑物,也经受不了大规模崩塌的巨大破坏力时,必须设法绕避。对河谷线来说,线路工程可以将线路改移到河对岸,或将线路内移作隧道。采用隧道方案绕避崩塌时,要注意使隧道有足够的长度,防止隧道在运营以后,由于长度不够使隧道进出口受到崩塌的威胁。

2)排水

水的存在加大了发生崩塌的可能性,所以要在可能发生崩塌的地段上方修建截水沟,防止地表水流入崩塌区内。崩塌地段地表岩石的节理、裂隙可用黏土或水泥砂浆填封,防止地表水下渗。

3)清除危岩

若山坡上部可能的崩塌物数量不大,而且母岩的破坏不太严重,则以全部清除为宜。在清除后,应对母岩进行适当的防护加固。

4)加固边坡

邻近建筑物边坡的上方,如有悬空的危岩或巨大块体的危石威胁到建筑物或行车的安全而又不便清除时,可根据地形特点,采用浆砌片石垛、钢轨插别、支护墙、锚杆等方法支撑加固可能崩落的岩体。对坡面深凹部分也可以进行嵌补,对危险裂缝进行灌浆。

5)修建防护、拦挡建筑物

对中型崩塌地段,当采取绕避不经济时,可采用明洞或棚洞等重型防护工程。若山坡的母岩风化严重、崩塌物来源丰富或崩塌规模虽小但可能频繁发生,可采用拦截建筑物。如落石平台、落石槽、拦石堤或拦石网(钢轨背后加钢丝网)等设施,拦挡崩落石块。

任务三 认识泥石流

一 典型泥石流案例

2010年8月7日22时许,甘南藏族自治州舟曲县突降强降雨,持续40多分钟,致使县城北面的罗家峪、三眼峪泥石流下泄,由北向南冲向县城,造成沿河房屋被冲毁,泥石流阻断白龙江,并冲进县城,形成堰塞湖。舟曲县内三分之二区域被泥水淹没,县城一片汪洋,街道浸泡在洪水中。灾害还导致甘肃省舟曲县超过三分之二的区域供电全部中断,通信基站也受损严重,部分没有受损的基站供电中断,靠蓄电池供电传输信号。舟曲县当地的5个小水电站为县城供电的主电源,受强降雨导致的泥石流影响,这5个小水电站均无法工作,导致县城三分之二以上的区域电力供应中断。舟曲"8·8"特大泥石流灾害中致使1000多人遇难或失踪。

以前舟曲县山上多是郁郁葱葱的大树,很少发生泥石流,由于乱砍滥伐和毁林开荒之风的盛行,舟曲县周围的山体几乎全变成了光秃秃的荒山,加上民用木材和倒卖盗用,全县森林面积每年以10万 m^2 的速度减少,植物被破坏严重,生态环境遭到超限度破坏,水土流失极为严重,又遇突如其来的强暴雨,是导致较严重的泥石流发生主要原因。

二 基本概念

由于暴雨、冰雪融化等水源激发,在沟谷或山坡上形成含有大量泥砂、石块等固体物质,突然爆发的、具有很大破坏力的特殊洪流称为泥石流。

泥石流爆发具有突然性,常在集中暴雨或积雪大量融化时突然爆发。由于泥石流中的固体碎屑物含量为20%~80%之间,因此比洪水更具破坏性,一旦泥石流爆发,顷刻间大量泥砂、石块形成的"洪流"像一条"巨龙"一样,沿沟谷迅速奔泻而出,有时尘烟腾空、巨石翻滚、泥浆飞溅、山谷雷鸣、地面震动,直到沟口平缓处堆积下来,它将沿途遇到的村镇房屋、道路、桥梁瞬间摧毁、掩埋,甚至堵河断流,造成严重的自然灾害,给人民生命财产带来巨大损失。泥石流是山区重要的自然灾害。

我国泥石流分布广泛,主要集中分布在西南、西北、华北山区,如云南、四川的西部和北部,西藏东部和南部,秦岭、甘肃东南部、青海东部、祁连山、昆仑山、天山、太行山等地区,在华东、中南及东北部分山区也有零星分布。通过大量调查研究发现,泥石流的发生具有一定的时空分布规律。时间上多发生在降雨集中的雨期或高山冰雪消融的季节,空间上多分布在新构造活动强烈的陡峻山区。

三 泥石流形成条件

泥石流的形成必须具备一定的地形条件、地质条件及水文气象条件三个基本条件,也受人类活动的影响。

1. 地形条件

泥石流的地形条件要求山高沟深、地势陡峻、沟床纵坡大,大气降水、固体物质能迅速汇聚,并拥有巨大动能。典型的泥石流流域可划分为形成区、流通区和沉积区三个区段(图6-18)。

1)形成区

一般位于泥石流沟的上、中游。该区多为三面环山、一面出口的半圆形宽阔地段,周围山坡陡峻(大多30°~60°),沟谷纵坡降可达30°以上。斜坡常被冲沟切割,且崩塌、滑坡发育;坡体光秃,无植被覆盖,这样的地形,有利于汇集周围山坡上的水流和固体物质。

2)流通区

该区是泥石流搬运通过的地段,多为狭窄而深切的峡谷或冲沟,谷壁陡峻而纵坡降较大,常出现陡坎和跌水,所以泥石流物质进入本区后具极强的冲刷能力。流通区形似颈状或喇叭状。非典型的泥石流沟,可能没有明显的流通区。

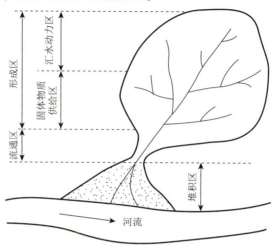

图 6-18 典型的泥石流沟分区

3) 沉积区

该区是泥石流物质的停积场所。一般位于山口外或山间盆地的边缘,地形较平缓。泥石流至此速度急剧变小,最终堆积下来,形成扇形、锥状堆积体,有的堆积区还直接为河漫滩或阶地。

2. 地质条件

泥石流形成的最重要的条件是在形成区内有大量易于被水流侵蚀冲刷的疏松土石堆积物。而地质条件决定了这些松散固体物质的来源。若形成区的物质供应区内有大量松散堆积物质且分布广,厚度大,或岩石风化剧烈,构造活动频繁,断裂节理发育,岩石遭受剧烈切割破碎,从而产生大量滑坡、崩塌等现象,或人类活动造成大量松散物质,如废泥土或石渣等,给泥石流发生提供了丰富的碎屑物。

3. 水文气象条件

泥石流形成必须有水,水既是泥石流的组成部分,又是泥石流的搬运介质。强烈的地表径流是暴发泥石流的动力条件。泥石流的地表径流来源于短时间内突然性的大量流水密切相关,突然性的大量流水来自强度较大的暴雨、冰川、积雪期的强烈消融、冰川湖、高山湖、水库等的突然溃决。另外气温高或高低气温反复骤变,以及长时期的干燥,均有利于岩石的风化破碎,再加上水对山坡岩土的软化、潜蚀、侵蚀和冲刷等使破碎物质得以迅速增加,这就有利于泥石流的产生。

4. 人为因素

人类工程活动的不当可促进泥石流的发生、发展、复活或加重其危害程度。滥伐乱垦会使植被消失、山坡失去保护、土体疏松、冲沟发育,大大加重水土流失,进而破坏山坡稳定性,滑坡、崩塌等不良地质现象发育,结果就很容易产生泥石流,甚至那些已退缩的泥石流又有重新发展的可能。筑路中不合理的开挖,任意堆放弃渣等都直接或间接地为泥石流提供了固体物质来源和地表流水迅速汇聚的条件。

四 泥石流分类

泥石流产生的地形地质条件有差别,故泥石流的性质、物质组成、流域特征及其危害程度等,也随地形地质的不同而变化。因此,对泥石流类型的划分目前尚未统一,仍处于探索中。

1. 按所含固体物质成分分类

1) 泥流

以黏性土为主,含少量砂粒、石块,黏度大,呈稠泥状的叫泥流。我国主要分布于甘肃天水、兰州及青海的西宁等黄土高原山区和黄河的各大支流,如渭河、湟水、洛河、泾河等地区。

2) 泥石流

由大量黏性土和粒径不等的砂粒、石块组成的叫泥石流。基岩裸露剥蚀强烈的山区产生的泥石流多属此类。我国主要发生在西藏波密、四川西昌、云南东川、贵州遵义等地区。

3) 水石流

由水和大小不等的砂粒、石块组成的叫水石流。水石流主要分布于石灰岩、石英岩、大理岩、白云岩、玄武岩及坚硬的砂岩地区,如陕西华山、山西太行山、北京西山、辽宁东部山区的泥石流多属此类。

2. 按其地貌特征分类

1) 标准型泥石流

具有明显的形成区、流通区、沉积区三个区段。形成区多崩塌、滑坡等不良地质现象,地面坡度陡峻;流通区较稳定,沟谷断面多呈"V"形;沉积区一般呈现扇形,沉积物棱角明显。此类泥石流破坏能力强,规模较大。

2) 沟谷型泥石流

流域呈狭长形,形成区则分散在河谷的中、上游;固体物质补给远离堆积区,沿河谷既有堆积又有冲刷;沉积物棱角不明显。此类泥石流破坏能力较强,周期较长,规模较大。

3) 山坡型泥石流

沟小流短,沟坡与山坡基本一致,没有明显的流通区,形成区直接与堆积区相连。洪积扇坡陡而小,沉积物棱角分明;冲击力大,淤积速度较快,但规模较小。

3. 按流体性质分类

1) 黏性泥石流

含黏性土的泥石流或泥流。其特征一是黏性大,固体物质占 40%~60%,最高达 80%。水不是搬运介质,而是组成物质;二是稠度大,石块呈悬浮状态,暴发突然,持续时间短,破坏力大。

2) 稀性泥石流

以水为主要成分,黏性土含量少,固体物质占 10%~40%,有很大的分散性。水为搬运介质,石块以滚动或跳跃方式前进,具有强烈的下切作用。其堆积物在堆积区呈扇状散流,沉积后似"石海"。

以上分类是我国泥石流最常见的几种分类方法。除此之外还有多种分类方法。如按泥石流的成因分类有:冰川型泥石流、降雨型泥石流;按泥石流流域大小分类有:大型泥石流、中型泥石流和小型泥石流;按泥石流发展阶段分类有:发展期泥石流、旺盛期泥石流和衰退期泥石流,等等。

五 泥石流的防治措施

泥石流的治理要因势利导、顺其自然、就地论治、因害设防和就地取材,充分发挥排、挡、固等防治技术的有效联合。防护措施如下。

1. 水土保持

水土保持措施包括封山育林、植树造林、平整山坡、修筑梯田等。水土保持虽是根治泥石流的一种方法,但需要一定的自然条件,收效时间也较长,一般应与其他的措施配合进行。

2. 拦挡措施

在泥石流的流通区,为避开泥石流的直接冲击,消耗泥石流的巨大能量,减弱泥石流的破坏力,具体措施是修筑各种坝——砌石坝、格拦坝、溢流土坝等(图6-19和图6-20)。

图6-19 防治泥石流的拦沙坝

图6-20 防治泥石流立体格拦坝

3. 排导工程

在泥石流下游堆积区设置排导措施,使泥石流顺利排除。其作用是改善泥石流流势、增大桥梁等建筑物的泄洪能力,使泥石流按设计意图顺利排泄。排导工程包括排洪道、导流堤、急流槽、排导沟等,从泥石流沟下方通过,而让泥石流从其上方排泄,这是铁路、公路通过泥石流地区的主要工程形式之一。

泥石流的防治是一项艰难而持久的工作,根据被整治对象的具体情况,考虑泥石流的形成条件、具体特征、发生危害规模及其类型差别等多种因素,因地制宜地选用上述防治措施中的几项或多项措施,对泥石流进行综合治理,才能够有效地防治泥石流造成的工程危害。一般来说,在以坡面侵蚀及沟谷侵蚀为主的泥石流地区,应以生物措施(水土保持)为主,辅以工程措施;在崩塌、滑坡强烈活动的泥石流形成区,应以工程措施为主,兼用生物措施;而在坡面侵蚀和重力侵蚀兼有的泥石流地区,则以综合治理效果最佳。

任务四 认识岩溶

一 基本概念

岩溶,是指可溶性岩石在漫长的地质年代里受地表水和地下水以化学溶蚀为主,机械侵蚀和崩塌为辅的地质营力的综合作用和由此产生的各种现象的统称。

岩溶在我国分布广泛,主要分布于西南、中南地区,其中桂、黔、滇、川东、鄂西、粤北连成一片,面积达 56 万 km^2。另外,在华北、华东、东北地区也有分布。有的岩溶发育在岩盐类岩石(如岩盐、钾盐)中;有的发育在硫酸盐类岩石(如石膏、硬石膏)中;但以碳酸盐类岩石中发育的岩溶现象最为普遍。石灰岩、白云岩等在我国西南各省(区、市)几乎到处可见,岩溶地质现象奇丽壮观、引人

视频:岩溶

入胜。尤其是广西桂林之岩溶现象更为著名,素有"桂林山水甲天下,阳朔山水甲桂林"之称,是世界游览胜地之一。

地表水、地下水对可溶岩进行溶解和冲刷,结果在岩石内造成了空洞,使岩石结构发生变化和破坏,形成了一系列独特的地貌景观,造成了特殊的地下水类型,降低了原有岩石的强度,导致了较复杂的地质问题。

二 岩溶的形态特征

岩溶形态可分为地表岩溶形态和地下岩溶形态。地表岩溶形态有溶沟(槽)、石芽、漏斗、落水洞、溶蚀洼地、坡立谷、溶蚀平原等。地下岩溶形态有溶洞、暗河、天生桥等。

1. 溶沟和石芽

地表水沿地表岩石低洼处或沿节理溶蚀和冲刷,在可溶岩表面形成的沟槽称溶沟。其宽深可由数十厘米至数米不等。在纵横交错的沟槽之间,残留凸起的牙状岩石称石芽。如果溶沟继续向下溶蚀,石芽逐渐高大,沟坡近于直立且发育成群,远观像石芽林,称为石林。如云南石林彝族自治县的石林奇观,堪称世界之最,其中石芽最高达 30m 以上,峭壁林立,千姿百态。

2. 漏斗

漏斗是岩溶发育地区的一种漏斗状洼地(图 6-21),平面为圆形或椭圆形,直径几米至几十米或更大,深度为 1～15m。漏斗是地表水沿岩石裂隙下渗过程中,逐步溶蚀岩石,使上部岩石顶板塌落而形成的,故其底部常有坍塌物或流水带来的物质的堆积。

3. 溶蚀洼地和坡立谷(溶蚀盆地)

由溶蚀作用为主形成的一种封闭、半封闭洼地称溶蚀洼地。溶蚀洼地多由地面漏斗群不断扩大汇合而成,面积有几十平方米至几万平方米不等。

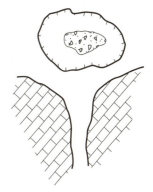

图 6-21 漏斗

坡立谷是一种大型封闭洼地,也称溶蚀盆地。面积有几平方公里至几百平方公里,进一步发展则成溶蚀平原。坡立谷谷底平坦,常有较厚的第四纪沉积物,谷周为陡峻斜坡,谷内有岩溶泉水形成的地表流水流至落水洞又降至地下,故谷内常有沼泽、湿地或小型湖泊。

如广西一带溶蚀洼地很多,其直径几百米至 1～2km,洼地底部有厚约 2～3m 的红土覆盖,表面有耕地分布。

4. 峰丛、峰林和孤峰

此三种形态是岩溶作用极度发育的产物。溶蚀作用初期,山体上部被溶蚀,下部仍相连通称峰丛;峰丛进一步发展成分散的、仅基底岩石稍许相连的石林称峰林;耸立在溶蚀平原中孤立的个体山峰称孤峰,它是峰林进一步发展的结果。

5. 落水洞

落水洞是地表水沿近于垂直的裂隙向下溶蚀而成的洞穴,是地表水进入地下深处的通道,常与暗河相连。

6. 溶洞

地下水沿裂隙溶蚀扩大而形成的各种洞穴。溶洞形态多变,洞身曲折、分岔,断面不规则。地面以下至潜水面之间,地表水垂直下渗,溶洞以竖向形态为主;在潜水面附近,地下水多水平运动,溶洞多为水平方向迂回曲折延伸的洞穴。地下水中多含碳酸盐,在溶洞顶部和底部饱和沉淀而成石钟乳、石笋和石柱。

规模较大的溶洞,长达几十公里,洞内宽如大厅,窄处似长廊。如:美国肯塔基州的猛犸洞长达240km,为世界之冠。水平溶洞有的不止一层,如江苏宜兴善卷洞,该洞有上、中、下三层,每层相互连通。上洞、中洞属同一水平溶洞系统,都很开阔,可容数百人;下洞中发育有近100m的地下河,沿地下河行舟可以直通地面。

7. 暗河

岩溶地区地下沿水平溶洞流动的河流称暗河。暗河是地下岩溶水汇集和排泄的主要通道,其水源经常是通过地面的岩溶沟槽和漏斗经落水洞流入暗河内。因此可以根据这些地表岩溶形态的分布位置,大概地判断暗河的发展和延伸方向。

溶洞和暗河对各种建筑物特别是地下工程建筑物造成较大危害,应予特别重视。

8. 天生桥

天生桥是溶洞和暗河洞道塌陷直达地表而局部洞道顶板不塌陷,形成的一个横跨水流的石桥。天生桥常为地表跨过槽谷或河流的通道。

三 岩溶的形成条件

1. 岩石的可溶性

岩石的可溶性取决于岩石的成分和结构。可溶性的岩石主要指石灰岩、白云岩、石膏及岩盐等。由于它们的成分和结构不同,其溶解性能也各不相同。石灰岩、白云岩是碳酸盐类岩石,溶解度小,溶蚀速度慢;石膏的溶蚀速度快;岩盐的溶蚀速度最快。石灰岩和白云岩分布广泛,经过长期溶蚀,岩溶现象十分显著。

2. 岩石的透水性

岩石的透水性取决于岩石的裂隙度与孔隙度。完整无裂隙(孔隙)的岩石,水不能进入地下岩石内部,溶蚀作用则仅限于岩石露在地面的部分。风化裂隙可使岩溶发育于地面以下一定深度的岩石内,构造节理和断层则使岩溶向更深处发育成规模更大的地下溶洞或暗河。

3. 水的溶蚀能力

水的溶蚀能力是岩溶发育的必要条件。纯水几乎不具溶蚀能力。天然水的溶蚀能力多半取决于其中 CO_2 的含量，水中含侵蚀 CO_2 越多，则水的溶蚀能力就越强，就会大大增强对可溶岩的溶解速度。由于水中 CO_2 主要来自土壤层中微生物不断制造的 CO_2，因此岩溶强度随深度增大而变弱。此外随着水温增高，进入水中的 CO_2 扩散速度增大，使岩溶加强，故热带可溶岩溶蚀速度比温带、寒带快。

4. 水的流动性

岩溶地区地下水的循环交替运动是形成岩溶的必要条件。因为停滞不动的地下水，对岩石的溶解很快达到饱和，就会失去继续溶蚀的能力。只有当水处于不断的流动状态，才会不断地溶解岩石中的可溶成分，并使其随水带走，长此以往，便会形成一系列的岩溶地貌。

四 岩溶地区工程地质问题

随着社会建设的日益发展，必然会有更多的工程建筑物在岩溶地区兴建，因而碰到一些较复杂的地质问题，且导致的工程地质问题也是多方面的。岩溶对各项工程建筑均有不同程度的影响及危害。概括起来，与岩溶有关的工程地质问题有以下几点。

(1) 可溶性岩石强度的降低对地基稳定性的影响；可溶性岩石均匀性溶蚀及非均匀性溶蚀对地基的影响问题。

(2) 地表岩溶现象如溶洞、溶槽、石芽、漏斗等对地基稳定性的影响。

(3) 地下岩溶如溶洞、溶蚀裂隙、暗河等对地基稳定性的影响；在岩溶地区开采矿产或修建地下工程建筑物，发生岩溶水突涌，淹没坑道危及人民生命财产等问题。

(4) 在岩溶地区修建水利工程设施，如水库、水渠以及其他工程等时，坝基的稳定性及可能的渗漏问题。

(5) 岩溶地区地下水一般较丰富，若在岩溶区开采利用地下水资源造成地下水位大面积下降，由此而引起的地表塌陷，影响和危害各种建筑物安全的问题。

(6) 利用天然溶洞做地下仓库或厂房，溶洞顶底板的安全稳定问题。

(7) 在岩溶地区由于岩溶化作用，若在堆积物上选择地基时可能产生的不均匀沉陷的问题等。

总之，和岩溶有关的工程地质问题是多方面的，而且影响因素较为复杂，往往受各种因素的综合影响。

五 岩溶的防治措施

1. 岩溶地基的处理方法

1) 挖填

挖除岩溶形态中的软弱充填物或凿出局部的岩石露头，回填碎石、混凝土和各种可压缩性材料以达到改良地基的目的。

2）跨盖

采用梁式基础或拱形结构等跨越溶洞、沟槽等，或用刚性大的平板基础覆盖沟槽、溶洞等。

3）灌注

对埋深大、体积也大的溶洞，采用挖填、跨盖处理不经济时，则可用灌注方法处理，通过钻孔向洞内灌入水泥砂浆或混凝土以堵塞洞穴。

4）排导

水的活动常常对岩溶地基中的胶结物或充填物进行溶蚀和冲刷，促使岩溶中的裂隙扩大，引起溶洞顶板坍塌，故必须对岩溶水进行排导处理。在处理前，首先应查明水的来源情况，实地的地形、生产条件和场地情况，然后采用不同的排导方法，如对降雨、生产废水则采用排水沟、截水沟排水；对地下水可采用盲沟、排水洞、排水管等排除，使水流改道疏干建筑地段；对洞穴或裂隙涌水或用黏土、浆砌片石或其他止水材料堵塞等。

2. 水工建筑物的岩溶处理

在岩溶地区修建水利工程建筑物，渗漏和塌陷常常是主要的工程地质问题，因此防治的措施有设置铺盖、截水墙、帷幕、隔离、堵塞溶洞和导排等方法，这些防治方法可单独使用也可综合同时使用。其原则应依据实地的地质条件和具体的工程地质问题加以综合分析，选择一种或多种方法处理。

3. 隧道工程的岩溶处理

隧道是线路工程上经常见到的，隧道穿过岩溶区应视所遇溶洞规模及出现部位采取相应的措施。若溶洞规模不大且出现于洞顶或边墙部位时，一般可采用清除充填物后回填堵塞；若出现在边墙下或洞底可采用加固或跨越的方案。

另外，对不同形态的岩溶发育的部位，可以根据实际情况采取相应的工程措施，如加宽隧道断面、拱跨等。

总之，岩溶的处理方法是多种多样的，应依据不同类型建筑物所要求的地基强度和地基土石条件等综合考虑，而后采用某种适当的方法进行处理。

任务五　认识地震及其效应

一　基本概念

1. 地震

视频：地震

地震是工程建设中常见的一种不良地质现象，是一种严重突发性自然性灾害，是指地球内部缓慢积累的能量突然释放，引起岩层突然破裂，或塌陷，或由于火山喷发等产生振动，并以弹性波的形式传递到地表的现象。地震发生在海底时称为海震。

地震是一种特殊形式的地壳运动，发生迅速，震动剧烈，引起地表开裂、错动、隆起、喷水冒砂、山崩、滑坡等地质现象，并引起工程建筑的变形、断裂、倒塌，造成巨大的生命财产损失。

北京时间 2021 年 5 月 22 日 2 时 4 分在青海果洛州玛多县（北纬 34.59°，东经 98.34°）发生7.4级地震,震源深度17km。此次地震震中距黄河乡驻地7km、距玛多县城38km,距果洛州政府驻地175km,距西宁市385km。

此次地震致省内多条道路受损。G0613西丽高速共玉路段 K503+600 野马滩二号大桥塌陷(图6-22);S219花久线 K87+081 昌麻河大桥坍塌;G214西澜线、K327+200(距野牛沟20km)处路面严重变形;K492+800(玛多县城往玉树方向8km)处涵洞拱起;K513+000 至 K527+200(黑河滩)路段路面严重开裂。

图6-22 G0613西丽高速共玉路段
K503+600 野马滩二号大桥塌陷

2. 震源、震中和震中距

地面以下始发震动的位置称为震源,它是地震能量积聚和释放的地方。震源一般是具有一定空间范围的区间,故可称为震源区。震源在地面上的垂直投影点称为震中。震中也是有一定范围的,称为震中区。震中附近震动最大,远离震中震动减弱。震中震源的距离称为震源深度。地表上任何地点到震中的水平距离称为震中距。从震源到地面一点的距离,称为震源距离。如图6-23所示。

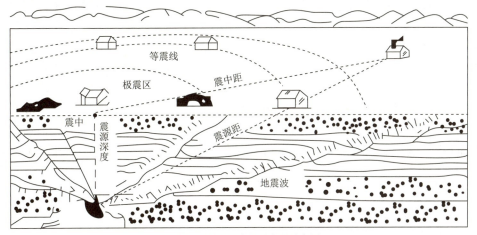

图6-23 震源、震中和震中距示意图

3. 地震波

地震时,震源释放的能量以波动的形式向四面八方传播,这种弹性波波称为地震波。地震波在地壳内部传播时的波称为体波,体波到达地面后,引起沿地表面传播的波称为面波。体波包括纵波与横波。纵波又称为压缩波或P波,它是由于岩土介质对体积变化的反应而产生的,岩土质点振动方向与波的前进方向一致,由于质点开始简谐运动的时刻先后不一,故在某一瞬间沿波传播方向形成一疏一密的分布。纵波振幅小,周期短,传播速度快,在近地表岩石中速度为5~6km/s,可以在固体或液体介质中传播。横波又称为剪切波或S波。它是由于介质形状变化反应的结果,岩土质点振动方向与传播方向垂直,各质点间发生周期性剪切振动。横波传播速度平均为4~7km/s,比纵波慢。横波只能在固体介质中传播。面波只限于沿地面传播,一般可以说它是体波经地层界面多次反射形成的次生波,它包括沿地面滚动传播的瑞利波和沿地面蛇形传播的勒夫波两种。面波传播速度最慢,平均速度为 3~4km/s。

地震对地表面及建筑物的破坏是通过地震波实现的。地震时,纵波先到,其次是横波,然后是面波。纵波引起地面上下颠簸,横波使地面水平摇摆,面波则引起地面波状起伏。横波和面波振幅较大,造成的破坏也最大。随着震中距的增加,能量不断消耗,振动逐渐减弱,破坏也逐渐减小,直到消失。

4. 地震震级与烈度

1) 地震震级

地震震级是表示一次地震释放能量大小的量度。震源发出的能量越大,震级就越大。震级是以地震仪记录的地震波的最大振幅来计算的。

震级 M 和震源发出的总能量 E 之间的关系见式(6-1)及表6-6。

$$\lg E = 11.8 + 1.5M \tag{6-1}$$

震级与能量关系 表6-6

地震震级	能量(J)	地震震级	能量(J)
1	2.0×10^6	6	6.3×10^{13}
2	6.3×10^7	7	2.0×10^{15}
3	2.0×10^9	8	6.3×10^{16}
4	6.3×10^{10}	8.5	3.55×10^{17}
5	2.0×10^{12}	8.9	1.4×10^{18}

从表中可以看出,1 级地震的能量约为 $2.00 \times 10^6 \text{J}$,震级增加一级,则能量约增加 32 倍。小于 2 级的地震称为微震,人们感觉不到;2~4 级为有感地震;5~6 级称为破坏性地震;7 级以上的地震称为强震。已记录的最大地震震级是 1960 年发生于南美洲智利沿海的 8.9 级海震。

2) 地震烈度

地震烈度是指地震时地面振动的强弱程度。一次地震只有一个震级,距离震中不同的,地面振动的强烈程度不同,所以有不同地震烈度的地震烈度区。地震烈度是相对震中某点的某一范围内平均振动水平而言的。

地震烈度不仅与震级有关,还和震源深度、震中距离以及地震波通过的介质的条件(如岩石性质、地质构造、地下水埋深、地形等)有关。一般情况下,震级越高,震源越浅,震中距越小,地震烈度就越高。地震烈度随震中距加大而逐渐减小。形成多个不同的地震烈度区,烈度由大到小依次分布。但因地质条件不同,可出现偏大或偏小的烈度异常区。

地震烈度的鉴定是根据地震后,地面的宏观破坏现象和定量指标(如地震加速度等)两方面的标准划定的。据中国科学院工程力学研究所的研究,地面运动加速度平均值的对数与宏观烈度间有极好的线性关系。为规范其取值,原建设部以建标〔1992〕419 号《关于统一抗震设计规范地面运动加速度设计取值的通知》将该参数规范定义为设计基本地震加速度值,简称地震加速度。中国科学院地球物理研究所根据我国实际情况编制的我国地震烈度鉴定标准表,将地震烈度划分为十二度。

工程实际中,将地震烈度本身又分为基本烈度、建筑场地烈度和设计烈度。

(1)基本烈度是指一个地区未来100年内,在一般场地条件下可能遇到的最大地震烈度。它是对地震危险性作出的综合性平均估计和对未来地层破坏程度的预测,目的是作为工程设计的依据和抗震标准。

(2)建筑场地烈度也称为小区域烈度,它是指建筑场地范围内,因地质条件、地形地貌条件、水文地质条件不同而引起基本烈度降低或提高后的烈度。通常建筑场地烈度比基本烈度提高或降低半度至一度。

(3)设计烈度是指抗震设计中实际采用的烈度,又称为设防烈度或计算烈度。它是根据建筑物的重要性、永久性、抗震性对基本烈度的适当调整。大多数一般性建筑物不需调整,基本烈度即为设计烈度。对特别重要的建筑物,如特大桥梁、长大隧道、高层建筑、水库大坝等,应提高一度,并按规定上报有关部门批准。对次要建筑物,如仓库、临时建筑物等,设计烈度可降低一度,但基本烈度为Ⅵ度以上时,不降低。

二 地震类型

1. 按震源深度分类

按震源深度不同,可将地震分为浅源地震、中源地震和深源地震。震源深度在70km以内为浅源地震。浅源地震具有更大的危害性,由于震源浅对地面造成的破坏更严重,所有灾害性地震均属于此类。中源地震的震源深度为70~300km。震源深度300km以上者为深源地震。

据统计,有72%的地震发生于地表以下33km内,24%的地震发生于33~300km范围内,深度大于300km的地震仅占地震总数的4%。我国地震多为浅源地震,如唐山地震震源深度约13km,汶川地震震源深度约16km,青海果洛州玛多县地震震源深度约17km。

2. 按成因分类

地震按成因可分为构造地震、火山地震、陷落地震和人工诱发地震五类。

(1)构造地震:由地壳运动引起的地震称为构造地震。地壳运动使组成地壳的岩层发生倾斜、褶皱、断裂、错动以及大规模岩浆活动等,在此过程中因应力释放、断层错动而造成地壳震动。构造地震约占地震总数的90%。其特点是活动频繁、分布普遍、延续时间长、影响范围广、破坏性强、造成的灾害大,世界上大多数地震和大的地震均属此类。我国唐山、汶川地震都属于构造地震。

(2)火山地震:火山活动引起的地震称为火山地震,其特点是震源常限于火山活动地带,一般为深度不超过10km的浅源地震,震级较小,多为没有主震的地震群,影响范围很小。这类地震只占地震总数的7%。

(3)陷落地震:由于洞穴崩塌、地层陷落等原因引起的地震,称为陷落地震。此外,将山崩、巨型滑坡引起的地震也归入这一类。这类地震能量小,震级小,发生次数很少,仅占地震总数的3%。

(4)人工诱发地震:由于水库蓄水、油田注水、地下大爆破等人为活动而引发的地震称为人工诱发地震。这类地震往往可以在某些特定的水库库区、油田或爆炸点附近发生,小震居多。随着人类工程活动日益频繁,震动次数增多,人工诱发地震也越来越引起人们关注。

三 地震效应

在地震作用下,地面会出现各种震害和破坏现象,称为地震效应,主要包括由地震所引起的地表位移、断裂,地震所造成的建筑物和地面的毁坏(如地面倾斜、土壤液化、不均匀沉降、滑坡等),以及水面的异常波动(如海啸和湖啸)等。它主与震级大小、震中距和场地的工程地质条件等因素有关。地震效应主要表现为地震力效应、地震破裂效应、地震液化效应和地震激发地质灾害的效应等方面。

1. 地震力效应

地震波对建筑物所直接产生的惯性力称为地震力。当建筑物经受不住这种地震力的作用时,建筑物将会发生变形、开裂,甚至倒塌,即产生地震力效应。

从物理学知道,力的大小可以由传至单位质量上物体的加速度来测定,如果受力物体的加速度为已知,即可计算受力物体所受的外力。对建筑物来说,地震的作用是一种外加的强迫运动。当地震发生时,如果建筑物为刚性体,那么将承受一个均匀不变的水平加速度,这时的地震力就是地震时建筑物自身的惯性力。若建筑物重为 Q,作用在建筑物上的地震力为水平力,水平力使建筑物受到剪切作用,产生水平扭动或拉、挤。两种力同时存在、共同作用,但水平力危害较大,地震对建筑物的破坏,主要是由地面强烈的水平晃动造成的,垂直力破坏作用居次要地位。因此,在工程设计中,通常主要考虑水平方向地震力的作用。此外,地震对建筑物的破坏还与振动周期有关,如果建筑物的自振周期与地基卓越周期相等或接近时。将发生共振,使建筑物振幅加大而破坏。地震振动时间越长,建筑物破坏也越严重。

2. 地震破裂效应

地震时,以弹性源方式释放的能量从震源处传播于周围的地层上,引起相邻的岩石振动,以作用力的方式作用于岩石上,当这些作用力超过了岩石的强度时,岩石就要发生突然破裂和位移,形成断层和地裂缝,引发建筑物变形和破坏,这种现象称为地震破裂效应。地震破裂效应主要有断裂错动、地裂缝与地倾斜等。

断裂错动是浅源断层地震发生断裂错动时在地面上的表现。地震造成的地面断裂和错动,能引起断裂附近及跨越断裂的建筑物发生位移或破坏。1976 年河北唐山地震,地面产生断裂错动现象,错断公路和桥梁,水平位移达一米多,垂直位移达几十厘米。

地震地裂缝是因地震产生的构造应力作用使岩土层产生破裂的现象。它对建筑物危害甚大,而它又是地震区一种常见的地震效应现象。

地裂缝的成因有两方面:一是与构造活动有关,与其下或邻近的活动断裂带的变形有关;另一个原因是地震波传播,产生的地震力使岩土层开裂。前一种成因的地裂缝的分布是严格按照一定的方位排列组合,方向性十分明显。其主裂缝带的延伸完全不受地形、地貌控制,但与其附近的断裂带或地震断层的力学关系一致,受活动断裂带控制,造成的地裂缝密集,破坏呈带状。由地震波传播产生的地裂缝与地震波传播的方向及能量有关,受地形、地貌条件影响较大。

3. 地震液化效应

干的松散粉细砂土受到振动时有变得更为紧密的趋势，但当粉细砂土层饱和时，即孔隙全部被水充填时，振动使得饱和砂土中的孔隙水压力骤然上升，而在地震过程的短暂时间内，骤然上升的孔隙水压力来不及消散，这就使原来由砂粒通过其接触点所传递的压力（称为有效应力）减小。当有效应力完全消失时，砂土层会完全丧失抗剪强度和承载能力，变成像液体一样的状态，这就是通常所称的砂土液化现象。发生振动液化现象时，地表开裂、喷砂、冒水，引起滑坡和地基失效；上部建筑物下陷、浮起、倾斜、开裂等震害现象。

4. 地震激发地质灾害效应

强烈的地震作用能激发斜坡上岩土体松动、失稳，发生滑坡和崩塌、泥石流等不良地质现象。如地震前久雨，则更易发生。在山区，地震激发的滑坡、崩塌和流石流所造成的灾害和损失，常常比地震直接造成的灾害还要严重。规模巨大的崩塌、滑坡和泥石流可以摧毁房屋、道路交通，甚至掩埋整个村庄，并因崩塌和滑坡而堵塞河道，使河水淹没两岸村镇和道路。因此，地震时可能发生大规模滑坡、崩塌的地段为抗震危险的地段，建筑场址和主要线路应尽量避开。

四 防震原则与措施

1. 建筑场地的选择

在地震区建筑场地的选择至关重要，所以必须在工程地质勘察的基础上进行综合分析研究，做出场地的地震效应评价及震害预测，然后选出抗震性能最好、震害最轻的地段作为建筑场地。同时应指出场地对抗震有利和不利的条件，提出建筑物抗震措施的建议。

2. 地基基础抗震设计措施

在一般情况下，建筑物地基应尽量避免直接采用液化的砂土作为持力层，不能做到时，可考虑采取以下措施：

(1) 换土。如果基底附近有较薄的可液化砂土层，可采用换土的办法处理。

(2) 增密。如果砂土层很浅或露出地表且有相当厚度，可用机械方法或爆炸方法提高密度。

(3) 浅基。如果可液化砂土层有一定厚度的稳定表土层，这种情况下可根据建筑物的具体情况采用浅基，用上部稳定表土层作为持力层。

(4) 采用片筏基础、箱形基础、桩基础。根据调查资料，整体较好的片筏基础、箱形基础，对在液化地基及软土地基上提高基础的抗震性能有显著作用。它们可以较好地调整基底压力，有效地减轻因大量震陷而引起的基础不均匀沉降，从而减轻上部建筑的破坏。桩基也是液化地基上抗震良好的基础形式。

(5) 适当加大基础埋深。加大基础埋深，可以增加地基土对建筑物的约束作用，从而减小建筑物的振幅，减轻震害；还可以提高地基的强度和稳定性，以减少建筑物的整体倾斜，防止滑移及倾覆。

3. 建筑物结构形式和抗震措施

在设计中加强基础与上部结构的整体性，对建筑物抗震十分有利。例如，砖混结构条形基础,在基础上面设置一道钢筋混凝土地梁,把内外墙的基础连成整体。必要时在楼房层与层之间设置钢筋混凝土圈梁,或隔层设一道圈梁。同时,在建筑物的四角与内外墙交接设置竖向钢筋混凝土构造柱,并与地梁和各层之间的圈梁牢固连接,将上部结构与基础连成整体,这对抗震极为有效。地震区的高层建筑及高耸构筑物(如烟囱、水塔)应采用钢筋混凝土框架结构、剪力墙结构和筒体结构,这些结构的侧向刚度、强度和整体性都较强,具有较好的抗震性能。

思 考 题

1. 风化作用如何分类?物理风化和化学风化的区别是什么?
2. 什么是滑坡?主要形态特征是什么?影响滑坡发生的主要因素有哪些?
3. 试述滑坡的形成条件、防治原则及主要防治工程措施。
4. 什么是泥石流?它的形成条件及主要防治措施有哪些?
5. 什么是岩溶?岩溶作用的发生有哪些基本条件?
6. 地震按照成因如何分类?地震发生振动液化现象时,会产生哪些震害?

项目七

工程地质学实验

1. 知识目标

(1) 学会较全面地观察矿物形态及物理性质等特征,初步掌握肉眼鉴定的基本方法;
(2) 认识和掌握三大类岩石的特征,熟悉各类岩石的命名原则,学会岩石肉眼鉴定方法。

2. 技能目标

(1) 能够对常见的造岩矿物进行鉴定;
(2) 能够鉴定岩浆岩、沉积岩和变质岩。

3. 素质目标

(1) 培养学生吃苦耐劳的精神;
(2) 培养学生团队协作的能力。

矿物、岩石的实验是《工程地质学》整个教学过程中一个主要的环节。课堂上所学的有关矿物、岩石的理论知识须通过直接的观察、鉴定才能加深理解，得以巩固和提高。为此，安排一定数量的矿物、岩石实验是非常必要的。

实验的用具一般有小刀、硬度计、放大镜、毛瓷板、稀盐酸等，有条件的实验室还应提供显微镜供同学进行镜下鉴定。

任务一　主要造岩矿物的认识和鉴定

一　实验的目的与要求

矿物的肉眼鉴定是一种简便、迅速而又易掌握的方法，是野外地质工作的基本功之一。

矿物的形态和矿物的物理性质，是肉眼鉴定矿物的两项主要依据，必须学会使用简便工具，认识、鉴别、描述矿物的这些性质。

本次实验的目的是全面地观察矿物形态及物理性质等特征；初步掌握肉眼鉴定的基本方法，学会常见矿物的鉴定并写出简单的鉴定报告。

二　实验方法与步骤

肉眼鉴定矿物的大致过程是从观察矿物的形态着手，然后观察矿物的光学性质、力学性质，进而参照其他物理性质或借助于化学试剂与矿物的反应，最后综合上述观察结果，查阅有关矿物特征鉴定表，即可查出矿物的定名。但对常见矿物的鉴定特征还需要记忆。矿物的形态有晶体形态和集合体形态两类。晶体形态：同种物质同一构造的所有晶体，常具一定的形态，一般常见的造岩矿物形态有纤维状、柱状、板状、片状、鳞片状、粒状等。集合体形态：矿物在自然界中多呈集合体产出，故集合体形态的描述具有实际意义，常见的有晶簇状、粒状、鳞片状、纤维状和放射状、结核状、钟乳状、树枝状和土状等。矿物的物理性质是多种多样的。为便于运用肉眼鉴别常见的造岩矿物，这里掌握下面几方面特征：

1. 颜色

矿物的颜色极为复杂，是矿物对可见光波的吸收作用产生的。按成色原因有自色、他色、假色等。

2. 光泽

矿物的光泽是矿物表面的反射率的表现，按其强弱程度可分为金属光泽、半金属光泽和非金属光泽。常见有玻璃光泽、珍珠光泽、丝绢光泽、油脂光泽、蜡状光泽、土状光泽等。

用人为方法严格划分光泽等级是困难的，要多观察、慢慢体会、逐步掌握。

3. 解理

解理为矿物重要鉴定特征，解理等级及区分的办法如下：极完全解理：极易裂开成薄片，片大而完整，平滑光亮；完全解理：易成解理块，面平滑，见断口；中等解理——碎块可见小面，既有解理又有断口，呈阶梯状；不完全解理——碎块难见小面，断口贝壳状，参差不齐。后二者难分，有时可写成中等—不完全解理。矿物解理的完全程度和断口是互相消长的。

4. 硬度

常用的确定矿物硬度方法为刻划法,刻划工具除摩氏硬度计外,常可借助指甲、小刀、石英,在野外使用时较方便。污染手的为1,不污染手而指甲能划动时为2,指甲划不动而刀刻极易者为3,刀刻中等者为4,刀刻费力者为5,刀刻不动而石英能刻动为6,石英为7。硬度常因集合体方式及后期变化而降低,所以刻划时要先找到矿物的单体及新鲜面。

三 实验内容安排

1. 实验标本

黄铁矿、石英、正长石、方解石、角闪石、辉石、橄榄石、白云母、黑云母、高岭石。

2. 实验举例

1) 黄铁矿

形状:立方体或块状。

颜色:铜黄色。

条痕:绿黑。

光泽:金属光泽。

硬度:5~6。

解理:无。

断口:参差状。

主要鉴定特征:形状、光泽、颜色、条痕。

2) 石英

形状:柱状或块状。

颜色:乳白或无色。

条痕:无色。

光泽:玻璃、油脂光泽。

硬度:7。

解理:无。

断口:贝壳状。

主要鉴定特征:形状、光泽、颜色、条痕、断口。

3) 方解石

形状:菱形粒状或块状。

颜色:白或无色。

条痕:无。

光泽:玻璃光泽。

硬度:3。

解理:三组完全。

主要鉴定特征:形状、解理、硬度、与稀盐酸起泡。

4）正长石

形状:短柱状或板状。

颜色:肉红色。

条痕:白。

光泽:玻璃光泽。

硬度:6。

解理:中等,解理面呈直角。

主要鉴定特征:解理、光泽、颜色。

5）黑云母

形状:片状鳞片状。

颜色:黑或棕黑色。

条痕:无。

光泽:珍珠光泽。

硬度:2～3。

解理:一组完全。

主要鉴定特征:形状、光泽、颜色、解理。

6）角闪石

形状:长柱状。

颜色:绿黑色。

条痕:淡绿。

光泽:玻璃光泽。

硬度:6。

解理:两组解理交成124°(56°)。

断口:锯齿状。

主要鉴定特征:形状、光泽、颜色。

任务二　常见岩浆岩的认识和鉴定

一　实验目的与要求

岩浆岩的认识和鉴定是野外地质工作的基本功之一。本次实验的目的是通过实验加强课程中有关内容的理解,帮助同学全面地观察岩浆岩的矿物成分和结构构造,初步掌握肉眼鉴定岩浆岩的基本方法,学会常见岩浆岩的鉴定并能做出简单的鉴定报告。

二　实验方法与步骤

肉眼描述和鉴定岩浆岩的基本内容为矿物成分和结构构造,这是岩浆岩分类命名的基础。拿到一块岩石,一般描述的顺序是:首先是颜色,其次为结构、矿物成分、构造及次生变化等。

现将描述各种特征的方法及注意要点简述如下。

1. 颜色

这里所指的颜色就是岩石整体颜色,不是指岩石中某一种矿物的颜色,特别要注意那些矿物颗粒比较粗大的岩石,很容易着眼于其中个别矿物的颜色,而忽略对整块岩石颜色的观察。颜色不是孤立的,它与岩石所含的矿物种类、含量及岩石的化学成分有内在的联系。因此,颜色也能大致反映出岩石成分和性质。我们观察岩石的颜色是指从深色到浅色这个变化范围的大体色调。岩浆岩常见的颜色有黑色—黑灰色—暗绿色(超基性岩),灰黑色—灰绿色(基性岩),灰色—灰白色(中性岩),肉红色—淡红色(酸性岩)等。因此,可以根据颜色的深浅初步判断此种岩石是基性的,还是中性的,或是酸性的。以此作为综合鉴定的一个因素。

2. 结构与构造

岩浆岩的结构,是指组成岩石的矿物的结晶程度、晶粒大小、形状及其相互结合情况。通过观察岩浆岩的结构可以判断岩石是深成岩、浅成岩还是喷出岩。如果是结晶质的岩石,矿物颗粒一般较为粗大,肉眼可以清楚地分辨出各种矿物颗粒,一般有等粒结构、不等粒结构及似斑状结构都是属于深成岩类的结构特征,不论它是深色还是浅色的岩石都基本上是这样。如果岩石中矿物颗粒微细致密不易辨认,只见到斑状结构、隐晶质结构及玻璃质结构,也不论颜色的深浅,一般都是属于喷出岩的结构特征。而浅成岩的结构特征,介于深成岩与喷出岩之间,常常为细粒状、微晶粒状及斑状结构。岩浆岩的构造特征,大多数具有致密块状构造,尤以深成岩类最为普遍,但深成岩有时也有流线流面构造,一般出现于岩浆岩体边缘部分,反映岩浆岩形成时的相对流动方向。喷出岩常具有流纹状构造、气孔构造、杏仁构造,特别是流纹状构造是酸性喷出岩的显著标志。浅成岩的构造特征也介于两者之间。通过岩石的结构与构造特征的辨别,可以区分出岩石是属于深成的、浅成的或喷出的,可以逐步缩小它的鉴定范围。

3. 矿物成分

进一步观察组成岩石的矿物成分特征,这是最关键最本质的方面,应努力将岩石中的全部造岩矿物鉴定出来(可根据各种矿物的形态及其物理性质、利用简单工具如小刀、放大镜等去进行鉴定)。并且大致目测估计各种矿物的颗粒大小和百分含量。以分出哪些是主要矿物,哪些是次要矿物,逐一加以记录描述,作为岩石特征综合分析与定名的依据。观察矿物成分时应首先鉴定浅色矿物,然后鉴定暗色矿物。具体来说先看岩石是否存在石英,含量多少,含量多的应属酸性岩类,也必然属浅色岩的范围。再看是否有长石存在,如果不含长石,即为无长石岩应属超基性岩类,必然属于深色岩的范围(此时,若暗色矿物以橄榄石为主的为橄榄岩,以辉石为主的则为辉岩)。如果岩石含有长石,必须仔细观察定出是正长石还是斜长石,哪种量多,哪种量少,确定其主次,以区分酸性岩、中性岩或基性岩。如果以正长石为主,又同时含多量石英,则可确定为酸性岩类。如果以斜长石为主,然后再看暗色矿物。再次观察暗色矿物,如果暗色矿物含量多,且以辉石为主的则属基性岩类,如以角闪石为主则应属中性岩类。对所观察的岩石如果已从岩石的结构上已确定为喷出岩,一般应先鉴定其基质,再看是否存在斑晶,并确定斑晶的矿物成分。如斑晶为石英或长石,而岩石颜色又浅,则应属酸性喷出岩。如确定为斜长石斑晶或暗色矿物斑晶,则应属中、基性的喷出岩,其中以角闪石斑晶为主的属中性岩,以辉石斑晶为主的属基性岩。

4. 综合分析及岩石定名

按照上述步骤鉴定所获得的全部特征,还必须做全面的综合分析。如果发现在各项特征中存在某些特征不协调的矛盾现象,则应对所出现的特殊矛盾现象进行仔细的复查工作。判断是否由于鉴定的错误而产生矛盾。如果经过复查认为肉眼鉴定上没有差错,则应考虑是否其他原因的影响(如岩石遭受风化、蚀变等),并应作出一定的解释再送到室内做其他仪器的鉴定与分析。最后根据综合分析的结果,对被鉴定的岩石进行定名。

三 实验内容与安排

1. 实验标本

闪长岩、花岗岩、玄武岩、玢岩、花岗斑岩、辉长岩、流纹岩。

2. 实验提示

根据岩浆岩的生成条件和组成岩浆岩的矿物成分不同,岩浆岩特征具有以下规律:

类型:超基性→基性→中性→酸性

颜色:深→浅

石英:(含量)无→少量→多

暗色矿物:橄榄石→辉石→角闪石→黑云母

长石:基性斜长石→中性斜长石→正长石

深成岩浆岩一般为等粒结构,部分为似斑状结,但基质都是显晶质。浅成岩结晶颗粒较细,颗粒呈隐晶质结构,常见斑状结构。喷出岩的结晶一般较细,大都是隐晶质或玻璃质。深成岩、浅成岩的手标本呈致密块状构造,喷出岩具有流纹状构造及杏仁状构造等。

3. 实验举例

花岗岩:肉红色、灰色。全晶质等粒结构,块状构造,有时为斑状构造,矿物成分主要为石英和正长石,其次有黑云母、角闪石。

辉长岩:灰黑至黑色,全晶质等粒结构,块状构造暗色矿物为黑色的辉石、橄榄石、黑云母,浅色矿物为斜长石。

玄武岩:暗紫褐色,斑状结构,基质为隐晶质,有气孔构造,气孔呈圆形至椭圆形,孔壁一般比较光滑没有次生矿物充填,成分与辉长岩相似。

任务三 常见沉积岩的认识和鉴定

一 实验目的与要求

沉积岩的认识和鉴定是野外地质工作的基本功之一。本次实验的目的是通过实验加强课程中有关内容的理解,帮助同学全面地观察沉积岩的矿物成分和结构构造,初步掌握肉眼鉴定沉积岩的基本方法,学会常见沉积岩的鉴定并能做出简单的鉴定报告。

二　实验方法与步骤

沉积岩分为碎屑岩、黏土岩、化学岩和生物化学岩三类。在对沉积岩进行鉴定时,应着重注意其颜色、矿物成分、结构和胶结物与胶结类型及生物化石等。肉眼鉴定时,同岩浆岩鉴定一样可借助放大镜、小刀、条痕板等用具外,对碳酸盐岩石的鉴定还需用稀盐酸(HCl)滴试。实验时应耐心细致、认真观察,做到实事求是地分析描述。

1. 颜色

指岩石的整体颜色,如成分复杂颜色多样时,则应远离眼睛 0.5~1m 做整体观察,表示时用复合名称,次要的颜色放在前面,后面才是主要颜色,还常加上形容词说明颜色的深浅、浓淡、亮暗程度。如:深紫红色、浅蓝灰色、灰绿色、褐红色等。

2. 物质成分

碎屑岩中碎屑物质是碎屑岩的特征组分,常作为划分类型的定名依据,碎屑成分主要为石英、长石、云母等矿物碎屑和各种岩屑。

黏土岩是一种颗粒十分微小的岩石,成分又较复杂,其矿物成分往往肉眼无法区分,多借助差热分析、X 射线分析、电子显微镜分析及薄片鉴定、光谱分析等实验室方法进行研究。

化学岩和生物化学岩在形成时经过了严格的分异作用,故多是单矿物岩石,成分较为单一,以硅质岩、碳酸盐岩及盐岩较常见。

3. 结构

碎屑岩首先要观察其碎屑的大小、形状和各碎屑的相对含量,其次要观察碎屑的分选性、滚圆度、排列是否规则及表面特征(粗糙、光滑、有无光泽、擦痕)等。结构还包括胶结物的成分和特征,火山碎屑岩的胶结物主要为火山灰;碎屑岩的胶结物主要有钙质、铁质、泥质和硅质胶结。碎屑岩可分为角砾状结构、粒状结构、砂砾结构、粉砂结构等。

黏土岩多呈肉眼不易区分颗粒的显微结构,矿物成分为高岭石、蒙脱石、水云母等,一般为泥质结构。

化学岩和生物化学岩一般为结晶结构及生物结构。

4. 构造

碎屑岩中对能够观察到的层理,特别是薄层及微层状岩石要尽可能描述其层面的厚度、形态类型,还应注意层面有无波痕、泥裂等层面构造,以及含结核情况。

黏土岩构造观察除应注意层理类型、有无页状层理外,还应注意有无干裂、雨痕、虫迹等层面构造,黏土岩还常有斑点构造及瘤状构造等。此外,黏土岩中常含生物化石。

生物化学岩、化学岩种类甚多,但以硅质岩、碳酸岩较为常见,而且多为单矿物岩石,成分单一,具有致密块状结构。

三　实验内容与安排

1. 实验标本

火山角砾岩、凝灰岩、砾岩、砂岩、石灰岩、白云岩、泥灰岩、泥岩、页岩。

2. 实验举例

火山角砾岩:暗紫色,火山角砾主要为紫红色的斑状安山岩岩块,其次为石英及少量黑云母晶屑,角砾含量约70%,棱角状、无分选性,铁质和硅质胶结。石灰岩:深灰、浅灰色,矿物成分以方解石为主,其次含有少量的白云石和黏土矿物。由纯化学作用生成的灰岩具有结晶结构。晶粒极细。由生物化学作用生成的灰岩,含有一定的有机物残骸。

长石砂岩:黄红色,碎屑成分主要为正长石(含量40%)、石英(含量50%),可见少量云母片,中砂为主,含少量粗砂,铁、泥质,孔隙式胶结,块状构造。

页岩:由黏土脱水胶结而成,以黏土矿物为主,大部分有明显的薄层理,呈页片状。按胶结方式不同又可分为硅质页岩、黏土质页岩、砂质页岩、钙质页岩及碳质页岩,遇水易软化。

任务四 常见变质岩的认识和鉴定

一 实验目的与要求

变质岩的认识和鉴定是野外地质工作的基本功之一。本次实验的目的是通过实验加强课程中有关内容的理解,帮助同学全面地观察变质岩的矿物成分和结构构造,初步掌握肉眼鉴定变质岩的基本方法,学会常见变质岩的鉴定并能做出简单的鉴定报告。

二 实验方法与步骤

变质岩是由原先已经形成的岩浆岩、沉积岩或变质岩,经过变质作用使岩石的矿物成分和结构、构造等发生改变而形成的新的岩石。

变质岩同岩浆岩一样多为结晶质岩石,其描述和鉴定方法略同于岩浆岩的侵入岩。变质岩的结构、构造反映变质作用的类型、变质作用因素及作用方式、变质程度等;而变质岩的矿物成分可反映原岩的性质及变质时的物理、化学条件,特别是那些新生成的变质矿物有特殊的指示意义。

肉眼鉴定和描述变质岩时应着重观察变质岩的结构、构造和矿物成分等方面特征,步骤是先根据岩石构造进行大致划分,再结合结构特征和矿物成分确定岩石名称。

1. 矿物成分

变质岩的矿物成分,除保留有原来的矿物,如石英、长石、云母、角闪石、辉石、方解石、白云石等外,由于发生变质作用而产生了一些变质矿物如石榴子石、滑石、绿泥石、蛇纹石等。根据变质岩特有的变质矿物,可把变质岩与其他岩石区别开来。

2. 结构、构造

变质岩的结构和岩浆岩类似,全部是结晶结构,但变质岩的结晶结构主要是经过重结晶作用形成的。一般在描述时称为变晶结构,如粗粒变晶结构、斑状变晶结构等。

如果变质作用进行得不彻底时,原岩变质后仍保留有原来的结构特征,称变余结构。命名时一般仍以原岩名称命名只需加上"变质"二字即可,再进一步可加上主要的新生成矿物名称作为修饰,如:变质砾岩,变质流纹岩,变质石英砂岩等。

变质岩的构造主要是片理状构造和块状构造,其中片理状构造又可细分为片麻状构造、片状构造、千枚状构造和板状构造。

一般具有定向构造的,可按岩石结构进行命名,如千枚岩为千枚状构造,片岩为片状构造。不具有定向构造的,可再按结构和矿物成分进行命名,如大理岩、石英岩等。

三 实验内容与安排

1. 实验标本

板岩、千枚岩、黑云母片岩、绿泥石片岩、花岗片麻岩、大理岩、石英岩。

2. 实验举例

绢云母千枚岩:黄褐色,千枚状构造,肉眼观察为致密结构,显微镜下为显微鳞片变晶结构,主要成分为绢云母,含少量石英细晶。

片麻岩:灰白色,片麻状构造,中粒鳞片、粒状变晶结构,主要成分为石英、正长石及黑云母等。片状矿物与岩石、石英相间呈断续的条带状排列组成片麻状构造。

大理岩:由石灰岩或白云岩经重结晶变质而成,等粒变晶结构,块状构造,主要矿物成分为方解石、白云石,遇盐酸产生强烈气泡。大理岩常呈白色、灰白色。

参 考 文 献

[1] 王丽琴,赖天文,栾红.工程地质[M].北京:中国铁道出版社,2009.
[2] 石振明,黄雨.工程地质学[M].北京:中国建筑工业出版社,2018.
[3] 宋高嵩,杨正.工程地质[M].北京:清华大学出版社,2016.
[4] 张广兴,张乾青.工程地质[M].重庆:重庆大学出版社,2020.
[5] 刘新荣,杨忠平.工程地质[M].北京:机械工业出版社,2021.
[6] 李相然.工程地质学[M].北京:中国电力出版社,2006.
[7] 盛海洋,李志强.工程地质[M].北京:机械工业出版社,2017.
[8] 于林平.土木工程地质[M].北京:机械工业出版社,2013.
[9] 沈艳,张英才.工程地质[M].北京:人民交通出版社股份有限公司,2015.
[10] 王兰生.意大利瓦依昂水库滑坡考察[J].中国地质灾害与防治学报,2007,18(3).
[11] 王桂林.工程地质[M].北京:中国建筑工业出版社,2012.